工业和信息化精品系列教材

网络技术

U0152695

Network Technology

微课版

计算机
网络基础
第 5 版

龚娟 刘霜霜 姜波 高登 ◉主编
周牒岚 黄家华 粟爱军 ◉副主编

人民邮电出版社
北　京

图书在版编目（ＣＩＰ）数据

计算机网络基础：微课版 / 龚娟等主编. -- 5版
. -- 北京：人民邮电出版社，2024.6
工业和信息化精品系列教材. 网络技术
ISBN 978-7-115-64145-8

Ⅰ．①计… Ⅱ．①龚… Ⅲ．①计算机网络－教材
Ⅳ．①TP393

中国国家版本馆CIP数据核字(2024)第068837号

内 容 提 要

根据高职高专教育的培养目标、特点和要求，本书在内容上遵循"宽、新、浅、用"的原则，较全面地介绍了计算机网络的基础知识和基本技术。全书共 11 章，包括计算机网络概述、数据通信基础、计算机网络体系结构、TCP/IP、局域网技术、网络互连、广域网技术、Internet 基础与应用、常见网络故障的排除、网络安全技术，以及实际技能训练。

本书在内容安排上采取"问题引入—知识讲解—知识应用"的结构，充分体现了启发式教学和案例教学的思想，并以提示的方式对重点知识、常见问题和实用技巧等进行了补充介绍，以帮助学生加深理解、强化应用、提高实际操作能力。

本书可作为高校各专业计算机网络基础课程的教材，也可作为计算机网络培训班的培训教材和计算机网络爱好者的自学参考书。

◆ 主　编　龚　娟　刘霜霜　姜　波　高　登
副 主 编　周牒岚　黄家华　粟爱军
责任编辑　郭　雯
责任印制　王　郁　焦志炜

◆ 人民邮电出版社出版发行　　北京市丰台区成寿寺路 11 号
邮编　100164　电子邮件　315@ptpress.com.cn
网址　https://www.ptpress.com.cn
山东百润本色印刷有限公司印刷

◆ 开本：787×1092　1/16
印张：15.75　　　　　　　　2024 年 6 月第 5 版
字数：390 千字　　　　　　　2024 年 6 月山东第 1 次印刷

定价：59.80 元

读者服务热线：**(010)81055256**　印装质量热线：**(010)81055316**
反盗版热线：**(010)81055315**
广告经营许可证：京东市监广登字 20170147 号

第5版前言

党的二十大报告对加快建设网络强国、数字中国作出了重要部署，开启了我国信息化发展新征程。随着信息技术的不断深入发展，全社会对网络技能型人才的数量及质量均提出了新需求。"计算机网络基础"是高职院校计算机相关专业的基础课程，也是许多工科专业的通识课程，本课程对网络技能型人才的培养起着重要支撑作用。根据教育部《职业院校教材管理办法》《"十四五"职业教育规划教材建设实施方案》等文件的精神，结合教材编写团队多年的教学改革经验，充分吸纳前4版的使用反馈信息，湖南工业职业技术学院、湖南科技职业技术学院、湖南中车智行科技有限公司3家单位联合对本书进行了改版升级。本书具有如下特点。

1. 突显课程育人，实现知识传授与价值引领同频共振

根据计算机相关专业的专业特色和人才培养要求，结合"计算机网络基础"课程基础性定位，秉承"如盐化水，润物无声"的原则，本书设计"慎思明辨"栏目，将专业知识与课程育人进行有机融合。如在第1章中介绍网络的应用时，提到网络是一把"双刃剑"，在为我们的生活提供便利的同时也带来了一些挑战和风险，我们要有选择和判断的能力，懂得克制、懂得筛选，树立文明上网、绿色上网、健康上网的意识，用好网络，但不迷恋网络，做网络的主人。在第9章中介绍网络故障排除时，指出网络故障千变万化，我们要有扎实的理论基础、清晰的排除思路，方能制定科学合理的排除策略；在排除故障的过程中，严谨缜密、细致耐心、精益求精的工作态度可以让我们少走弯路，提高工作效率。本书通过科学系统的课程设计，将旨在培养学生思辨能力、学习能力、团队协作能力等通用素养及严谨缜密、规范标准、精益求精等职业素养的内容有机融入本书内容及配套资源，实现知识传授与价值引领同频共振。

2. 校企"双元"，确保内容的科学性与先进性

本书由教学名师和企业专家领衔编写。主编龚娟为国家黄炎培职业教育杰出教师、新时代职业教育名师名匠培养对象、国家教学成果奖主持人、国家课程思政教学名师、国家精品在线开放课程主持人，拥有丰富的课程教学经验及教材编写经验。副主编粟爱军为湖南中车智行科技有限公司正高级工程师，曾主持参与"和谐号""复兴号"等动车组列车网络控制系统的设计开发。本书增加了人工智能、区块链等新技术的内容，引入了软件定义网络等新方法的介绍，拓展了《国网新疆电力数据网 IPv6+目标网演进中的网络安全应用实践》等行业新动态，紧跟行业发展趋势，实训部分的网络设备为华为设备，软件版本为 Windows Server 2019。本书体例科学、内容先进、案例丰富、实用性强，是工学结合、校企"双元"开发的"理实一体化"教材。

3. 问题引领，充分体现"以学习者为中心"的教学理念

本书设计科学合理，充分体现"以学习者为中心"的教学理念。针对枯燥难懂的网络知识，设计了一系列通俗易懂的问题，如从邮局寄信中地址的作用，引出网络通信中的 IP 地址概念；用定制语音导航应用，引出模数转换概念。本书通过问题引疑激趣，让学生带着疑问去学习和思考，使学生的学习从被动变为主动，激发其学习兴趣，让教师的授课环节更加流畅，有吸引力和说服力。本书结构编排巧妙，通过"问题引入—知识讲解—知识应用"的方式，让学生清楚地知道所学知识可以运用在哪里，以及如何运用，从根本上实现学以致用。本书还以提示的方式对重点知识、常见问题、实用技巧等进行补充介绍，帮助学生加深理解、强化应用、提高实际操作能力。本书增加了"慎思明辨""行业动态""拓展阅读""拓展应用"等栏目，全书语言通俗易懂，兼具科普性、趣味性与应用性。

4. 资源丰富，为混合式教学实施提供便利

本书配套有课程标准、授课计划、PPT 课件、微课视频、习题、教案等教学资源。丰富的配套资源有助于学生自主学习，为"线上+线下"的混合式教学提供有力支撑。

本书由湖南工业职业技术学院龚娟、刘霜霜、姜波及湖南科技职业学院高登担任主编，湖南工业职业技术学院周牒岚、湖南科技职业学院黄家华、湖南中车智行科技有限公司粟爱军担任副主编。其中，龚娟编写了第 2 章和第 11 章，刘霜霜编写了第 6 章和第 9 章，姜波编写了第 5 章和第 7 章，高登编写了第 4 章，周牒岚编写了第 8 章和第 10 章，黄家华编写了第 1 章，粟爱军编写了第 3 章，龚娟负责整体设计及全书统稿工作。

感谢本书第 1 版、第 2 版、第 3 版、第 4 版的所有编者，你们为本书的编写积累了宝贵经验，为第 5 版打下了坚实基础。感谢领导、同事们在本书编写过程中给予编者的帮助与支持。在本书编写过程中，编者查阅和参考了众多文献资料，从中得到了许多教益和启发，在此谨向这些文献资料的作者表示衷心的感谢，未能一一注明出处，在此表示歉意。

由于编者水平有限，书中难免存在疏漏和不足之处，欢迎广大读者提出宝贵的意见和建议，读者可通过电子邮箱 juan9615061@163.com 与编者联系。

编 者

2023 年 12 月

目录

第 3 章

计算机网络体系结构 ·· 58

第 4 章

TCP/IP ··· 73

第 5 章

局域网技术 ··· 99

第6章

网络互连 ·· 128

第7章

广域网技术 ··· 140

第8章

Internet 基础与应用 ························· 150

第 9 章

第 10 章

第 11 章

第1章
计算机网络概述

01

本章导读

　　网络无处不在，与我们的生活息息相关。本章将讲解计算机网络的基础知识，主要包括计算机网络的定义、功能与应用，计算机网络的产生、发展、组成与分类，以及计算机网络发展的新技术。通过对本章的学习，应达成如下学习目标。

知识目标

　　1. 掌握计算机网络的定义；
　　2. 了解计算机网络的功能与应用；
　　3. 了解计算机网络的产生与发展；
　　4. 熟悉计算机网络的组成与分类；
　　5. 了解计算机网络发展的新技术。

能力目标

　　1. 能应用网络进行资料收集与信息交流；
　　2. 能共享网络中的硬件资源、软件资源和信息资源；
　　3. 能进行简单、基础的网络管理；
　　4. 能使用网络应用软件解决实际问题。

素质目标

　　1. 认识到网络是一把"双刃剑"，培养思辨意识及选择判断能力，树立文明上网、绿色上网的意识；
　　2. 基于计算机网络技术不断更迭，培养"终身学习"意识与习惯。

1.1 计算机网络基础

 网络无处不在，我们通过网络，足不出户就能购买车票、和好朋友视频聊天、观看线上演唱会……在享受网络带来的这些便捷之处的时候，你有没有思考过，这一切是怎么实现的？究竟什么是网络呢？

1.1.1 计算机网络的定义

随着 Internet 技术的飞速发展和信息基础设施的不断完善，计算机网络技术正在改变着人们的生活、学习和工作方式，推动着社会文明的进步。那么，究竟什么是计算机网络呢？

V1-1　计算机网络
的概念与分类

计算机网络是指利用通信线路和通信设备，把分布在不同地理位置、具有独立功能的多个计算机系统、终端及其附属设备互相连接起来，以功能完善的网络软件（网络操作系统和网络通信协议等）实现资源共享和网络通信的计算机系统的集合，它是计算机技术和通信技术相结合的产物。

"具有独立功能的多个计算机系统"是指入网的每一个计算机系统都有自己的软、硬件系统，都能完全独立工作，各个计算机系统之间没有控制与被控制的关系，网络中任意一个计算机系统只在需要使用网络服务时才自愿登录上网，真正进入网络工作环境。"通信线路和通信设备"是指通信介质和相应的通信设备。通信介质可以是光纤、双绞线、微波等多种形式，一个地域范围较大的网络可能使用多种通信介质。将计算机系统与通信介质连接时，需要使用一些与介质类型有关的接口设备及信号转换设备。"网络操作系统和网络通信协议等"是指在每个入网的计算机系统的系统软件之上增加的，专门用来实现网络通信、资源管理和提供网络服务的软件。"资源"是指网络中可共享的所有软、硬件，包括程序、数据库、存储设备、打印机等。

由上面的定义可知，带有多个终端的多用户系统、多机系统都不是计算机网络。邮电部门的电报、电话系统是通信系统，也不是计算机网络。

如今，随处都能接触到各种各样的计算机网络，如企业网、校园网、图书馆的图书检索网、商贸大楼内的计算机收费网，以及提供多种多样接入方式的 Internet 等。

> **提示**　现在有 3 种主要的网络，即电信网络、有线电视网络和计算机网络。在这 3 种网络中，计算机网络的发展最快，其技术已成为信息时代的核心技术。

1.1.2 计算机网络的功能

计算机网络具有丰富的资源和多种功能，其主要功能是资源共享和通信。

1. 资源共享

所谓资源共享，就是共享网络中的硬件资源、软件资源和信息资源。

（1）硬件资源。计算机网络的主要功能之一就是共享硬件资源，即连接到网络中的用户可以共享使用网络中各种不同类型的硬件设备。计算机的许多硬件设备是十分昂贵的，不可能每个用户都拥有。例如，可以进行复杂运算的巨型计算机、海量存储器、高速激光打印机、大型绘图仪和一些特殊的外设等。

共享硬件资源的好处是显而易见的。网络中一台低性能的计算机，可以通过网络使用不同类型的设备，既可解决部分资源贫乏的问题，又可有效地利用现有的资源，充分发挥资源的潜能，提高资源的利用率。

（2）软件资源。Internet 中有极为丰富的软件资源，如网络操作系统、应用软件、工具软件、数据库管理软件等。共享软件允许多个用户同时调用服务器的各种软件资源，并且保持数据的完整性和统一性。用户可以通过各种类型的网络应用软件共享远程服务器上的软件资源；也可以通过一些网络应用程序将共享软件下载到本机使用，如匿名 FTP 就是一种专门提供共享软件的信息服务。

（3）信息资源。信息是一种非常重要和宝贵的资源。Internet 是一个巨大的信息资源宝库，其信息资源涉及各个领域，内容极为丰富。每个接入 Internet 的用户都可以共享这些信息资源，可以在任何时间以任何形式去搜索、访问、浏览和获取这些信息资源。

2．通信

组建计算机网络的主要目的就是使分布在不同地理位置的计算机用户能够相互通信、交流信息和共享资源。计算机网络中的计算机与计算机之间或计算机与终端之间，可以快速、可靠地相互传递各种信息，如程序、文件、图形、图像、声音、视频流等。利用网络的通信功能，人们可以进行各种远程通信，实现各种网络上的应用，如收发电子邮件、视频点播、视频会议、远程教学、远程医疗、发布各种消息、进行各种讨论等。

3．其他功能

计算机网络除了上述功能之外，还有以下功能。

（1）提高系统的可用性。当网络中某台计算机负担过重时，通过网络和一些应用程序的管理，可以将任务传送给网络中的其他计算机进行处理，以平衡工作负荷，降低延迟，提高效率，充分发挥网络系统上各计算机的作用。

（2）提高系统的可靠性。在某些实时控制和要求高可靠性的场合，通过计算机网络实现的备份技术可以提高计算机系统的可靠性。当某台计算机发生故障时，可以立即由网络中的另一台计算机代替其完成所承担的任务。这种技术在许多领域得到了广泛应用，如铁路、工业控制、空中交通、电力供应等。

（3）实现分布式处理。这是计算机网络追求的目标之一。对于大型任务或当某台计算机的任务负荷太重时，可采用合适的算法将任务分散到网络中的其他计算机上进行处理。

（4）提高性能价格比。提高系统的性能价格比是计算机网络的出发点之一，也是资源共享的结果之一。

1.1.3　计算机网络的应用

计算机网络可以应用于几乎任何行业和领域，包括政治、经济、军事、科学、文教及日常生活等。它为人们的工作、学习和生活提供了极大的便利。计算机网络的应用主要分为商业应用、家庭及个人应用。

1．商业应用

商业应用主要有以下几个方面。

（1）实现资源共享。现在的企业、机关或校园一般都有相当数量的计算机，它们通常分布在不同的办公大楼或校区，甚至是不同的城市或国家。通过计算机网络，可以将分布在不同地理区域的计算机接入公司的网络，方便收集各种信息资源，实现各地计算机资源的共享，从而打破地理位置的限制；还可以将各种管理信息发布到各地的机构中，完成信息资源的收集、分析、使用与管理，完成从产品设计、生产、销售到财务的全面管理，从而实现公司的信息化管理。

（2）提高系统的可靠性。网络中的计算机可以互相备份，当有一台计算机发生故障时，其他计算机仍然能够正常使用，不至于造成系统工作中断，从而提高了系统的可靠性。

（3）节约成本，易于维护。在网络中，通过对硬件设备的共享，既可以降低成本，又便于设备的维护。例如，一个办公室有 20 个员工，他们经常需要使用打印机。是为这 20 个员工每人配备一台打印机，还是通过网络让大家共享一台高性能的打印机呢？答案当然是后者。通过共享，不仅可以节约成本，还可以减少设备维护的工作量。

（4）节约时间，提高效率。当今社会，企业间的竞争日益加剧，在众多影响企业竞争的因素中，工作效率是十分重要的。如果善于利用网络，将大大减少处理相同工作所花的时间，从而提高工作效率。例如，可以通过电子邮件在几秒之内将本月的工作计划与安排快速地发送到每个员工手中；可以通过视频会议将相距甚远的员工召集起来，一起讨论公司最新的销售方案，这时大家可以相互看得到、听得到，甚至可以在一个虚拟的黑板上一起写写画画，从而节约差旅开销和在路途上所花费的时间；还可以通过 Internet 进行各种交易，可以在线购买商品或者下订单，这就是电子商务。

2. 家庭及个人应用

家庭及个人应用主要有以下几个方面。

（1）访问远程信息。人们可以通过浏览 Web 页面来获取各种远程信息，如政府、教育、艺术、保健、娱乐、科学、旅游等方面的信息。随着网络化的进一步深入，人们可以在线阅读各类书籍，下载自己感兴趣的内容。教师和学生也能够通过远程教育平台在家参加各种教学课程的教授和学习，不再受时间和空间的约束，学生的自主学习能力和信息素养从而得到提高。

（2）通信。21 世纪，个人之间通信更多地依靠计算机网络。目前，各种聊天软件（如微信、QQ）已广泛应用，人们可以通过这些聊天软件即时传送文本、图片及语音信息，还可以进行即时的语音或视频聊天。人们能够随时随地阅读自己感兴趣的资料，参与感兴趣的话题的讨论。

（3）家庭娱乐。家庭娱乐正在对信息服务业产生巨大的影响，它可以让人们在家里观看电影和电视节目。电影可以是交互式的，人们在看电影时还可以和世界各地的网友随时参与到电影情节的讨论中。

游戏在家庭娱乐中的应用较为普遍。目前，已经有许多人喜欢上多人实时仿真游戏和虚拟现实（Virtual Reality，VR）游戏。借助虚拟的三维、实时、高清晰度图像，可以共享虚拟现实的很多游戏或进行多种训练。

总之，随着网络技术的发展和各种应用需求的增长，计算机网络的应用范围在不断扩大，许多新的计算机网络应用系统不断涌现，如工业自动化、辅助决策、虚拟大学、远程教育、远程医疗、数字图书馆、电子博物馆、情报检索、网上购物、电子商务、视频会议等。基于计算机网络的信息服务、通信与家庭网络应用促使网络、软件产业、信息产品制造业与信息服务业高速发展，正在引起产业结构和从业人员结构的变化，将来会有更多的人进入基于网络的信息服务业。

【慎思明辨】

网络发展推动了社会进步，方便了人们的生活。网络创新是人类社会发展的重要引擎，也是我们应对许多全球性挑战的有力武器。从纸币支付到移动支付，从信件交流到即时通信……我们无时无刻不在享受网络发展带来的时代红利，网络对人类生活的助益毋庸置疑。

但网络是一把"双刃剑"，它在为我们的生活提供便利的同时也带来了一些挑战和风险。例如，在使用网络的过程中，个人隐私信息可能会被泄露或滥用；网络上的欺诈行为（钓鱼、身份盗窃等）会给人们带来经济损失；网络上的恶意言论和行为可能会对个人和社会造成负面影响，形成网络暴力；过度使用网络可能导致上瘾，影响日常生活和工作。

虽说网络是一把"双刃剑"，但归根到底它只是一种工具。关键看使用它的人是否有选择能力和判断能力，意志力是否强大、是否懂得克制，是否能从海量的网络信息中获取有用的、自己所需要的东西，真正让网络化我所用。作为信息时代的当代大学生，我们要用好"网络"这把"双刃剑"，把网络当成开阔眼界、增长学识的有效工具，绿色上网、文明上网、健康上网，做网络的主人，而非沉迷于虚拟的网络世界，成为网络的傀儡和奴隶。

1.2 计算机网络的产生与发展

任何一种技术都有其逐步发展的过程。计算机网络技术的发展过程是怎样的呢？从什么时候开始它如此巨大地影响着人们的生活？

1946 年，世界上第一台通用电子计算机（ENIAC）研制成功。随着计算机应用的迅速普及与发展，人类开始走向信息时代。计算机技术与通信技术在发展中相互渗透，相互结合。计算机网络随着计算机和通信技术的发展而不断发展，其发展速度异常迅猛。从 20 世纪 60 年代开始发展至今，其已形成从小型的办公室局域网到全球性的大型广域网的规模，对现代人类的生产、生活、经济等各个方面都产生了巨大的影响。在过去的数十年里，计算机和计算机网络技术取得了惊人的发展，处理和传输信息的计算机网络成了信息社会的基础。不论是企业、机关、团体还是个人，其工作效率都由于使用这些具有革命性的工具而有了大幅提高。计算机应用范围的扩大、通信技术的发展和人们对计算机应用需求的增长，共同促进了计算机网络的快速发展，其发展过程大致可划分为几个阶段：面向终端的计算机网络→计算机—计算机网络→开放式标准化的计算机网络→互联网。

1.2.1 面向终端的计算机网络

在 20 世纪 60 年代以前，计算机价格昂贵，数量也很少。每次上机，用户都必须进入计算机机房，在计算机的控制台上进行操作。这种方式不能充分地利用计算机资源，用户使用起来也极不方便。为了实现对计算机的远程操控，提高对计算机这种昂贵资源的利用率，人们将分布在远距离的多个终端通过通信线路与某地的中心计算机相连，以达到使用中心计算机系统主机资源的目的。这种具有通信功能的面向终端的计算机系统被称为单计算机联机系统，如图 1-1 所示。

面向终端的计算机网络已涉及多种通信技术、数据传输设备和数据交换设备等。从计算机技术上来看，这是由单用户独占一个系统发展到分时多用户系统，即多个终端用户分时占用主机上的资源。在面向终端的计算机网络中，远程主机既要承担数据处理工作，又要承担通信工作，因此主机的负荷较重，且效率低。另外，每一个分散的终端都要单独占用一条通信线路，线路利用率低。随着终端用户的增多，系统费用也在增加。因此，为了提高通信线路的利用率并减轻主机的负担，多点通信线路、集中器及通信控制处理机出现了。

多点通信线路要在一条通信线路上连接多个终端，如图 1-2 所示。多个终端可以共享一条通信线路与主机进行通信。因为主机与终端间的通信具有突发性和高带宽的特点，所以各个终端与主机间的通信可以分时地使用同一高速通信线路。相对于每个终端与主机之间都设立专用通信线路的方式，这种多点线路能极大地提高信道的利用率。

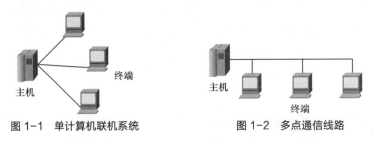

图 1-1　单计算机联机系统　　　　　图 1-2　多点通信线路

集中器主要负责从终端到主机的数据集中及从主机到终端的数据分发。它可以放置于终端相对集中的位置，一端用多条低速线路与各终端相连，收集终端的数据；另一端用一条较高速的线路与主机相连，实现高速通信，以提高通信效率。

通信控制处理机（Communication Control Processor，CCP）也称前端处理机（Front End Processor，FEP），其作用是负责数据的收发等通信控制和通信处理工作，让主机专门进行数据处理，以提高数据处理的效率，如图 1-3 所示。

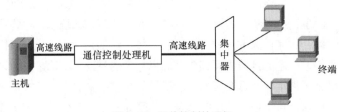

图 1-3　通信控制处理机

具有代表性的面向终端的计算机网络是美国在 20 世纪 50 年代建立的半自动地面防空系统。该系统共连接了 1000 多个远程终端，主要用于远程控制制导导弹。该系统能够将远程雷达设备收集到的数据，由终端输入后经通信线路送到一台中央计算机，由该计算机进行计算处理，然后将处理结果通过通信线路回送给远程终端，并控制制导导弹。

另一个典型实例是 SABRE-1。SABRE-1 是 20 世纪 60 年代美国建立的航空公司飞机订票系统，该系统由一台主机和连接到美国各地区的 2000 多台终端组成，人们可以通过这个系统在远程终端上预订飞机票。

1.2.2　计算机—计算机网络

计算机—计算机网络是在20世纪60年代中期发展起来的一种由多台计算机相互连接在一起组成的系统。随着计算机硬件价格的不断下降和计算机应用的飞速发展，一个大的部门或者一个大的公司已经能够拥有多台主机系统。这些主机系统可能分布在不同的地区，它们之间经常需要交换一些信息，如子公司的主机系统需将信息汇总后送入总公司的主机系统，供有关人员查阅和审批。这种利用通信线路将多台计算机连接起来的系统引入了计算机—计算机的通信，它是计算机网络的低级形式，这种网络中的计算机彼此独立又相互连接，它们之间没有主从关系，其网络结构有如下两种形式。

第一种形式是通过通信线路将主机直接连接起来，主机既承担数据处理工作，又承担通信工作，如图 1-4 所示。

第二种形式是把通信任务从主机中分离出来，设置 CCP，主机间的通信通过 CCP 的中继功能间接进行，如图 1-5 所示。

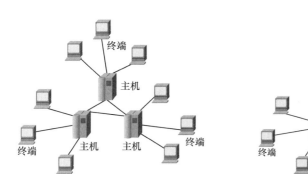

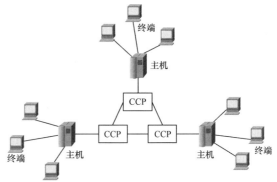

图 1-4　计算机—计算机网络的第一种形式　　　　图 1-5　计算机—计算机网络的第二种形式

CCP 负责网络中各主机间的通信控制和通信处理工作，它们组成了带有通信功能的内层网络，也称为通信子网，是网络的重要组成部分。主机负责数据处理，是计算机网络资源的拥有者，网络中的所有主机构成了网络的资源子网。通信子网为资源子网提供信息传输服务，资源子网上用户间的通信是建立在通信子网的基础上的，没有通信子网，网络就不能工作，没有资源子网，通信子网的传输也失去了意义，两者统一起来组成了资源共享的网络。

美国国防部高级研究计划局研制的 ARPANET 是世界上早期最具有代表性的、以资源共享为目的的计算机网络，是第二阶段计算机网络的一个典型范例。最初，该网络仅由 4 台计算机连接组成，发展到 1975 年，已有 100 多台不同型号的大型计算机。20 世纪 80 年代，ARPANET 采用传输控制协议/互联网协议（Transmission Control Protocol/Internet Protocol，TCP/IP）以后，发展得更为迅速。到了 1983 年，ARPANET 已拥有约 200 台接口信息处理机（Interface Message Processor，IMP）和数百台计算机，网络覆盖范围也延伸到夏威夷和欧洲。事实上，ARPANET 就是 Internet 的雏形，也是 Internet 初期的主干网。

1.2.3　开放式标准化的计算机网络

第二代计算机网络大多是由研究部门、大学或计算机公司自行开发研制的，没有统一的体系结构和标准。例如，IBM 公司于 1974 年公布了"系统网络体系结构"（Systems Network Architecture，SNA），DEC 公司于 1975 年公布了"分布式网络体系结构"（Distributed Network Architecture，DNA），UNIVAC 公司公布了"数据通信体系结构"（Data Communication Architecture，DCA），Burroughs（宝来）公司公布了"宝来网络体系结构"（Burroughs Network Architecture，BNA）等。各个厂家生产的计算机产品和网络产品无论是在技术上还是在结构上都有很大的差异，从而造成不同厂家生产的计算机产品、网络产品很难实现互连。这种局面严重阻碍了计算机网络的发展，给广大用户带来了极大的不便。因此，建立开放式网络，实现网络标准化，是大势所趋。

1977 年，国际标准化组织（International Organization for Standardization，ISO）为适应网络标准化发展的需要，成立了 TC97（计算机与信息处理标准化委员会）下属的 SC16（开放系统互连分技术委员会）。其在研究、吸收各计算机制造厂家的网络体系结构标准化经验的基础上，着手制定开放系统互连的一系列标准，旨在方便异种计算机互连。该委员会制定了开放系统互连（Open System Interconnection，OSI）参考模型。作为国际标准，OSI 参考模型规定了可以互连的计算机系统之间的通信协议，遵从 OSI 参考模型的网络通信产品都是所谓的开放系统，符合 OSI 参考模型的网络也被称为第三代计算机网络。目前，几乎所有的网络产品厂商都在生产符合国际标准的产品。这种统一的、标准化的产品互相争夺市场，给网络技术的发展带来了更大的空间。

20 世纪 80 年代，个人计算机（Personal Computer，PC）有了极大的发展。这种更适合办公室环境和家庭使用的计算机，对社会的各个方面都产生了深刻的影响。在一个单位内部的微型计算机和智能设备的互联网络不同于以往的远程公用数据网，因而局域网技术也得到了相应的发展。1980 年 2 月，IEEE 802 局域网标准发布。局域网的发展道路不同于广域网，局域网厂商从一开始就按照标准化、互相兼容的方式展开竞争，它们大多进入了专业化的成熟时期。今天，在一个用户的局域网中，工作站可能是 IBM 的，服务器可能是惠普的，网卡可能是英特尔的，集线器可能是思科的，而网络上运行的软件则可能是 Novell 公司的 NetWare 或是微软的 Windows Server 2019。

1.2.4　互联网

随着计算机网络的发展，全球建立了不计其数的局域网和广域网。为了扩大网络规模以实现更大范围的资源共享，人们又提出了将这些网络互连在一起的迫切需求，互联网（Internet）应运而生。目前，Internet 的发展已经历了以下 3 个阶段。

从 1969 年 Internet 的前身 ARPANET 的诞生到 1983 年，这是研究试验阶段，主要进行网络技术的研究和试验。

从 1983 年到 1994 年是 Internet 的实用阶段，它作为用于教学、科研和通信的学术网络，在部分发达国家的大学和研究部门中得到广泛应用。

1994 年以后，Internet 开始进入商业化阶段，除了原有的学术网络应用外，政府部门、商业企业及个人都广泛使用 Internet，全世界绝大部分国家纷纷接入 Internet，这种迅速发展的态势反映了 Internet 正日益成熟。

经过短短十几年的发展，截至 2007 年 1 月，Internet 已经覆盖五大洲的 233 个国家和地区，网民达到 10.93 亿，用户普及率为 16.6%，宽带接入已成为主要的上网方式。

根据 2023 年 8 月中国互联网络信息中心在北京发布的第 52 次《中国互联网络发展状况统计报告》，截至 2023 年 6 月，我国网民规模达 10.79 亿，互联网普及率达 76.4%。手机网民规模达 10.76 亿，网民中使用手机上网的比例达 99.8%。其中，网络支付用户规模达 9.43 亿，占网民整体的 87.5%。由此可见，Internet 已经成为当今世界推动经济发展和社会进步的重要信息基础设施。

【行业动态】

目前，计算机网络仍然处于高速发展态势，出现了软件定义网络（Software Defined Network，SDN）、云网融合等新技术。软件定义网络是一种将控制平面与数据平面分离的网络架构，可以通过软件实现对整个网络的集中控制。与传统的以硬件为中心的网络架构相比，其允许动态和自动配置网络行为，从而实现更大的灵活性、可扩展性和可编程性。云网融合是指将云计算和网络技术有机结合，构建一种新型的信息基础设施，实现云和网的无缝衔接及协同运作。这种融合方式可以实现计算和网络资源的统一管理及优化配置，提高资源的利用率和应用的灵活性，从而提升网络的性能和服务质量。相信不久后的将来，会出现更多、更先进的新技术。

1.3 计算机网络的组成

我们可以从系统组成和逻辑结构两方面分析计算机网络的组成。计算机网络是指将地理位置不同、具有独立功能的多台计算机及其外部设备通过通信线路连接起来，在网络操作系统、网络管理软件及网络通信协议的管理和协调下，实现资源共享和信息传递的计算机系统。

1.3.1 计算机网络的系统组成

根据计算机网络的定义，一个典型的计算机网络主要由计算机系统、数据通信系统、网络软件三大部分组成。计算机系统是网络的基本模块，为网络内的其他计算机提供共享资源；数据通信系统是连接网络基本模块的桥梁，它提供各种连接技术和信息交换技术；网络软件是网络的组织者和管理者，在网络协议的支持下，为网络用户提供各种服务。

1. 计算机系统

计算机系统主要完成数据信息的收集、存储、处理和输出，提供各种网络资源。计算机系统根据在网络中的用途可分为两类：主计算机和终端。

（1）主计算机。主计算机（Host）负责数据处理和网络控制，是构成网络的主要资源。主计算机又称主机，主要为大型机、中小型机或高档微机，网络软件和网络的应用服务程序主要安装在主机中。在局域网中，主机称为服务器（Server）。

（2）终端。终端（Terminal）在网络中数量大、分布广，是用户进行网络操作、实现人机对话的工具。一台典型的终端看起来很像一台 PC，有显示器、键盘和串行接口。与 PC 不同的是，终端没有 CPU 和主存储器。在局域网中，PC 代替了终端，既能作为终端使用，又能作为独立的计算机使用，被称为工作站（Workstation）。

2. 数据通信系统

数据通信系统主要由通信控制处理机、传输介质和网络连接设备组成。

（1）通信控制处理机。通信控制处理机又称通信控制器或前端处理机，是计算机网络中负责通信控制的专用计算机，一般由小型机、微机，或者带有 CPU 的专用设备充当。通信控制处理机主要负责主机与网络的信息传输控制，它的主要工作是线路传输控制、差错检测与恢复、代码转换及数据帧（Frame）的装配与拆装等，这些工作对网络用户是完全透明的。通信控制处理机使得计算机系统不再关心通信问题，而集中进行数据处理工作。

在广域网中，常由专门的计算机充当通信控制处理机。在局域网中，通信控制功能比较简单，所以一般没有专门的通信控制处理机，而采用网络适配器（也称网卡）实现通信控制功能。在以交互式应用为主的微机局域网中，一般不需要配备通信控制处理机，但需要安装网络适配器以提供通信部分的功能。

（2）传输介质。传输介质是传输数据信号的物理通道，网络中的各种设备就是通过它连接起来的。根据网络使用的传输介质，可以把计算机网络分为有线网络和无线网络。有线网络包括以双绞线为传输介质的双绞线网、以光纤为传输介质的光纤网、以同轴电缆为传输介质的同轴电缆网等，无线网络包括以无线电波为传输介质的无线网和通过卫星进行数据通信的卫星数据通信网等。

（3）网络连接设备。网络连接设备用来实现网络中各计算机之间的连接、网与网之间的互连、数据信号的变换及路由选择等功能，主要包括中继器（Repeater）、集线器（Hub）、调制解调器（Modem）、网桥（Bridge）、路由器（Router）、网关（Gateway）和交换机（Switch）等。

3. 网络软件

网络软件一方面授权用户对网络资源的访问，帮助用户方便、安全地使用网络；另一方面管理和调度网络资源，提供网络通信和用户所需的各种网络服务。网络软件一般包括网络操作系统、网络协议、网络管理和网络应用软件等。

（1）网络操作系统。任何一个网络在完成硬件连接之后，都需要继续安装网络操作系统（Network Operating System，NOS），才能形成一个可以运行的网络系统。网络操作系统是网络系统管理和通信控制软件的集合，它负责整个网络软、硬件资源的管理及网络通信和任务的调度，并提供用户与网络之间的接口。其主要功能如下。

- 管理网络用户，控制用户对网络的访问；
- 提供多种网络服务，或对多种网络应用提供支持；
- 提供网络通信服务，支持网络协议；
- 进行系统管理，建立和控制网络服务进程，监控网络活动。

目前，计算机网络操作系统有 UNIX、Windows NT、Windows Server、NetWare 和 Linux 等。

（2）网络协议。网络协议是实现计算机之间、网络之间相互识别并正确进行通信的一组标准和规则，它是计算机网络工作的基础。

在 Internet 上传送的每条消息至少通过 3 层协议：网络协议（Network Protocol），它负责将消息从一个地方传送到另一个地方；传输协议（Transport Protocol），它管理被传送内容的完整性；应用程序协议（Application Protocol），其为在计算机网络中用于应用程序之间通信的规则集合，定义了在网络中发送和接收数据的方式。

网络协议主要由语法、语义、时序 3 部分组成：语法指数据与控制信息的结构或格式；语义指需要发出何种控制信息，完成何种动作及做出何种应答；时序指事件实现顺序的详细说明。

（3）网络管理和网络应用软件。任何一个网络都需要多种网络管理和网络应用软件。网络管理软件是用来对网络资源进行管理及对网络进行维护的软件，而网络应用软件为用户提供了丰富而便利的应用服务，是帮助网络用户在网络中解决实际问题的软件。

1.3.2 计算机网络的逻辑结构

计算机网络要完成数据处理和数据通信两大功能，因此它在结构上也必然分成两部分：负责数据处理的计算机与终端，负责数据通信的通信控制处理机与通信线路。从计算机网络系统组成的角度看，典型的计算机网络从逻辑功能上可以分为资源子网和通信子网两部分，如图 1-6 所示。在图 1-6 中，曲线内的部分是通信子网，其余部分是资源子网。

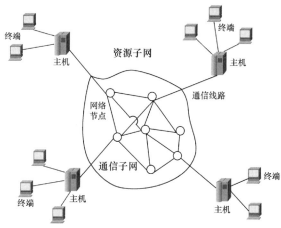

图 1-6　计算机网络的逻辑组成

1. 资源子网

资源子网提供访问网络、处理数据和分配共享资源的功能，为用户提供访问网络的操作平台和共享资源及信息。资源子网由计算机系统、存储系统、终端服务器、终端或其他数据终端设备组成，并由此构成整个网络的外层。

2. 通信子网

通信子网提供网络的通信功能，专门负责计算机之间的通信控制与处理，为资源子网提供信息传输服务。通信子网由通信控制处理机或通信控制器、通信线路和通信设备等组成。

1.4 计算机网络的分类

根据不同的分类标准，可对计算机网络做出不同的分类。本节将介绍计算机网络的分类，常采用的分类方法如下。

- 按网络覆盖的地理范围分类；
- 按传输技术分类；
- 按局域网的标准协议分类；
- 按使用的传输介质分类；
- 按网络的拓扑结构分类；
- 按所使用的网络操作系统分类。

1.4.1 按网络覆盖的地理范围分类

按照网络覆盖的地理范围，可以将计算机网络分为局域网、城域网、广域网这 3 种。

1. 局域网

局域网（Local Area Network，LAN）是一种在小范围内实现的计算机网络，一般应用于一个建筑物、一个工厂、一个单位内部。局域网覆盖的范围一般在几十米到几十千米，网络传输速率高，从 10 Mbit/s 到 100 Mbit/s，甚至可以达到 10 Gbit/s。局域网的结构简单，常用的拓扑结构有总线结构、星形结构和环状结构等。通过局域网，各种计算机可以共享资源，如打印机、数据库等。局域网通常归属于一个单一的组织。

2. 城域网

城域网（Metropolitan Area Network，MAN）往往局限于一个城市的范围内，覆盖的地理范围可从几十千米到上百千米，是一种中等形式的网络。城域网的设计目标是满足几十千米范围内的大量企业、机关等多个局域网互连的需求，以实现用户之间文件、语音、图形与视频等多种信息的传输功能。目前，城域网的发展越来越接近局域网，通常采用局域网和广域网技术构成宽带城域网。

3. 广域网

广域网（Wide Area Network，WAN）覆盖的地理范围从数百千米至数千千米，甚至上万千米，可以覆盖一个地区或一个国家，甚至世界上的几大洲，故又称远程网。广域网一般由中间设备（路由器）和通信线路组成，其通信线路大多借助于一些公用通信网，如 PSTN（公共电话交换网）、DDN（数字数据网）、ISDN（综合业务数字网）等。广域网信道传输速率较低，结构比较复杂，使用的主要是存储转发技术。广域网的作用是实现远距离计算机之间的数据传输和资源共享。

1.4.2 按传输技术分类

按照传输技术，可以将计算机网络分为广播网络、点对点网络两种。

1. 广播网络

在广播网络（Broadcast Network）中，仅有一条通信信道，网络中的所有计算机都共享这一条公共通信信道。当一台计算机在信道上发送某个分组或数据包（分组和数据包实质上就是一种短的消息，按照特定的数据结构组织而成）时，网络中的每台计算机都会接收到这个分组，并且将自己的地址与分组中的目的地址进行比较，如果相同则处理该分组，否则将该分组丢弃。

在广播网络中，若某个分组被发出以后，网络中的每一台计算机都接收并处理它，则称这种方式为广播（Broadcasting）；若分组是发送给网络中的某些计算机的，则称为多点播送或组播（Multicasting）；若分组只发送给网络中的某一台计算机，则称为单播。

2. 点对点网络

与广播网络相反，在点对点（Point to Point）网络中，每条物理线路连接两台计算机。假如两台计算机之间没有直接连接的线路，那么它们之间的分组传输就要通过一个或多个中间节点的接收、存储、转发，才能将分组从信源发送到目的地。由于连接多台计算机的线路结构可能更复杂，因此从源节点到目的节点可能存在多条路由。决定分组从通信子网的源节点到达目的节点的路由需要由路由选择算法实现，因此，在点对点网络中如何选择最佳路径显得特别重要。采用分组存储转发与路由选择机制是点对点网络与广播网络的重要区别。

1.4.3 按其他的方法分类

1. 按局域网的标准协议分类

根据网络所使用的局域网标准协议，可以把计算机网络分为以太网（IEEE 802.3）、快速以太网（IEEE 802.3u）和千兆以太网（IEEE 802.3z 和 IEEE 802.3ab），以及万兆以太网（IEEE 802.3ae）和令牌环网（IEEE 802.5）等。

2. 按使用的传输介质分类

传输介质是指数据传输系统中发送装置和接收装置间的物理介质，按其物理形态可以划分为有线和无线两大类。

传输介质采用有线介质的网络称为有线网，常用的有线传输介质有双绞线、同轴电缆和光导纤维。

无线局域网使用的是无线传输介质，常用的无线传输介质有无线电、微波、红外线、激光等。

3. 按网络的拓扑结构分类

计算机网络的物理连接形式叫作网络的物理拓扑结构。连接到网络中的计算机、大容量的外存、高速打印机等设备均可看作网络中的节点。计算机网络中常用的拓扑结构有总线结构、星形结构、环状结构、混合结构等。

4. 按所使用的网络操作系统分类

根据网络所使用的操作系统，可以把网络分为 NetWare 网、UNIX 网、Windows NT 网、3+网等。

1.5 计算机网络发展新技术

伴随着科学技术的飞速发展，计算机网络通信技术的作用越发重要，也呈现出多元快速发展的局面。通过加强对新的通信技术的研发，可以有效提高计算机网络的通信状况，提高其运营效率和安全性，大大降低发生技术故障的概率。本节将对网络关键技术及其新发展进行概述。

1.5.1 物联网

1. 物联网的提出

物联网（Internet of Things，IoT）的概念是在 1999 年提出的，当时称为传感网。中国科学院在 1999 年就启动了传感网的研究和开发。2009 年 8 月，物联网被正式列为国家五大新兴战略性产业之一，并写入政府工作报告，物联网在我国受到了极大的关注。物联网是新一代信息技术的重要组成部分，也是"信息"时代的重要发展阶段。顾名思义，物联网就是物物相连的互联网。物联网包含两层意思：其一，物联网的核心和基础仍然是互联网，是在互联网基础上延伸和扩展的网络；其二，其用户端延伸和扩展到了物品与物品之间，使物和物能进行信息交换和通信，也就是物物相连。

美国、欧盟等都在投入巨资深入研究、探索物联网。我国也高度关注、重视物联网的研究，工业和信息化部会同有关部门，在新一代信息技术方面开展研究，以形成支持新一代信息技术发展的政策措施。

物联网通过智能感知、识别技术与普适计算等通信感知技术，广泛应用于网络的融合中，也因此被称为继计算机、互联网之后世界信息产业发展的"第三次浪潮"。

2. 物联网的概念

目前，物联网的精确定义并未统一。关于物联网，比较准确的定义是，物联网是通过各种信息传感设备及系统（传感器、射频识别系统、红外感应器、激光扫描器等）、条码与二维码、全球定位系统，按约定的通信协议，将物与物、人与物、人与人连接起来，通过各种接入网、互联网进行信息交换，以实现智能化识别、定位、跟踪、监控和管理的一种信息网络。这个定义的核心是，物联网的主要特征是每一个物件都可以寻址，每一个物件都可以控制，每一个物件都可以通信。

3. 物联网的特点

和传统的互联网相比，物联网有着鲜明的特征。首先，它是各种感知技术的广泛应用。物联网中部署了海量的多种类型的传感器，每个传感器都是一个信息源，不同类别的传感器所捕获的信息内容和信息格式不同。传感器获得的数据具有实时性，可按一定的频率周期性采集环境信息，不断更新数据。其次，它是一种建立在互联网上的泛在网络。物联网技术的重要基础和核心仍是互联网，通过各种有线和无线网络与互联网融合，将物体的信息实时准确地传递出去。物联网中的传感器定时采集的信息需要通过网络传输，由于其数量极其庞大，形成了海量信息，在传输过程中，为了保障数据的正确性和及时性，必须适应各种异构网络和协议。最后，物联网不仅提供了传感器的连接，其本身也具有智能处理的能力，能够对物体实施智能控制。物联网将传感器和智能处理相结合，利用云计算、模式识别等各种智能技术，扩充其应用领域；从传感器获得的海量信息中分析、加工和处理出有意义的数据，以适应不同用户的不同需求，发现新的应用领域和应用模式。

物联网中的"物"要满足一定的条件才能够被纳入"物联网"的范围：有数据传输通路；有一定的存储功能；有 CPU；有操作系统；有专门的应用程序；遵循物联网的通信协议；在网络中有可被识别的唯一编号。

4. 物联网的分类

物联网可分为私有物联网（Private IoT）、公有物联网（Public IoT）、社区物联网（Community IoT）和混合物联网（Hybrid IoT）4 种。私有物联网一般面向单一机构内部提供服务。公有物联网基于互联网向公众或大型用户群体提供服务。社区物联网向一个关联的"社区"或机构群体（如一个城市政府下属的各委办局——公安局、交通局、环保局、城管局等）提供服务。混合物联网是上述两种或以上的物联网的组合，但后台有统一运维实体。

5. 物联网的主要应用领域

物联网的应用领域非常广阔，从日常的家庭个人应用，到工业自动化应用，以至军事反恐、城建交通。当物联网与互联网、移动通信网相连时，人们的生活方式将从"感觉"跨入"感知"，从"感知"到"控制"。目前，物联网已经在智能家居、智能可穿戴设备、智慧城市、智慧水电、智慧医疗、智慧工厂等领域得到了实际应用。重庆耐视特科技有限公司的"基于人工智能的智慧预测分析系统"，重点突破了基于机器学习算法、神经网络、深度学习的工业相关人工智能算法库，可像搭积木一样按流程构建程序逻辑，为企业提供生产预警分析、质量预警、设备预测性运维、数字孪生预测、智慧仓储分析等各方面的应用，让企业生产运营过程透明化，在生产运营过程环节降低 5%～25% 的生产制造成本。

物联网比较典型的应用包括水电行业无线远程自动抄表系统、数字城市系统、智能交通系统、危险源和家居监控系统、产品质量监管系统等。

1.5.2 4G

1. 4G 的简介

4G 是第四代移动通信技术的简称。在 2005 年 10 月的 ITU-RWP8F 第 17 次会议上，国际电信联盟（International Telecommunication Union，ITU）给了 4G 一个正式的名称——IMT-Advanced。按照 ITU 的定义，当前的 WCDMA、HSDPA 等技术统称为 IMT-2000 技术，新的空中接口技术称为 IMT-Advanced 技术。IMT-Advanced 标准继续依赖 3G 标准组织已发展的多项新定标准并加以延伸，如 IP 核心网、开放业务架构及 IPv6。同时，其规划又必须满足整体系统架构能够由 3G 系统演进到 4G 架构的需求。

2. 4G 的通信特点

4G 的通信特点可用"多""快""好""省"来概括。

（1）业务种类"多"：4G 不仅支持 2G/3G 网络中的语音、短信、彩信，还支持高清视频会议、实时视频监控、视频调度等高带宽实时性业务。

（2）上网速度"快"：4G 峰值速率在每秒百兆以上，是 3G 速度的 5 倍多。同样下载 1 GB 的文件，使用 3G 网络最快需要接近 7 min，而使用 4G 网络不到 1.5 min 即可完成下载。

（3）用户感知"好"：4G 网络的时延比 3G 网络的一半还要低，对于在线游戏、视频实时传送等对实时性要求高的业务，用户的感知好。

（4）频谱资源"省"：和 3G 相比，在组网频宽上，4G 可以用 1.4 MHz、3 MHz、5 MHz、10 MHz、15 MHz、20 MHz 这 6 种频宽进行组网，频谱利用率要高于 3G，能更好地利用非常宝贵的频谱资源。

3. 4G 的核心技术

4G 的这些通信特点决定了它需要采用一些不同于 3G 的技术。对于 4G 中使用的核心技术，业界并没有太大的分歧。

（1）正交频分复用（Orthogonal Frequency Division Multiplexing，OFDM）技术。OFDM 技术是一种无线环境下的高速传输技术，其基本思路是在频域内将给定信道分成许多正交子信道，在每个子信道上使用一个子载波进行调制，各子载波并行传输。尽管总的信道是非平坦的，即具有频率选择性，但是每个子信道是相对平坦的，在每个子信道上进行的是窄带传输，信号带宽小于信道的相应带宽。OFDM 技术的优点是可以消除或减小信号波形间的干扰，对多径衰落和多普勒频移不敏感，提高了频谱利用率，可实现低成本的单波段接收机。

（2）软件无线电。软件无线电的基本思路是把尽可能多的无线及个人通信功能通过可编程软件来实现，形成一种多工作频段、多工作模式、多信号传输与处理的无线电系统。也可以说，它是一种用软件来实现物理层连接的无线通信方式。

（3）智能天线技术。智能天线具有抑制信号干扰、自动跟踪及数字波束调节等智能功能，是移动通信的关键技术之一。智能天线应用数字信号处理技术产生空间定向波束，使天线主波束对准用户信号到达方向，旁瓣或零陷对准干扰信号到达方向，达到充分利用移动用户信号，并消除或抑制干扰信号的目的。这种技术既能提高信号质量又能增加传输容量。

（4）多输入多输出（Multiple-Input Multiple-Output，MIMO）技术。MIMO 技术是指利用多发射、多接收天线进行空间分集的技术，它采用的是分立式多天线，能够有效地将通信链路分解成许多并行的子信道，从而大大提高了容量。信息论已经证明，当不同的接收天线和不同的发射天线之间互不相关时，MIMO 技术能够很好地提高系统的抗衰落和抗噪声性能，从而获得巨大的容量。在功率带宽受限的无线信道中，MIMO 技术是实现高数据速率、高系统容量、高传输质量的空间分集技术。

（5）基于 IP 的核心网。4G 移动通信系统的核心网是基于 IP 的网络，可以实现不同网络间的无缝互连。核心网独立于各种具体的无线接入方案，能提供端到端的 IP 业务，能同已有的核心网和 PSTN 兼容。核心网具有开放的结构，能允许各种空中接口接入核心网；同时，核心网能把业务、控制和传输等分开。采用 IP 后，所采用的无线接入方式和协议与核心网协议、链路层是分离独立的。IP 与多种无线接入协议相兼容，因此在设计核心网时具有很大的灵活性，不需要考虑无线接入究竟采用何种方式和协议。

1.5.3 5G

1. 5G 的简介

我们正迎来一个万物互联的时代，万物互联的时代对移动通信技术有着非常高的要求。物联网的发展和大规模应用以及自动驾驶的逐步投入使得如今的 4G 系统无法满足越来越高的技术要求。因此，第五代移动通信技术（5G）应运而生。5G 是 4G 的升级，是新一代移动通信技术。它不是一种单一的无线接入技术，也不是全新的无线接入技术，而是新的无线接入技术和现有无线技术的高度融合，旨在解决高速率、低时延通信以及海量互联、智慧城市建设等方面的技术问题。2019 年 6 月 6 日，工业和信息化部向中国电信、中国移动、中国联通、中国广电发放 5G 商用牌照，我国正式步入 5G 商用元年。

2. 5G 网络的基本特征

5G 适用于智慧园区、智慧交通、智慧家居、无人驾驶等场景，具有以下基本特征。

（1）高速率。为满足未来网络的各种业务，如超高清、VR 业务的用户体验，5G 需要有更快的网络速度。ITU-R（国际电信联盟无线电通信组标准化组织）于 2015 年 6 月确认并统一 5G 的峰值速率为 10 Gbit/s，用户体验速率为 100 Mbit/s，相较 4G 有数量级上的提升。

（2）低功耗。5G 网络支持万物互联，这带来了对功耗的要求。大部分物联网设备可能一周或是一个月才充一次电，因此 5G 系统只有满足低功耗的要求才能提供更好的用户体验。

（3）泛在网。泛在是指未来的移动网络将覆盖社会生活的各个方面，包括深海、高山、高空、地下等场景。5G 的覆盖范围相较 4G 更广，可为气象监测、地质检测等业务提供服务。

（4）低时延。5G 的一个新场景是无人驾驶、工业自动化的高可靠连接。人与人之间进行信息交流时，140ms 的时延是可以接受的，但是这个时延在无人驾驶、工业自动化中很难满足要求。5G 对时延的最低要求是 1ms，某些场景甚至要求更低。

（5）海量物联。传统通信中，终端是非常有限的，固定电话时代，电话是以人群定义的。手机时代，终端数量爆发，手机是按个人应用来定义的。而到了 5G 时代，终端不是按人来定义的，因为每个人可能拥有数个终端，每个家庭可能拥有数十个终端。

3. 5G 网络与 4G 网络的比较

（1）5G 网络的传输速率是 4G 网络的 10～100 倍，达到 10 Gbit/s。

（2）5G 网络容量约是 4G 网络的 1000 倍，可以连接的设备数约是 4G 的 1000 倍。

（3）5G 网络端到端的时延比 4G 网络小得多，可以达到毫秒级。

（4）5G 网络频谱效率增加了 5～10 倍，是 4G 在同样带宽下传输效率的 5～10 倍。

（5）频率更高，工业和信息化部规划使用 3300～3600 MHz 和 4800～5000 MHz 频段作为 5G 系统的工作频段。

（6）不像传统的通信必须经过基站转发用户间的数据那样，5G 只有信令需要经过基站。

1.5.4 云计算

1. 云计算的由来

云计算（Cloud Computing）是 IT 产业发展到一定阶段的必然产物。在云计算概念诞生之前，很多公司就可以通过互联网提供诸多服务，如订票、导航、搜索以及硬件租赁等。随着服务内容和用户规模的不断增加，市场对服务的可靠性、可用性的要求急剧升高。这种需求变化通过集群等方式很难满足，于是各地纷纷建设数据中心。对于一些互联网大公司，有能力建设分散于全球各地的数据中心来满足各自业务发展的需求，并且有富余的可用资源，就可以将自己的基础设施作为服务提供给相关的用户，这就是云计算的由来。

云计算是一种新兴的商业计算模型。它将计算任务分布在大量计算机构成的资源池中，使各种应用系统能够根据需要获取计算能力、存储空间和各种软件服务。之所以称为"云"，是因为它在某些方面具有现实中云的特征，如规模较大、动态伸缩、边界模糊等。人们无法也无须确定云的具体位置，但它确实存在于某处。

2. 云计算的概念

云计算以公开的标准和服务为基础，以互联网为中心，提供安全、快速、便捷的数据存储和网络计算服务，让云成为每一个网民的数据中心和计算中心。

美国国家标准与技术研究院（NIST）对云计算的定义如下：云计算是一种按使用量付费的模式，这种模式提供可用的、便捷的、按需的网络访问，进入可配置的计算资源共享池（资源包括网络、服务器、存储、应用软件、服务），这些资源能够被快速提供，只需投入很少的管理工作，或与服务供应商进行很少的交互。

通俗地理解，云计算的"云"就是存在于互联网中的服务器集群上的资源，它包括硬件资源（如服务器、存储器、CPU 等）和软件资源（如应用软件、集成开发环境等），本地计算机只需要通过互联网发送一个需求信息，远端就会有成千上万台计算机提供需要的资源并将结果返回到本地计算机。这样，本地计算机几乎什么都不需要做，所有的处理都由云计算提供商所提供的计算机群来完成。

3. 云计算的特点

云计算使计算分布在大量的分布式计算机上，而非本地计算机或远程服务器中，企业数据中心的运行将与互联网更相似，这使得企业不需要搭建自己的服务器，能够直接在云平台上将资源切换到需要的应用上，根据需求访问计算机和存储系统。从研究现状上看，云计算具有以下特点。

（1）便捷性强。用户可以使用任意一种云终端设备，在地球上任意一处获取相应的云服务。用户所请求的所有资源并不是有形的、固定不变的实体，而是来自庞大的"云"。用户不需要担心，更不用了解应用服务在"云"中的具体位置，而仅仅需要使用"云终端"，如计算机或手机，就可以通过网络服务来满足其需求。

（2）可靠性高。"云"是一个特别庞大的资源集合体。云服务可按需购买，就像在日常生活中购买煤气、水、电一样。"云"本身采取了多种措施来保障提供服务的高可靠性，如数据多副本容错、计算节点同构可互换等，使用户使用云计算比使用本地计算机更加可靠、高效。

（3）成本低。用户仅需要花费很少的时间和金钱就能完成以前需要大量时间和金钱才能完成的任务。这正是"云"采用廉价的节点来施行特殊容错措施所带来的巨大好处。因此，提供云服务的企业不必再为"云"的自动化、集中式管理负担过高的管理数据的费用。

（4）潜在的危险性。因为用户在使用云服务时都会涉及一些"数据"，所以用户选择云计算服务时必须保持高度警惕，避免让这些提供云服务的私有机构以"数据"的重要性挟制用户。与此同时，要考虑到商业机构在使用云服务时，商业机密的泄露风险、数据的安全等因素。这些都是"云"领域中需要改善的地方。

4. 云计算的应用

云计算的应用范围很广，如云物联、云服务、云存储、云安全、云游戏、云会议、云教育等，下面将从云服务、云计算、云存储、云安全这4个方面来分析云计算的应用。

（1）云服务。云服务是一种更广义的服务方式，其中的典型代表就是苹果的云服务iCloud。这是一款可与iPhone、iPad、Mac等的应用程序完美兼容的云服务套件，它能够存储某个苹果设备上的数据内容，并自动推送给用户所有的苹果设备。也就是说，当用户修改某个苹果设备上的信息时，所有设备上的信息几乎同时得以更新。此外，iCloud还增加了云备份与音乐自动同步功能，云备份可以每天自动备份用户购买的音乐、应用、电子书、音频、视频、属性设置以及软件数据等。

iCloud的PhotoStream服务可自动上传用户拍摄的照片，导入任意设备，并推送至用户的所有设备。当用户使用iPhone拍摄照片后，回家后即可与iPad（或AppleTV）上的整个群组共享，这项服务非常受欢迎。

（2）云计算。云计算其实是一种资源交付和使用模式，指通过网络获得应用所需的资源。提供资源的网络被称为"云"。云计算具有按需服务、无限扩展、成本低和规模化四大特征。狭义云计算指IT基础设施的交付和使用模式，指通过网络以按需、易扩展的方式获得所需资源；广义云计算指服务的交付和使用模式，指通过网络以按需、易扩展的方式获得所需服务。这种服务可以与软件、互联网相关，也可以是其他服务。

云计算的核心思想是对大量用网络连接的计算资源进行统一管理和调度，构成一个计算资源池向用户提供按需服务。"云"中的资源在使用者看来是可以无限扩展的，并且可以随时获取，按需使用，随时扩展，按使用付费。

（3）云存储。云存储是在云计算概念上延伸和发展出来的一个概念。云计算时代，用户可以抛弃U盘等移动设备，只需要进入云存储的页面，新建文档，编辑内容，然后直接将文档的统一资源定位符（Uniform Resource Locator，URL）地址分享给他人，以方便直接打开浏览器访问URL获取文档，再也不用担心因PC硬盘损坏或者U盘打不开而发生资料丢失事件。

（4）云安全。云安全（Cloud Security）是网络时代信息安全的新产物，它融合了并行处理、网格计算、未知病毒行为判断等新兴技术和概念，通过网状的大量客户端对网络中软件行为的异常进行监测，获取互联网中木马、恶意程序的最新信息，传送到服务器端进行自动分析和处理，再把病毒和木马的解决方案分发到每一个客户端。

云安全的策略构想：使用者越多，每个使用者就越安全。因为如此庞大的用户群足以覆盖互联网的每个角落，只要某个网站被挂马或某种新木马病毒出现，就会立刻被截获。

1.5.5　大数据

1．大数据的定义

大数据是一个较为抽象的概念，正如信息学领域大多数新兴的概念一样，大数据至今尚无确切、统一的定义。大数据是指利用常用软件工具来获取、管理和处理数据所耗时间超过可容忍时间的数据集。这并不是一个精确的定义，因为无法确定常用软件工具的范围，可容忍时间也是概略的描述。互联网数据中心对大数据的定义如下：大数据一般会涉及 2 种或 2 种以上的数据形式，它要收集超过 100 TB 的数据，并且是高速、实时数据流；或者是从小数据开始，但数据每年会增长 60%以上。这个定义给出了量化标准，但只强调数据量大、种类多、增长快等数据本身的特征。研究机构 Gartner 给出了这样的定义：大数据是需要新处理模式才能具有更强的决策力、洞察发现力和流程优化能力的海量、高增长率和多样化的信息资产。这也是一个描述性的定义，在对数据描述的基础上加入了处理此类数据的一些特征，用这些特征来描述大数据。

2．大数据的特征

（1）规模性（Volume）。规模性指的是大数据巨大的数据量以及其规模的完整性。目前，数据的存储级别已从 TB 扩大到 ZB。这与数据存储和网络技术的发展密切相关。数据加工处理技术的提高、网络宽带的成倍增加以及社交网络技术的迅速发展，使得数据产生量和存储量成倍增长。实质上，从某种程度上来说，数据数量级的大小并不重要，重要的是数据具有完整性。数据规模性的应用的体现：对每天的海量社交网站数据进行分析，了解人们的心理状态，可以用于情感产品的研究和开发；基于购物软件数据的分析，可以了解消费者的需求和喜好，精准定位目标市场。

（2）高速性（Velocity）。高速性主要表现为数据流和大数据的移动性，现实中则体现在对数据的实时性需求上。随着移动网络的发展，人们对数据的实时应用需求更加普遍，如通过手持终端设备关注天气、交通、物流等信息。高速性要求具有时间敏感性和决策性的分析——能在第一时间抓住重要事件发生的信息。例如，有大量数据输入时，需要排除一些无用的数据或者需要马上作出决定的情况。

（3）多样性（Variety）。多样性指大数据有多种途径来源的关系型数据和非关系型数据。这也意味着要在海量、种类繁多的数据间发现其内在关联。互联网时代，各种设备通过网络连接成了一个整体。进入以互动为特征的"Web 2.0 时代"，个人计算机用户不仅可以通过网络获取信息，还成了信息的制造者和传播者。在这个阶段，不仅数据量开始了爆炸式增长，数据种类也开始变得繁多。除了简单的文本分析外，还可以对传感器数据、音频、视频、日志文件、点击流以及其他任何可用的信息进行分析。例如，客户数据库不仅要关注姓名和地址，还要关注客户的职业、兴趣爱好、社会关系等。利用大数据多样性的原理就是保留一切需要并有用的信息，舍弃那些不需要的信息；发现那些有关联的数据，加以收集、分析、加工，使其变为可用的信息。

（4）价值性（Value）。价值性体现了大数据应用的真实意义。其价值具有稀缺性、不确定性和多样性。"互联网女皇"Mary Meeker（玛丽·米克尔）在《2012年互联网趋势》报告中，用两幅生动的图像描述了大数据。一幅是整整齐齐的稻草堆，另一幅是稻草中缝衣针的特写。寓意通过大数据技术，可以在稻草堆中找到自己所需要的东西，哪怕是一枚小小的缝衣针。这两幅图像揭示了大数据技术一个很重要的特点，即价值的稀疏性。

1.5.6 人工智能

1. 人工智能的定义

人工智能是一种计算机技术，其目的是模拟人类的智能，包括模拟人类进行感知、理解、推理、学习、创造和解决问题等活动。人工智能的基本方法包括符号推理、机器学习、进化算法和神经网络等。符号推理是一种基于逻辑推理的方法，使用符号和规则来表示和处理知识；机器学习是一种让计算机从数据中进行学习的技术，包括监督学习、无监督学习和强化学习等；进化算法是一种基于生物进化理论的优化方法，模拟了进化过程中的选择、遗传和变异等机制；神经网络是一种模拟人类神经系统的模型，由多个神经元构成，通过多层神经网络的组合，可以完成复杂的任务和做出决策。

2. 人工智能的技术核心

人工智能的三大技术核心是数据、算法、算力。

（1）数据

数据是人工智能的重要支撑，是指用于训练和测试算法的数字化信息。在人工智能的应用中，数据起到了承载、驱动和锤炼算法的重要作用，决定了整个系统的预测准确度和稳定性。人类每天都在产生难以计量的数据，如何让这些数据能够被计算机识别是非常重要的话题。数据标注是其中不可缺少的一个环节，由"人工智能训练师"把海量的数据标记为机器可以理解的数据。

（2）算法

算法是人工智能的核心，是指处理、计算大量数据并从中学习的方法和规则。2016年，AlphaGo在围棋比赛中击败世界顶级选手李世石，以4∶1的成绩赢得了比赛。很多围棋大师认为围棋是一项只有人类才能掌握的艺术和技巧，但是AlphaGo挑战了这一传统观念。AlphaGo在训练阶段使用了大量的历史围棋数据和自对弈模式，不断优化自身的棋力。它采用了深度神经网络和蒙特卡洛树算法相结合的方法，这使得它在下棋的过程中可以像人类选手一样思考，并且在计算速度和精度上远胜人类。AlphaGo的胜利也启示了人们如何利用算法和数据来解决人类难以解决的问题，并使人们更加深刻地认识到人工智能的潜力和优势。

（3）算力

算力是指用于支持算法的计算能力。硬件技术的发展，特别是图形处理单元（Graphics Processing Unit，GPU）的出现，使得计算能力得到了极大的提升，大幅度缩短了计算时间，处理更庞大的数据成为可能。高性能的计算机设备可以大大提高机器学习和深度学习算法的训练效率和准确性，促进人工智能技术的发展和应用。训练ChatGPT需要使用包括GPU和张量处理单元（Tensor Processing Unit，TPU）在内的高性能计算设备，使用 5 万多个 TPU、耗时数天，才能完成一次训练。这些计算设备需要专业的硬件、软件、网络等配套设施，以及相应的人力和资金投入。

1.5.7　区块链

1. 区块链的概念

区块链本质上是一个去中心化的数据库。区块链是指通过去中心化和免信任的方式集体维护一个可靠数据库的技术方案。

区块链技术是一种不依赖第三方、通过自身分布式节点进行网络数据的存储、验证、传递和交流的技术方案。因此，有人从金融会计的角度，把区块链技术看作一种分布式、开放性、去中心化的大型网络记账簿，任何人在任何时间都可以采用相同的技术标准加入自己的信息，延伸区块链，持续满足各种需求带来的数据录入需要。

通俗一点说，区块链技术就是指一种全民参与记账的方式。所有的系统背后都有一个数据库，如果把数据库看作一个大账本，那么谁来记这个账本就变得很重要。传统的记账方式是谁的系统谁来记账，微信的账本就是腾讯在记，淘宝的账本就是阿里在记。但在区块链系统中，系统中的每个人都有机会参与记账：在一定时间段内，如果有任何数据变化，则系统中每个人都可以进行记账，系统会评判这段时间内记账最快、最好的人，把其记录的内容写到账本，并将这段时间内的账本内容发给系统内其他所有人进行备份，这样系统中的每个人都有了新的、完整的账本。这种技术就称为区块链技术。

【拓展阅读】

若要解释何谓区块和区块链，可从1982年被提出的"拜占庭将军问题"说起。

拜占庭位于如今土耳其的伊斯坦布尔，是东罗马帝国的首都。由于当时东罗马帝国国土辽阔，出于防御目的，各军队相距很远，将军与将军之间只能靠信差传递消息。在战争时期，拜占庭军队内所有将军和副官必须达成共识，确定有赢的机会才去攻打敌人的阵营。但是，军队内可能存有叛徒和敌军的间谍，他们可能会左右将军们的决定，扰乱整体军队的秩序。因此所取得的共识可能并不代表大多数人的意见。这时候，在已知有叛徒或间谍的情况下，其余忠诚的将军应如何在不受叛徒或间谍的影响下达成一致呢？拜占庭将军问题就此形成。

拜占庭将军问题实际是对网络世界容许入侵体系的模型化，拜占庭的忠实将军们要在叛徒或间谍存在且不抓出叛徒或间谍的情况下，使决策一致。对应到通信世界中，人们要在容许一些捣乱或失效协议存在的情况下解决问题。后来，人们发现，区块和区块链可用以解决拜占庭将军问题。

---

2. 区块链的特征

（1）去中心化。区块链技术不依赖额外的第三方管理机构或硬件设施，没有中心管制，除了自成一体的区块链本身外，通过分布式核算和存储，各个节点实现了信息自我验证、传递和管理。去中心化是区块链最突出、最本质的特征。

（2）开放性。区块链技术基础是开源的，除了交易各方的私有信息被加密外，区块链的数据对所有人开放，任何人都可以通过公开的接口查询区块链数据和开发相关应用，因此整个系统信息高度透明。

（3）独立性。基于协商一致的规范和协议（类似哈希算法等各种数学算法），整个区块链系统不依赖其他第三方，所有节点能够在系统内自动安全地验证、交换数据，不需要任何人为的干预。

（4）安全性。只要不能掌控超过全部数据节点的50%，就无法肆意操控修改网络数据，这使区块链本身变得相对安全，可避免人为的数据变更。

（5）匿名性。除非有法律规范要求，单从技术上来讲，各区块节点的身份信息不需要公开或验证，信息传递可以匿名进行。

【慎思明辨】

古人云：吾生也有涯，而知也无涯。当今时代，世界在飞速变化，新情况、新问题层出不穷，知识更新的速度大大加快，我们要适应不断发展变化的客观世界。学习不仅是为了求知，更是一种生活方式，要努力做到活到老、学到老，终身学习。只有不断地学习和提高自己，才能保持良好的竞争力，从而适应社会的进步和发展。

练习与思考

一、名词解释

用所给定义解释以下术语（请在每个术语前的下划线上标出正确定义的序号）。

_____1. 计算机网络　　　　　　　_____2. 局域网
_____3. 城域网　　　　　　　　　_____4. 广域网
_____5. 通信子网　　　　　　　　_____6. 资源子网

A. 用于有限地理范围（如一幢大楼），将各种计算机、外设互连起来的计算机网络

B. 由各种通信控制处理机、通信线路与其他通信设备组成，负责全网的通信处理任务

C. 覆盖范围从几百千米至几千千米，可以将一个国家、一个地区或横跨几个洲的网络互连起来

D. 可以满足几十千米范围内的大量企业、机关的多个局域网互连的需求，并能实现文件、语音、图像等多种信息的传输

E. 由各种主机、终端、联网外设、软件与信息资源组成，负责全网的数据处理业务，并向网络用户提供各种网络资源与网络服务

F. 把分布在不同地理区域的计算机与专门的外部设备用通信线路互连成一个规模大、功能强的网络系统，从而使众多的计算机可以方便地互相传递信息，共享硬件、软件、数据信息等资源

二、选择题

1. 世界上第一个计算机网络是____。
   A. ARPANET　　　　B. ChinaNet　　　　C. Internet　　　　D. CERNET

2. 计算机互连的主要目的是____。
   A. 制定网络协议　　　　　　　　　B. 将计算机技术与通信技术相结合
   C. 集中计算　　　　　　　　　　　D. 资源共享

3. 下列说法中正确的是____。

    A. 网络中的计算机资源主要指服务器、路由器、通信线路与用户计算机

    B. 网络中的计算机资源主要指计算机操作系统、数据库与应用软件

    C. 网络中的计算机资源主要指计算机硬件、软件、数据

    D. 网络中的计算机资源主要指 Web 服务器、数据库服务器与文件服务器

4. 组建计算机网络的目的是实现联网计算机系统的____。

    A. 硬件共享   B. 软件共享   C. 数据共享   D. 资源共享

5. 一幢大楼内的一个计算机网络系统属于____。

    A. PAN   B. LAN   C. MAN   D. WAN

6. 计算机网络中可以共享的资源包括____。

    A. 硬件、软件、数据、通信信道   B. 主机、外设、软件、通信信道

    C. 硬件、程序、数据、通信信道   D. 主机、程序、数据、通信信道

7. 早期的计算机网络由____组成。

    A. 计算机—通信线路—计算机   B. PC—通信线路—PC

    C. 终端—通信线路—终端   D. 计算机—通信线路—终端

8. 在计算机网络中，处理通信控制功能的计算机是____。

    A. 通信线路   B. 终端

    C. 主计算机   D. 通信控制处理机

9. 计算机和远程终端相连时必须有一个接口设备，其作用是进行串行和并行传输的转换，以及进行简单的传输差错控制，该设备是____。

    A. 调制解调器   B. 线路控制器   C. 多重线路控制器   D. 通信控制器

10. 在计算机网络发展过程中，____对计算机网络的形成与发展影响最大。

    A. ARPANET   B. OCTOPUS   C. DATAPAC   D. Novell

11. 下面不是局域网特征的是____。

    A. 分布在一个宽广的地理范围之内   B. 提供给用户一个高宽带的访问环境

    C. 连接物理上相近的设备   D. 传输速率高

12. 下面不属于 4G 优势的是____。

    A. 手机终端多   B. 上网速度快   C. 智能性更高   D. 技术不成熟

13. 下面____不是云计算的特点。

    A. 大规模   B. 高可伸缩性   C. 通用性   D. 价格昂贵

14. 大数据的 4V 特征为 Volume、Velocity、Variety、Value，它们的含义分别是____、____、____和____。

    A. 规模性   B. 高速性   C. 多样性   D. 价值性

15. 区块链最突出、最本质的特征是____。

    A. 去中心化   B. 开放性   C. 独立性

    D. 安全性   E. 匿名性

三、填空题

1. 在计算机网络的定义中，一个计算机网络包含多台具有_____功能的计算机；把众多计算机有机连接起来要遵循一定的约定和规则，即_____；计算机网络最基本的特征

是_____。

2. 计算机网络系统的逻辑结构包括_____和_____两部分。

3. 计算机网络按网络覆盖范围分为_____、_____和_____3种。

4. 计算机网络的系统组成包括_____、_____和_____3部分。

5. 常见的计算机网络拓扑结构有_____、_____、_____和_____等。

6. 常用的传输介质有两类：有线和无线。有线介质包括_____、_____和_____。

7. 3G的关键技术是CDMA技术，而4G采用的是_____技术。该项技术可以提高频谱利用率，能够克服CDMA技术在支持高速率数据传输时信号间干扰增大的问题。

8. 云计算以_____的标准和_____为基础，以_____为中心，提供安全、快速、便捷的数据存储和网络计算服务，让互联网这片"云"成为每一个网民的数据中心和计算中心。

9. 人工智能的三大技术核心是_____、_____和_____。

四、问答题

1. 什么是计算机网络？

2. 什么是网络拓扑结构？计算机网络有哪些拓扑结构？各有什么优缺点？

3. 计算机网络的发展经过了哪几个阶段？

4. 计算机网络的主要功能是什么？

5. 什么是通信子网和资源子网？它们各有什么特点？

6. 计算机网络可以应用于哪些领域？请举例说明。

7. 查阅资料，说说物联网的典型应用。

第2章
数据通信基础

02

本章导读

数据通信技术是计算机网络的技术基础。本章主要讲解与数据通信有关的基础知识，其中包括数据通信的基本概念、数据编码与调制技术、数据传输、数据交换技术、信道复用技术、传输介质和差错控制技术等。通过对本章的学习，应达成如下学习目标。

知识目标

1. 理解数据通信的基本概念；
2. 了解数据编码技术；
3. 掌握数据传输的基本形式；
4. 掌握数据交换技术；
5. 熟悉信道复用技术；
6. 了解传输介质；
7. 掌握差错控制技术。

能力目标

1. 能画出3种数据交换方式的数据传输过程图；
2. 能使用RJ-45水晶头、网钳等，制作符合EIA/TIA 568A和EIA/TIA 568B标准的网线；
3. 能使用网线测试仪检测网络电缆故障。

素质目标

1. 基于不同传输介质各自有适合的应用场景，领会"人尽其才，物尽其用"的观点，树立职业自信；
2. 从差错控制方法出发，树立"不贵于无过，而贵于能改过"的理念，强化反思意识与纠错意识。

2.1 数据通信的基本概念

 信息化时代是信息产生巨大价值的时代。信息化是当今时代发展的大趋势，代表着先进生产力。什么是信息？信息是以什么方式进行传递的？

2.1.1 信息、数据、信号、信道与带宽

V2-1 数据通信的
基本概念

数据通信是指通过通信系统将数据以某种信号的方式从一处安全、可靠地传输到另一处，包括数据的传输及传输前后的处理。其中，信息、数据与信号等是数据通信系统中最基本的概念，必须了解它们的区别和联系。

1. 信息

信息（Information）是对客观事物特征和运动状态的描述，其形式有数字、文字、声音、图形、图像等。

2. 数据

数据（Data）是传递信息的实体。通信的目的是传送信息，传送之前必须先将信息用数据表示出来。

数据可分为两种：模拟数据和数字数据。用于描述连续变化量的数据称为模拟数据，如声音、温度等；用于描述不连续变化量（离散值）的数据称为数字数据，如文本信息、整数等。

3. 信号

信号（Signal）是数据在传输过程中的电磁波表示形式。

信号可以分为模拟信号和数字信号两种。模拟信号是一种连续变化的信号，可以表示成一种连续的正弦波，如图 2-1（a）所示；数字信号是一种离散信号，最常见、最简单的数字信号是二进制信号，用数字"1"和数字"0"表示，其波是一种不连续方波，如图 2-1（b）所示。

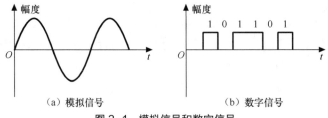

（a）模拟信号 　　　　　　　　（b）数字信号

图 2-1　模拟信号和数字信号

4. 信道

信道是传输信号的通道，由传输介质及相应的附属信号设备组成。

信道可分为逻辑信道和物理信道。一条线路可以是一条信道（一般称为物理信道），但这条线路上可以有多条逻辑信道，如一条光纤可以供上千人通话，就有上千个逻辑信道。通常所讲的信道都是指逻辑信道。根据传输的信号不同，可将信道分为模拟信道和数字信道。

5. 带宽

信号传送时，信号所占据的频带宽度称为信号带宽。若通信线路不失真地传送 2 MHz 或 10 MHz 的信号，则该通信线路的带宽为 2 MHz 或 10 MHz。信道上能够传送信号的最大频率范围称为信道的带宽，信道带宽大于信号带宽。

2.1.2 数据通信系统的基本结构

通信的目的是传送信息。为了使信息在信道中传送，首先应将信息表示成模拟数据或数字数据，然后将模拟数据转换成相应的模拟信号或将数字数据转换成相应的数字信号进行传输。

以模拟信号进行通信的方式叫作模拟通信，实现模拟通信的通信系统称为模拟通信系统；以数字信号作为载体来传输信息或以数字信号对载波进行数字调制后再传输的通信方式叫作数字通信，实现数字通信的通信系统称为数字通信系统。

1. 模拟通信系统

传统的电话、广播、电视等系统都属于模拟通信系统。模拟通信系统的模型如图 2-2 所示。

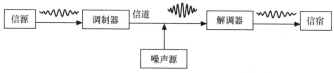

图 2-2　模拟通信系统的模型

> **提示**　信源是指在数据通信过程中，产生和发送信息的数据终端设备；信宿是指在数据通信过程中，接收和处理信息的数据终端设备。

模拟通信系统通常由信源、调制器、信道、解调器、信宿及噪声源组成。信源所产生的原始模拟信号一般要经过调制器调制后再通过信道传输。到达信宿后，再通过解调器将信号解调出来。

在理想状态下，数据从信源发出到信宿接收不会出现问题。但实际的情况并非如此。对于实际的数据通信系统，由于信道中存在噪声，信道上的信号在到达信宿之前可能会受到干扰而出错。因此，为了保证在信源和信宿之间实现正确的信息传输与交换，还要使用差错检测和控制技术。

2. 数字通信系统

计算机通信、数字电话及数字电视系统都属于数字通信系统。数字通信系统的模型如图 2-3 所示。

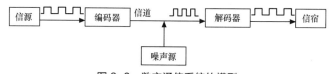

图 2-3　数字通信系统的模型

数字通信系统通常由信源、编码器、信道、解码器、信宿及噪声源组成，发送端和接收端之间还有时钟同步系统。时钟同步是数字通信系统中一个不可或缺的部分，为了保证接收端正确地接收数据，发送端与接收端必须有各自的发送时钟和接收时钟，接收端的接收时钟必须与发送端的发送时钟保持同步。

 电报、电话、广播、电视、计算机网络都是现代社会传播信息的主要方式，这些传送方式有什么区别？

2.1.3　数据通信系统的性能指标

通信的任务是快速、准确地传递信息。因此，从研究信息传输的角度来说，有效性和可靠性是评价数据通信系统优劣的主要性能指标。有效性是指通信系统传输信息的"速率"问题，即快慢问题；可靠性是指通信系统传输信息的"质量"问题，即好坏问题。

通信系统的有效性和可靠性存在矛盾关系。一般情况下，要提高系统的有效性，就得降低可靠性；反之，要提高系统的可靠性，就得降低有效性。在实际中，常常依据实际系统的要求采取相对统一的办法，即在满足一定可靠性指标的前提下，尽量提高信息的传输速率，即有效性；或者在维持一定有效性的条件下，尽可能提高系统的可靠性。

对于模拟通信系统来说，系统的有效性和可靠性可用信道带宽和输出信噪比（或均方误差）来衡量；对数字通信系统而言，系统的有效性和可靠性可用数据传输速率和误码率来衡量。

1．有效性指标的具体表述

（1）数据传输速率。数字通信系统的有效性可用数据传输速率来衡量，数据传输速率越高，系统的有效性越好。通常可从码元速率和信息速率这两个不同的角度来定义数据传输速率。

① 码元速率。码元速率又称波特率或调制速率，是每秒传送的码元数，单位为波特（Bd），常用符号 B 来表示。由于数字信号是用离散值表示的，因此，每一个离散值就是一个码元，如图 2-4 所示。其定义如下。

$$B = 1/T(\text{Bd})$$

其中，T 为一个数字脉冲信号的宽度。

图 2-4　码元

实例 2-1　某系统在 2s 内共传送 4800 个码元，请计算该系统的码元速率。

根据公式可知，B=4800/2=2400(Bd)。

> **提示**　数字信号一般有二进制与多进制之分，但码元速率与信号的进制数无关，只与码元宽度 T 有关。

② 信息速率。信息速率又称为比特率，它反映了一个数字通信系统每秒实际传送的信息量，单位为 bit/s。其定义如下。

$$S = 1/T \times \log_2 M(\text{bit/s})或 S = B \times \log_2 M(\text{bit/s})$$

其中，T 为一个数字脉冲信号的宽度，M 表示采用 M 级电平传送信号。$\log_2 M$ 表示一个码元所取的离散值个数，即一个脉冲所表示的有效状态。因为信息量与信号进制数 M 有关，因此，信息速率 S 也与 M 有关。

对于一个用二级电平（二进制）表示的信号，每个码元包含一位信息，也就是每个码元携带一位信息量，其信息速率与码元速率相等。对于一个用四级电平（四进制）表示的信号，每个码元包含两位信息，也就是每个码元携带两位信息量，因此，其信息速率应该是码元速率的两倍，如图 2-5 所示。

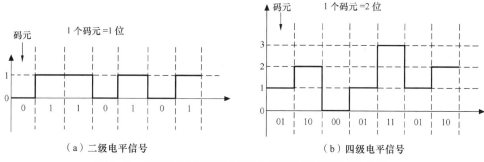

图 2-5　二级电平（二进制）信号与四级电平（四进制）信号

一个数字通信系统最大的信息速率称为信道容量，即单位时间可能传送的最大位数，它代表一个信道传输数字信号的能力，单位为 bit/s。

（2）信道带宽。信道带宽是指信道中传输的信号在不失真的情况下所占用的频率范围，单位为赫兹（Hz）。信道带宽是由信道的物理特性决定的。例如，电话线路的频率为 300～3400 Hz，则它的带宽也为 300～3400 Hz。

通常，带宽越大，信道容量越大，数据传输速率越高。所以要提高信号的传输率，信道就要有足够的带宽。从理论上讲，增加信道带宽是可以增加信道容量的。但实际上，信道带宽的无限增加并不能使信道容量无限增加，其原因是信道中存在噪声，而这制约了带宽的增加。

> **提示**　通常所说的数据传输速率是指信息速率，最大数据传输速率是指信道容量。

2. 可靠性指标的具体表述

衡量数字通信系统可靠性的指标，可用信号在传输过程中出错的概率来表述，即用差错率来衡量：差错率越高，表明系统可靠性越差。模拟通信系统可靠性用信噪比来衡量，本书不做介绍，感兴趣的读者可以参考相关图书。

差错率通常有以下两种表示方法。

（1）误码率：

$$误码率\ P_e = \frac{传输出错的码元数}{传输的总码元数}$$

（2）误比特率：

$$误比特率\ P_b = \frac{传输出错的位数}{传输的总位数}$$

2.2 数据编码与调制技术

 百度地图提供了定制语音导航功能，每个人都能享受到"声音自由"。声音属于模拟信号，那么采集到的模拟信号又是如何被转换为数字信号并存储在计算机内的呢？

2.2.1 数据的编码类型

模拟数据或数字数据可以分别用模拟信号或数字信号来表示和传输。在一定条件下，可以将模拟信号编码成数字信号，或将数字信号编码成模拟信号。其编码类型有 4 种，如图 2-6 所示。

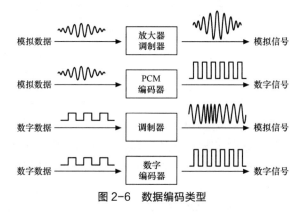

图 2-6 数据编码类型

 老式电视有时候会出现"雪花""斜纹"等情况，现代智能电视却很少出现此类现象，你知道这是为什么吗？

2.2.2 数据的调制技术

若模拟数据或数字数据采用模拟信号传输，则需采用调制解调技术。

1. 模拟数据的调制

模拟数据的基本调制技术主要有调幅、调频和调相。对于该部分内容本书不做详细说明，感兴趣的读者请参阅相关图书。

2. 数字数据的调制

在实际应用中，数字信号通常采用模拟通信系统传输，如通过传统电话线上网时，数字信号就是通过模拟通信系统（公共电话网）传输的，如图 2-7 所示。

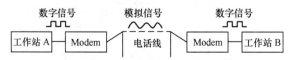

图 2-7 数字信号通过模拟通信系统传输的情况

　　传统的电话通信信道是为传输语音信号设计的，用于传输 300～3400 Hz 的音频模拟信号，不能直接传输数字数据。为了利用模拟语音通信的传统电话网实现计算机之间的远程通信，必须将发送端的数字信号转换成能够在公共电话网上传输的模拟信号，这个过程称为调制（Modulation）；经传输后在接收端将语音信号逆转换成对应的数字信号，这个过程称为解调（Demodulation）。实现数字信号与模拟信号互换的设备叫作调制解调器（Modem）。

　　对数字数据调制有 3 种基本技术：幅移键控（Amplitude Shift Keying，ASK）、频移键控（Frequency-Shift Keying，FSK）和相移键控（Phase-Shift Keying，PSK）。在实际应用中，以上 3 种调制技术通常结合起来使用。

2.2.3　数据的编码技术

　　若模拟数据或数字数据采用数字信号传输，则需采用编码技术。

1. 模拟数据的编码

　　在数字化的电话交换和传输系统中，通常需要将模拟数据编码成数字信号后再进行传输。常用的一种技术称为脉冲编码调制（Pulse Code Modulation，PCM）。

　　脉冲编码调制技术指以采样定理为基础，对连续变化的模拟信号进行周期性采样，以有效信号最高频率的两倍或两倍以上的速率对该信号进行采样，那么通过低通滤波器可不失真地从这些采样值中重新构造出有效信号。

　　采用脉冲编码调制把模拟信号数字化的 3 个步骤如下。

　　采样：以采样频率把模拟信号的值采出，如图 2-8 所示。

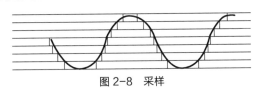

图 2-8　采样

　　量化：使连续模拟信号变为时间轴上的离散值。如在图 2-9 中采用了 8 个量化级，每个采样值用 3 位二进制数表示。

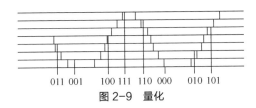

图 2-9　量化

　　编码：将离散值变成一定位数的二进制码，如图 2-10 所示。

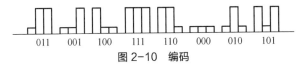

图 2-10　编码

　　实例 2-2　如果有一个数字化语音系统，其将声音分为 128 个量化级，用一位进行差错控制，采样速率为 8000 次/s，则一路语音的数据传输速率是多少？

（1）声音分为 128 个量化级，表示的二进制位数为 7 位，加一位差错控制，则每个采样值用 8 位二进制数表示。

（2）数据传输速率：8000 次/s×8bit=64 kbit/s。

2. 数字数据的编码

数字信号可以直接采用基带传输。基带传输就是在线路中直接传送数字信号的电脉冲，是最简单的传输方式，近距离通信的局域网都采用基带传输。基带传输时，需要解决的问题是数字数据的数字信号表示及收发两端之间的信号同步。

> **提示**　基带传输技术与同步技术将在 2.3 节中介绍。

数字信号的编码方式主要有 3 种：不归零编码、曼彻斯特编码和差分曼彻斯特编码，如图 2-11 所示。

（1）不归零（Non-Return to Zero，NRZ）编码。NRZ 编码可以用负电平表示逻辑"1"，用正电平表示逻辑"0"；反之，若用负电平表示逻辑"0"，则用正电平表示逻辑"1"。NRZ 编码的缺点是发送方和接收方不能保持同步，需采用其他方法保持收发同步。

（2）曼彻斯特（Manchester）编码。每一位的中间有一个跳变，位中间的跳变既用作时钟信号，又用作数据信号；从高到低跳变表示"1"，从低到高跳变表示"0"。

（3）差分曼彻斯特（Difference Manchester）编码。每位中间的跳变仅提供时钟定时，用每位开始时有无跳变来表示数据信号，有跳变为"0"，无跳变为"1"。

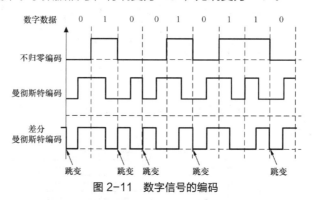

图 2-11　数字信号的编码

曼彻斯特编码和差分曼彻斯特编码是将时钟和数据包含在数据流中，在传输信息的同时，也将时钟同步信号一起传输给对方，每位编码中有一个跳变，不存在直流分量，因此具有自同步能力和良好的抗干扰性能。但每一个码元都被调成两个电平，所以数据传输速率只有调制速率（码元速率）的 1/2。

> **提示**　传统的黑白电视和彩色电视都属于模拟电视，它以模拟信号进行传输或处理，易受干扰，容易产生"雪花""斜纹"等干扰信号。数字电视利用数字化的传播手段提供卫星电视传播与数字电视节目服务，它的传输几乎不受噪声干扰，清晰度高、音频效果好、抗干扰能力强。

2.3 数据传输

数据传输在人们的生活中无处不在，如打电话、使用对讲机、收听广播等。那么这几种通信方式所用到的数据传输方式相同吗？数据传输方式有哪些？数据传输需要哪些技术？在串行传输时，接收端如何从串行数据流中正确地划分出发送的一个个字符？

2.3.1 信道通信的工作方式

按照信号的传送方向与时间的关系，信道的通信方式可以分为 3 种：单工通信、半双工通信和全双工通信。

1. 单工通信

单工通信是指通信信道是单向信道，信号仅沿一个方向传输，发送方只能发送不能接收，而接收方只能接收不能发送，任何时候都不能改变信号传送方向，如图 2-12 所示。例如，无线电广播、传统的模拟电视都属于单工通信。

图 2-12 单工通信

2. 半双工通信

半双工通信是指信号可以沿两个方向传送，但同一时刻一个信道只允许单方向传送，即两个方向的传输只能交替进行，而不能同时进行。当改变传输方向时，要通过开关装置进行切换，如图 2-13 所示。例如，传统的"对讲机"和"步话机"。

3. 全双工通信

全双工通信是指数据可以同时沿相反的两个方向进行双向传输，如图 2-14 所示。例如，电话机和手机。

图 2-13 半双工通信

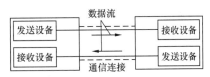

图 2-14 全双工通信

2.3.2 数据的传输方式

V2-2 数据的传输方式

在数字通信中，按每次传送的数据位数，传输方式可分为串行通信和并行通信两种。

1. 串行通信

串行通信传输时，数据是一位一位地在通信线路上传输的。先由计算机内的发送设备将几位并行数据经并—串转换硬件转换成串行方式，再逐位传输到达接收设备，并在接收设备中将数据从串行方式重新转换成并行方式，以供接收方使用，如图 2-15 所示。串行数据传输的速率要比并行传输慢得多，但对覆盖面极其广阔的公用电话系统来说具有更大的现实意义。

2. 并行通信

并行通信传输中有多个数据位，同时在两个设备之间传输。发送设备将这些数据位通过对应的数据线传送给接收设备，还可附加一位数据校验位，如图 2-16 所示。接收设备可同时接收到这些数据，不需要做任何转换就可直接使用。并行方式主要用于近距离通信。计算机内的总线结构就是并行通信的例子。这种方法的优点是传输速率快，处理简单；缺点是需要铺设多条线路，不适合长距离传输。

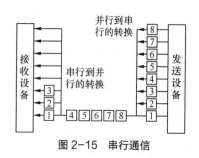

图 2-15　串行通信

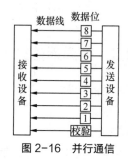

图 2-16　并行通信

> **提示**　串行通信和并行通信与人们现实生活中公路的单车道和多车道有类似之处。

2.3.3　同步技术

在网络通信过程中，通信双方交换数据时需要高度协同。为了正确解释信号，接收方必须确切地知道信号应当何时接收和何时结束，因此定时是至关重要的。在数据通信中，定时的因素称为同步。同步是指接收方按照发送方发送的每个位的起止时刻和速率来接收数据，否则，收发之间就会产生很小的误差。随着时间推移的逐步累积，就会使传输的数据出错。

通常使用的同步技术有两种：异步方式和同步方式。

1. 异步方式

在异步方式中，每传送一个字符（7 位或 8 位）都要在每个字符码前加一个起始位，以表示字符代码的开始；在字符代码校验码后加一或两个停止位，以表示字符代码的结束。接收方根据起始位和停止位来判断一个新字符的开始和结束，从而起到通信双方的同步作用。

异步方式实现起来比较容易，但每传输一个字符都需要多使用 2 位或 3 位，所以较适用于低速通信。

2. 同步方式

通常，同步方式的信息格式是一组字符或一个二进制位组成的数据块（也称为帧）。对这些数据，不需要附加起始位或停止位，而是在发送一组字符或数据块之前先发送一个同步字符 SYN（以 01101000 表示）或一个同步字节（01111110），用于接收方进行同步检测，从而使收发双方进入同步状态。在同步字符或字节之后，可以连续发送任意多个字符或数据块，发送数据完毕后，再使用同步字符或字节来标识整个发送过程的结束。

在同步传送时，发送方和接收方将整个字符组作为一个单位传送，且附加位非常少，从而提高了数据传输的效率。这种方法一般用于高速传输数据的系统中，如计算机之间的数据通信。

2.3.4　通信网络中节点的连接方式

在数据通信的发送端和接收端之间，可以采用不同的线路连接方式，即点对点的连接方式和点对多点的连接方式。

1. 点对点的连接

点对点的连接就是发送端和接收端之间采用一条线路连接，称为一对一通信或端到端通信，如图 2-17 所示。

2. 点对多点的连接

点对多点的连接是一个端点通过通信线路连接两个以上的端点。这种连接方式又可细分为分支式和集线式两种。

图 2-17　点对点的连接

（1）分支式。分支式点对多点，通常是一台主计算机和多台终端通过一条主线路连接，如图 2-18 所示。主计算机称为主站（也叫控制站），各终端称为从站。

（2）集线式。集线式点对多点是在终端较集中的地方，先使用集中器将这些终端集中起来（集中器有集线器与交换机两种，分别如图 2-19（a）和图 2-19（b）所示），再通过高速线路与中心站相连。

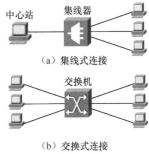

（a）集线式连接

（b）交换式连接

图 2-19　集线式点对多点连接

图 2-18　分支式点对多点连接

我们在运营商营业厅办理宽带业务时，常会被推荐办理相关带宽配置的套餐。我们经常会听到"宽带"和"带宽"这两个词，它们有什么区别？

2.3.5　数据传输的基本形式

1. 基带传输

基带（Base Band）是原始信号所占用的基本频带。基带传输是指在线路上直接传输基带信号或对信号进行略加整形后进行的传输。

在基带传输中，整个信道只传输一种信号，因此通信信道利用率低。数字信号被称为数字基带信号，在基带传输中，需要先对数字信号进行编码再进行传输。

基带传输是最简单、最基本的传输方式。基带传输过程简单，设备费用低，基带信号的功率衰减不大，适用于近距离传输的场合。局域网通常使用基带传输技术。

2. 频带传输

远距离通信信道多为模拟信道，例如，传统的电话（电话信道）只适用于传输音频范围（300～

3400 Hz）的模拟信号，不适用于直接传输频带很宽但能量集中在低频段的数字基带信号。

　　频带传输就是先将基带信号转换（调制）成便于在模拟信道中传输的、具有较高频率范围的模拟信号（称为频带信号），再将这种频带信号在模拟信道中传输。

　　计算机网络的远距离通信通常采用的是频带传输。基带信号与频带信号的转换是由调制解调器完成的。

3. 宽带传输

　　所谓宽带，就是指比音频带宽还要宽的频带，简单地说，就是包括了大部分电磁波频谱的频带。使用这种宽频带进行传输的系统称为宽带传输系统，它几乎可以容纳所有的广播，并且可以进行高速率的数据传输。

　　借助频带传输，一个宽带信道可以被划分为多个逻辑基带信道。这样就能把声音、图像等信息的传输综合在一个物理信道中进行，以满足用户对网络的更高要求。总之，宽带传输一定是采用频带传输技术的，但频带传输不一定就是宽带传输。

> **提示**　"带宽"与"宽带"：带宽是指数据信号传送时所占据的频率范围，描述带宽的单位为 bit/s，如我们说带宽是 10M，实际上是指 10Mbit/s；宽带是指比音频带宽还要宽的频带，使用这种宽频带进行传输的系统称为宽带传输系统，宽带是一种相对概念，并没有绝对的标准。
>
> "宽带线路"与"窄带线路"：宽带线路相较窄带线路而言，每秒有更多数据从计算机注入。宽带线路和窄带线路上数据的传输速率是一样的。如果用"汽车运货"来比喻"宽带线路"和"窄带线路"，则它们的关系如图 2-20 所示。
>
> "宽带线路"与"并行传输"：有人把宽带线路比喻成"多车道"，即数据在宽带线路中传输就像"汽车在多车道的公路上跑"，这其实是不正确的。汽车在多车道公路上跑，相当于"并行传输"，而通信线路上的数据通常是"串行传输"，如图 2-21 所示。

图 2-20　宽带线路和窄带线路的关系　　图 2-21　宽带线路与并行传输的关系

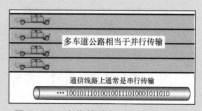

2.4　数据交换技术

　我们从一个城市到另一个城市，如果没有直达车，通常只能采取中途换乘的方式。在多个通信系统中，数据从源节点到达目的节点也很难实现收发两端直接相连传送，通常要通过多个节点转发才能到达。那么，怎么实现数据的交换与转发？有哪些数据交换方式？

数据经编码后在通信线路上进行传输时，最简单的形式是用传输介质将两个端点直接连接起来进行数据传输。但是，每个通信系统都采用把收发两端直接相连的形式是不可能的，一般要通过一个由多个节点组成的中间网络来把数据从源节点转发到目的节点，以此实现通信。这个中间网络不关心所传输的数据内容，只是为这些数据从一个节点到另一个节点直至目的节点提供数据交换的功能。因此，这个中间网络也叫作交换网络，组成交换网络的节点叫作交换节点。交换网络的拓扑结构如图 2-22 所示。

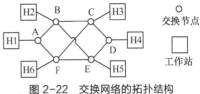

图 2-22　交换网络的拓扑结构

数据交换是多节点网络中实现数据传输的有效手段。常用的数据交换方式有电路交换和存储交换两种。存储交换又可细分为报文交换和分组交换。下面分别介绍这几种交换方式。

2.4.1　电路交换

电路交换（Circuit Switching）也称线路交换，是数据通信领域最早使用的交换方式。通过电路交换进行通信时，需要通过中心交换节点在通信双方之间建立一条专用通信链路。

1. 电路交换通信的 3 个阶段

利用电路交换进行通信时，包括建立电路、传输数据和拆除电路 3 个阶段。

（1）建立电路。在传输任何数据之前，要先经过呼叫过程建立一条端到端的电路。如图 2-23 所示，若 H1 站要与 H2 站连接，则 H1 站先要向与其相连的 A 节点提出请求，A 节点在有关联的路径中找到下一个支路 B 节点，在此电路上分配一个未用的通道，并告诉 B 它还要连接 C 节点，再用同样的方法到达 D 节点并完成所有的连接，最后由被叫用户主机 H2 发出应答信号给主叫用户主机 H1，这样，通信链路就接通了。

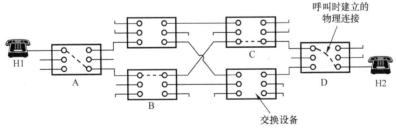

图 2-23　通信双方物理信道的建立

只有在通信双方之间建立起物理链路之后，才允许进入传输数据阶段。电路交换的这种"连接"过程所需时间（即建立时间）的长短，与连接的中间节点的个数有关。

（2）传输数据。电路 A—B—C—D 建立以后，数据就可以从 A 发送到 B，再由 B 发送到 C，并由 C 发送到 D，D 也可以经 C、B 向 A 发送数据。在整个数据传输过程中，所建立的电路必须始终保持连接状态。

（3）拆除电路。传输数据结束后，由某一方（H1 或 H2）发出拆除电路请求，然后逐步拆除到对方的电路。

2．电路交换技术的特点

电路交换技术有以下几个特点。

（1）在数据传送开始之前必须先设置一条专用的通路，采用面向连接的方式。

（2）一旦电路建立，用户就可以固定的速率传输数据，中间节点不对数据进行其他缓冲和处理，传输实时性好、透明性好。数据传输可靠、迅速，数据不易丢失且可保持原来的顺序。这种传输方式适用于系统间要求高质量的大量数据传输的情况，常用于电话通信系统中。目前的公共电话网（PSTN）和移动网（包括 GSM 网和 CDMA 网）采用的都是电路交换技术。

（3）在拆除电路之前，该通路由一对用户完全占用，即使没有数据传输也要占用电路，因此线路利用率低。

（4）建立电路延迟较大，对于突发式的通信，电路交换效率不高。

（5）电路交换既适用于传输模拟信号，又适用于传输数字信号。

2.4.2　报文交换

V2-4　报文交换

电路交换技术主要适用于语音传送业务，对数据通信业务而言，这种交换技术有着很大的局限性。数据通信具有很强的突发性。与语音业务相比，数据业务对时延没有严格的要求，但需要进行无差错的传输；而语音信号可以有一定程度的失真，但实时性一定要高。报文交换（Message Switching）技术就是针对数据通信业务的特点而提出的一种交换方式。

1．报文交换的原理

报文交换方式的数据传输单位是报文，即一次性发送的数据块，其长度不限且可变。在交换过程中，交换设备将接收到的报文先存储，待信道空闲时再转发给下一个节点，一级一级中转，直到目的地。这种数据传输技术称为"存储—转发"。

报文传输之前不需要建立端到端的连接，仅在相邻节点传输报文时建立节点间的连接。这种方式称为"无连接"方式。

2．报文交换技术的特点

报文交换技术有以下几个特点。

（1）在传送报文时，一个时刻仅占用一段通道，可大大提高线路利用率。

（2）报文交换系统可以把一个报文发送到多个目的地。

（3）可以建立报文的优先级，优先级高的报文在节点中可优先转发。

（4）报文大小不一，因此存储管理较为复杂。

（5）大报文造成存储转发的时延过大，对存储容量要求较高。

（6）出错后整个报文必须全部重发。

（7）报文交换只适用于传输数字信号。

在实际应用中，报文交换主要用于传输的报文较短、对实时性要求较低的通信业务，如公用电报网。

2.4.3　分组交换

V2-5　分组交换

分组交换（Packet Switching）又称包交换。为了更好地利用信道容量，弱化节点中数据量的突发性，应将报文交换改进为分组交换。分组交换将报文分成若干个分组，每个分组的长度有一个上限，有限长度的分组使得每个节点所需的存储能力降低了。分组可以存储到内存中，可减小传输时延，提高交换速度。它适用于交互式通信，如终端与主机通信。

1．分组交换技术的特点

分组交换技术有以下几个特点。

（1）采用"存储—转发"方式。

（2）具有报文交换的优点。

（3）加速了数据在网络中的传输。这是因为分组是逐个传输的，可以使后一个分组的存储操作与前一个分组的转发操作并行，正是这种流水线式的传输方式减少了分组的传输时间。此外，传输一个分组所需的缓冲区比传输一份报文所需的缓冲区小得多，这样因缓冲区不足而等待发送的概率会小很多，等待的时间也必然会少得多。

（4）简化了存储管理。因为分组的长度固定，相应的缓冲区的大小也固定，所以在交换节点中存储器的管理通常被简化为对缓冲区的管理，相对比较容易。

（5）减小了出错概率，减少了重发数据量。因为分组较短，其出错概率必然减小，重发的数据量也就大大减少了，这样不仅提高了可靠性，还减小了传输时延。

（6）由于分组短小，更适合采用优先级策略，便于及时传送一些紧急数据。对于计算机之间突发式的数据通信，分组交换显然更为合适。

2．两种分组交换方式

分组交换可细分为数据报和虚电路两种。

（1）数据报。在数据报分组交换中，每个分组自身携带足够的地址信息，独立地确定路由（即传输路径）。因为不能保证分组按序到达，所以接收方需要按分组编号重新排序和组装。如图 2-24 所示，主机 A 先后将分组 1 与分组 2 发送给主机 B，分组 2 经过 S1、S4、S5先到达主机 B；分组 1 经过 S1、S2、S3、S5 后到达主机 B；主机 B 必须对分组重新排序才能获得有效数据。

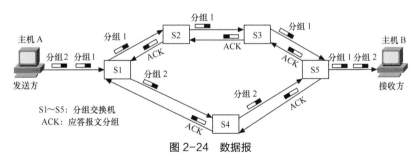

图 2-24　数据报

（2）虚电路。在虚电路分组交换中，为了进行数据传输，网络的源节点和目的节点之间要先建立一条逻辑通路。每个分组除了包含数据之外，还包含一个虚电路标识符。在预先建好的路径上，每个节点都知道把这些分组传输到哪里去，不再需要路径选择判定。最后，由其中的某一站用户请求来结束这次连接。它之所以是"虚"的，是因为这条电路不是专用的。

在图 2-25 中，H1 与 H4 进行数据传输，先在 H1 与 H4 之间建立一条虚电路 S1、S4、S3，再依次传输分组 1、2、3、4、5，到达 H4 后依次接收分组 1、2、3、4、5，无须重新进行组装和排序，在数据传输过程中，不需要再进行路径选择。

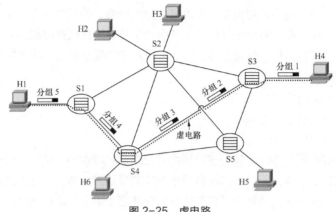

图 2-25　虚电路

3. 虚电路的特点

虚电路有以下几个特点。

（1）虚电路可以看作采用了电路交换思想的分组交换。采用虚电路进行数据传输和电路交换一样需要 3 个过程：建立连接、传输数据、拆除连接。但虚电路并不像电路交换那样始终占用一条端到端的物理通道，只是断续地依次占用传输路径上的各个链路段。

（2）虚电路的路由表是由路径上的所有交换机中的路由表定义的。

（3）虚电路的路由在建立时确定，传输数据时不再需要，由虚电路号标识。

（4）传输数据时只需指定虚电路号，分组即可按虚电路号进行传输，类似于"数字管道"。

（5）虚电路能够保证分组按序到达。

（6）虚电路提供的是"面向连接"的服务。

（7）虚电路又分为永久虚电路（Permanent Virtual Circuit，PVC）和交换虚电路（Switched Virtual Circuit，SVC）两种。

虚电路分组交换的主要特点：在数据传送之前必须通过虚呼叫设置一条虚电路。但它并不像电路交换那样有一条专用通路，分组在每个节点上仍然需要缓冲，并在线路上进行排队等待输出。

4. 3 种交换方式的比较

图 2-26 所示为电路交换、报文交换和分组交换这 3 种交换方式的数据传输过程。其中的 A、B、C、D 对应图 2-23 中的节点。

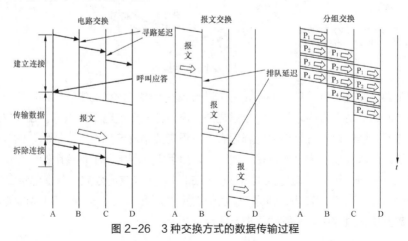

图 2-26　3 种交换方式的数据传输过程

总之，当要传送的数据量很大，并且传送时间远大于呼叫时间时，采用电路交换较为合适；当端到端的通路由很多段的链路组成时，采用分组交换较为合适；从提高整个网络的信道利用率来看，报文交换和分组交换优于电路交换，其中分组交换比报文交换的时延小，尤其适用于计算机之间突发式的数据通信。

2.4.4 高速交换

1. ATM 技术

随着分组交换技术的广泛应用和发展，出现了传送语音业务的电路交换网络和传送数据业务的分组交换网络共存的局面。语音业务和数据业务的分别传送，促使人们思考一种新的技术兼具电路交换和分组交换的优点，并向用户提供统一的服务。由此，在 20 世纪 80 年代末由国际电报电话咨询委员会（CCITT，现 ITU）提出了宽带综合业务数字网的概念，并提出了一种全新的技术——异步传输方式（Asynchronous Transfer Mode，ATM）。

ATM 技术兼顾各种数据类型，将数据分成一个个的数据分组，每个分组称为一个信元。每个信元固定长 53 字节，其中 5 字节为信头，48 字节为信息域，用来装载来自不同用户、不同业务的信息，如图 2-27 所示。语音、数据、图像等所有的数字信息都要经过切割，封装成统一格式的信元在网络中传递，并在接收端恢复成所需格式。因为 ATM 技术简化了交换过程，去除了不必要的数据校验，采用易于处理的固定信元格式，所以 ATM 网络的交换速率大大高于传统数据网的交换速率。

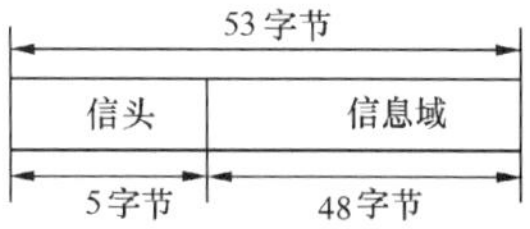

53 字节	
信头	信息域
5 字节	48 字节

图 2-27 ATM 信元格式

ATM 采用异步时分多路复用技术，采用不固定时隙传输，每个时隙的信息中都带有地址信息。ATM 技术将数据分成定长 53 字节的信元，一个信元占用一个时隙，时隙分配不固定，包的大小进一步减小，更充分地利用了线路的通信容量和带宽。

此外，ATM 交换本身是全双工的，发送数据和接收数据在不同虚拟电路中同时进行，可保持双向高速通信。

2. 光交换

随着光纤传输技术的不断发展，光传输在传输领域中已占主导地位。光传输速率已在向 Tbit/s 级进军，其高速、宽带的传输特性，使得以电信号分组交换为主的交换方式已很难适应，因为在这一方式下必须在中转节点采用光电转换器将电信号转换成光信号。于是，一种新型的交换技术——光交换便诞生了。光交换技术也是一种光纤通信技术，它是指不经过任何光电转换，直接将输入的光信号交换到不同的输出端。光交换技术的最终发展趋势是光控制下的全光交换，并与光传输技术完美结合，即数据从源节点到目的节点的传输过程都在光域内进行。

2.5 信道复用技术

 日常生活中，我们可以同时收听广播、接听电话、用"小度"播放音乐，这些信号都在无线空间中传播而互不影响，这是怎么实现的呢？

多路复用技术就是发送端对多路信号进行组合，在一条专用的物理信道上实现同时传输，接收端再将复合信号分离出来，这样可极大地提高通信线路的利用率。

多路复用技术主要有频分多路复用、时分多路复用、波分多路复用和码分多路复用。

2.5.1　频分多路复用

在物理信道的可用带宽超过单个原始信号所需带宽的情况下，可将该物理信道的总带宽分割成若干个与传输单个信号带宽相同（或略宽）的子信道，每个子信道传输一路信号，这就是频分多路复用（Frequency Division Multiplexing，FDM）。

V2-6　多路复用技术 1

在频分复用前，先要通过频谱搬移技术将各路信号的频谱搬移到物理信道频谱的不同段上，使各信号的带宽不相互重叠。为了防止互相干扰，使用保护带来隔离每一个通道。在接收端，各路信号通过不同频段上的滤波器恢复，如图 2-28 所示。在一根电缆上传输多路电视信号就是 FDM 的典型例子。

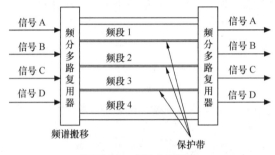

图 2-28　频分多路复用

> **提示**　在收听无线电广播或收看无线电视的时候，多个电台或电视台的信号可以在同一无线空间中传播而互不影响，这是因为采用了频分多路复用技术将多组节目对应的声音或图像等信号分别挂载在不同频率的无线电波上，接收者可以根据需要选择特定的某种频率的信号进行收听或收看，从而实现节目的互不干扰，提高了信道的利用率。

2.5.2　时分多路复用

若传输介质能达到的传输速率超过传输数据所需的数据传输速率，则可采用时分多路复用（Time Division Multiplexing，TDM）技术，即将一条物理信道按时间分成若干个时隙，轮流地分配给多个信号使用，每一时隙由一路信号占用。这样，利用各路信号在时间上的交叉，就可以在一条物理信道上传输多路信号。

V2-7　多路复用技术 2

时分多路复用可细分为同步时分多路复用和异步时分多路复用两种。

1. 同步时分多路复用

同步时分多路复用（Synchronous Time Division Multiplexing，STDM）技术按照信号的路数划分时隙，每一路信号具有相同大小的时隙且预先指定，类似于"对号入座"。时隙轮流分配给各路信号，上一路信号在时隙使用完毕以后要停止通信，并把信道让给下一路信号使用，当其他各路信号把分配到的时隙都使用完以后，第一路信号再次取得时隙进行数据传输。

同步时分多路复用技术的优点是控制简单，实现起来容易；缺点是无论输入端是否传输数据，都占有相应的时隙，若某个时隙对应的装置无数据发送，则该时隙空闲不用，造成了信道资源的浪费。如图 2-29 所示，发送第 1 帧时，D 和 A 路信号占用 2 个时隙，B 和 C 路信号没有数据传输，空两个时隙；发送第 2 帧时，只有 C 路信号有数据传输，占用一个时隙，空 3 个时隙；如此往复。此时，有大量数据要发送的信道由于没有足够多的时隙可利用而要花费很长一段时间，从而降低了线路的利用效率。为了克服 STDM 的缺点，引入了异步时分复用技术。

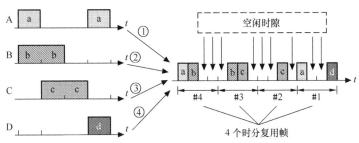

图 2-29　同步时分多路复用的原理

2. 异步时分多路复用

异步时分多路复用（Asynchronous Time Division Multiplexing，ATDM）技术也叫作统计时分多路复用技术。

ATDM 技术允许动态地按需分配时隙，以避免出现空闲时隙，即在输入端有数据要发送时才分配时隙（即线路资源），当用户暂停发送数据时不给它分配时隙。同时，ATDM 中的时隙顺序与输入装置之间没有一一对应的关系，任何一个时隙都可以被用于传输任一路输入信号。如图 2-30 所示，A、B、C、D 路信号有数据传输时，依次占用时隙。

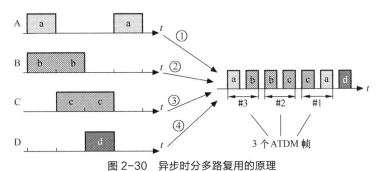

图 2-30　异步时分多路复用的原理

另外，在 ATDM 中，每路信号可以通过多占用时隙来获得更高的传输速率，传输速率可以高于平均速率，最高速率可达到线路总的传输能力，即用户占用所有的时隙。

实例 2-3　线路总的传输速率为 28.8 kbit/s，3 个用户共用此线路，在 STDM 方式中，每个用户的最高速率为多少？ 在 ATDM 方式中，每个用户的最高速率又为多少？

在 STDM 方式中，每个用户的最高速率为 9600 bit/s；在 ATDM 方式中，每个用户的最高速率可达 28.8 kbit/s。

2.5.3　波分多路复用

在同一根光纤中同时让两个或两个以上的光波信号通过不同光信道各自传输信息，这种方式称为光波分复用技术，通常称为波分多路复用（Wavelength Division Multiplexing，WDM）。

波分多路复用一般将波长分割复用器（也称合波器）和解复用器（也称分波器）分别置于光纤两端，实现不同光波信号的耦合与分离。这两个器件的原理是相同的。

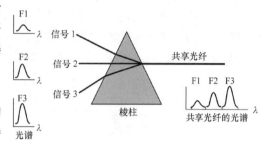

图 2-31 所示为波分多路复用的原理。将 1、2、3 路信号连接到棱柱上，每路信号处于不同的波段，3 束光通过棱柱合成到一根共享光纤上，待传输到目的地后，再将它们用同样的方法分离开。

图 2-31　波分多路复用的原理

2.5.4　码分多路复用

码分多路复用（Code Division Multiplexing，CDM）的常用名称是码分多址（Code Division Multiple Access，CDMA）。

码分多路复用也采用共享信道的方法，每个用户可在同一时间使用同样的频带进行通信，但使用的是基于码型的分割信道的方法，即每个用户分配一个地址码，各个码型互不重叠，通信各方之间不会相互干扰，抗干扰能力强。

码分多路复用技术主要用于无线通信系统，特别是移动通信系统。它不仅可以提高通信的语音质量和数据传输的可靠性并减少干扰对通信的影响，还增大了通信系统的容量。笔记本电脑或个人数字助理（Personal Digital Assistant，PDA）等移动设备的联网通信就使用了这种技术。

2.6　传输介质

　　光纤、网线、无线电波等都是常见的网络传输介质，它们各有什么特点？谁更胜一筹呢？你还能列举一些日常生活中常见的通信传输介质吗？

计算机网络中常用的传输介质分为有线传输介质和无线传输介质两大类，如图 2-32 所示。

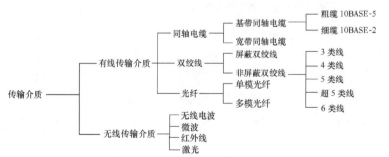

V2-8　传输介质与
传输设备

图 2-32　计算机网络中常用的传输介质

2.6.1　有线传输介质

有线传输介质是指在两个通信设备之间实现物理连接的部分，它能将信号从一方传输到另一方。有线传输介质主要有同轴电缆、双绞线和光纤等。

1. 同轴电缆

同轴电缆（Coaxial Cable）由一根内导体铜质芯外加绝缘层、密集网状编织外导体屏蔽层及外包装塑料保护层组成，其结构如图 2-33 所示。

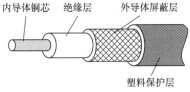

图 2-33　同轴电缆的结构

通常将同轴电缆分成两类：基带同轴电缆和宽带同轴电缆。同轴电缆的相关特性如下。

（1）物理特性：单根同轴电缆直径为 1.02～2.54 cm，可在较宽频范围内工作。

（2）传输特性：基带同轴电缆仅用于数字信号传输，阻抗为 50 Ω，并使用曼彻斯特编码，数据传输速率最高可达 10 Mbit/s。基带同轴电缆被广泛用于局域网中，为保持同轴电缆的正确电气特性，电缆必须接地，同时两头要有端接器来削弱信号的反射。宽带同轴电缆可用于模拟信号和数字信号传输，阻抗为 75 Ω，主要用于有线电视系统通信。

（3）连通性：可用于点对点连接或点对多点连接。

（4）地理范围：基带同轴电缆的最大距离限制在几千米；宽带同轴电缆的最大距离可以达几十千米。

（5）抗干扰性：抗干扰能力比双绞线强。

（6）相对价格：比双绞线贵，比光纤便宜。

2. 双绞线

（1）双绞线概述。双绞线是网络组建中常用的一种有线传输介质，由一对或多对绝缘铜导线按一定的密度绞合在一起，目的是减少信号传输中串扰及电磁干扰（Electromagnetic Interference，EMI）的影响。同时，为了便于区分，每根铜导线都具有不同颜色的保护层。

双绞线是模拟和数字数据通信最普通的传输介质，它的主要应用范围是电话系统中的模拟语音传输。网络中连接网络设备的双绞线由 4 对铜芯线绞合在一起，其结构如图 2-34 所示，其有 8 种不同的颜色，分别是橙白、橙、绿白、绿、蓝白、蓝、棕白、棕。双绞线适用于较短距离的信息传输，当传输距离超过几千米时，信号因衰减可能会产生畸变，这时就要使用中继器（Repeater）来进行信号放大。

双绞线的价格在有线传输介质中是最便宜的，并且安装简单，所以被广泛使用。

（2）双绞线的相关特性。双绞线可分为非屏蔽双绞线（Unshielded Twisted Pair，UTP）和屏蔽双绞线（Shielded Twisted Pair，STP）。双绞线的相关特性如下。

- 物理特性：铜质线芯，传导性能良好。
- 传输特性：可用于传输模拟信号和数字信号。

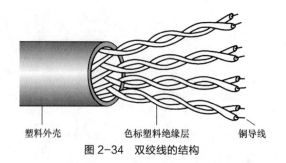

塑料外壳　　　　　色标塑料绝缘层　　　　铜导线

图 2-34　双绞线的结构

目前，美国电子工业协会/美国电信工业协会（EIA/TIA）为双绞线电缆定义了 6 种不同质量的型号。这 6 种型号如下。

1 类线：主要用于语音传输（一类标准主要用于 20 世纪 20 年代初之前的电话线缆），不用于数据传输。

2 类线：传输频率为 1 MHz，用于语音传输和最高传输速率 4 Mbit/s 的数据传输，常见于使用 4 Mbit/s 规范令牌传递协议的旧令牌环网。

3 类线：指目前在 EIA/TIA 568 标准中指定的电缆，该电缆的传输频率为 16 MHz，用于语音传输及最高传输速率为 10 Mbit/s 的数据传输，主要用于 10BASE-T 网络。

4 类线：该类电缆的传输频率为 20 MHz，用于语音传输和最高传输速率为 16 Mbit/s 的数据传输，主要用于基于令牌的局域网和 10BASE-T/100BASE-T 网络。

5 类线：该类电缆增加了绕线密度，外套一种高质量的绝缘材料，传输频率为 100 MHz，用于语音传输和最高传输速率为 100 Mbit/s 的数据传输，主要用于 100BASE-T 和 1000BASE-T 网络。这是较常用的以太网电缆。

超 5 类线：该类电缆的衰减小，串扰少，有更高的衰减串话比（Attenuation-Tocrosstalk Ratio，ACR）和信噪比（Signal to Noise Ratio，SNR）、更小的时延误差，性能得到了很大提升。超 5 类线主要用于千兆位（1000 Mbit/s）以太网。

6 类线：该类电缆的传输频率为 1～250 MHz。6 类布线系统在 200 MHz 时，综合衰减串话比（PS-ACR）应该有较大的余量，它提供两倍于超 5 类线的带宽。6 类线的传输性能远远高于超 5 类线，适用于传输速率高于 1 Gbit/s 的应用。6 类线相对于超 5 类线的一个重要的不同是改善了在串扰及回波损耗方面的性能。对新一代全双工的高速网络应用而言，优良的回波损耗性能是极其重要的。6 类标准中取消了基本链路模型，布线标准采用星形拓扑结构，要求的布线距离如下：永久链路的长度不能超过 90 m，信道长度不能超过 100 m。

- 连通性：可用于点对点连接或点对多点连接。
- 地理范围：对于局域网，传输速率为 100 kbit/s 时，可传输 1 km；传输速率为 10～1000 Mbit/s 时，可传输 100 m。
- 抗干扰性：低频（10 kHz 以下）下抗干扰性能强于同轴电缆，高频（10～100 kHz）下抗干扰性能弱于同轴电缆。
- 相对价格：比同轴电缆和光纤便宜得多。

（3）双绞线的相关术语。一般情况下，双绞线要通过 RJ-45 水晶头接入网卡等网络设备。RJ-45 水晶头由金属片和塑料构成，制作网线所需要的 RJ-45 水晶头前端有 8 个凹槽，简称"8P"（P 即 Position，位置），凹槽内的金属触点共有 8 个，简称"8C"（C 即 Contact，触点）。

当金属片面对使用者时，RJ-45 水晶头引脚序号从左至右依次为 1、2、3、4、5、6、7、8，如图 2-35 所示。

双绞线与水晶头（RJ-45 水晶头）连接就形成网线，做好的网线的一端如图 2-36 所示。

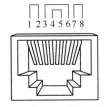

图 2-35　RJ-45 水晶头

图 2-36　做好的网线的一端

（4）连接标准。双绞线与 RJ-45 水晶头连接有许多标准，常用的有 EIA/TIA 于 1991 年公布的 EIA/TIA 568 规范，包括 EIA/ TIA 568A 和 EIA/TIA 568B，其标准线序如表 2-1 所示。

表 2-1　EIA/TIA 568 标准线序

规范	1	2	3	4	5	6	7	8
EIA/TIA 568A	绿白	绿	橙白	蓝	蓝白	橙	棕白	棕
EIA/TIA 568B	橙白	橙	绿白	蓝	蓝白	绿	棕白	棕

（5）网线的连接。在同一网络系统中，若用于集线器到网卡的连接，则同一条双绞线两端一般使用同一标准 EIA/TIA 568B，这就是直通电缆（平行线），如图 2-37 所示。

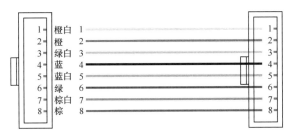

图 2-37　直通电缆

当双绞线用于连接网卡到网卡时，线的一端使用 EIA/TIA 568A，另一端使用 EIA/TIA 568B，这就是交叉电缆（交叉线），如图 2-38 所示。

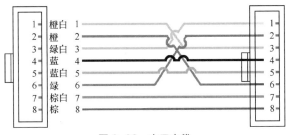

图 2-38　交叉电缆

用于集线器或交换机之间级联的双绞线，其接线标准要看具体的集线器或交换机，有些要求使用直通电缆，有些要求使用交叉电缆，如表 2-2 所示。

表 2-2　直通电缆与交叉电缆的连接对象

网线类别	连接对象
直通电缆	计算机与集线器
	计算机与交换机
	集线器的普通口与集线器的级联口
	集线器的级联口与交换机的普通口
	交换机与路由器
交叉电缆	计算机与计算机
	集线器和交换机
	交换机与交换机
	路由器与路由器
	集线器的普通口与集线器的普通口

（6）网线接头制作的常用工具。网线接头制作通常需要使用的工具有压线钳和电缆测线仪。

压线钳是网络电缆制作中的一个非常重要的工具，它有 3 个方面的功能：最前端是剥线口，可用来剥开双绞线的外壳；中间部分用于压制 RJ-45 水晶头；离手柄最近端是锋利的切线刀，可以用来切断双绞线。在没有其他工具的情况下，用压线钳可单独完成网线的制作。压线钳的质量直接关系到网线接头的制作成功率，故应选择质量较好的压线钳。

网线测试仪（见图 2-39）是比较便宜的专用网络测试器，通常用于网络电缆制作好后测试网络电缆是否制作成功，即能否用于网络的连接。网线测试仪一组有两个，其中一个为信号发射器，另一个为信号接收器，一般双方各有 8 个 LED 指示灯及至少一个 RJ-45 插槽（有些网线测试仪同时具有 BNC、AUI、RJ-11 等测试功能）。

图 2-39　网线测试仪

3. 光纤

光纤是光纤通信的传输介质，通常由能传导光波的纯石英玻璃棒拉制成裸纤（裸纤由纤芯和包层组成），裸纤外覆涂覆层，其结构如图 2-40 所示。

平常使用的手机、计算机等通信产品发送的信息是以电信号的方式存在的。进行光通信时，首先要将电信号转换为光信号，再通过光纤光缆传输后将光信号转换回电信号，达到信息传递的目的。光纤通信就是利用光纤传递光信号来进行通信的，有光信号相当于"1"，没有光信号相当

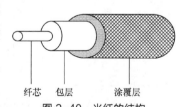

纤芯　包层　涂覆层
图 2-40　光纤的结构

于 "0"。基本的光通信系统由光发送机、光接收机以及传输光的光纤回路构成。为了在保证长距离信号传输质量的同时提升传输带宽，一般还会用到光中继器、复用器和解复用器。光纤传送电信号的过程如图 2-41 所示。

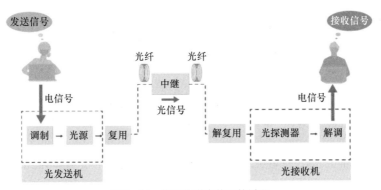

图 2-41　光纤传送电信号的过程

光纤具有宽带、数据传输率高、抗干扰能力强、传输距离远等优点。其相关特性如下。

（1）物理特性：在计算机网络中均采用两根光纤（一来一去）组成传输系统。光纤的规格如表 2-3 所示。

表 2-3　光纤的规格

规格	纤芯直径/μm	涂覆层直径/μm	说明
8.3/125	8.3	125	单模光纤
50/125	50	125	多模光纤
62.5/125	62.5	125	多模光纤（市场主流产品）
85/125	85	125	多模光纤
100/140	100	140	多模光纤

（2）传输特性：在光纤中，包层较纤芯有较低的折射率，当光线从高折射率的介质射向低折射率的介质时，其折射角将大于入射角，如果入射角足够大，就会出现全反射，如图 2-42 所示。光线碰到包层时就会折射回纤芯，这个过程不断重复，光也就沿着纤芯传输下去，如图 2-43 所示。

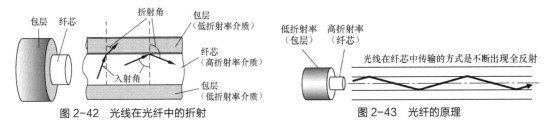

图 2-42　光线在光纤中的折射　　　　图 2-43　光纤的原理

只要射到光纤截面的光线的入射角大于某一临界角度，就可以产生全反射。当有许多条不同角度入射的光线能在一条光纤中传输时，这种光纤就称为多模光纤（Multi-mode Optical Fiber），如图 2-44 所示。

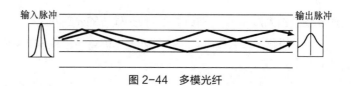

图 2-44　多模光纤

当光纤的直径小到与光波长在同一数量级时，光以平行于光纤中的轴线的形式直线传播，这样的光纤称为单模光纤（Single-mode Optical Fiber），如图 2-45 所示。

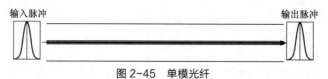

图 2-45　单模光纤

光纤通过内部的全反射来传输经过编码的光信号，此时的光纤是频率为 1014～1015 Hz 的波导管，这一范围覆盖了可见光谱和部分红外光谱。光纤的数据传输速率可达 Gbit/s 级，传输距离可达数十千米。

（3）连通性：采用点对点连接和点对多点连接。

（4）地理范围：在 6～8 km 的距离内可以不使用中继器进行传输，因此光纤适用于在几个建筑物之间通过点对点的链路连接局域网。

（5）抗干扰性：不受噪声或电磁的影响，适宜在长距离内保持高数据传输速率，而且能够提供良好的安全性。

（6）相对价格：目前价格比同轴电缆和双绞线都贵。

2.6.2　无线传输介质

无线传输技术是一种在两个通信设备之间不使用任何物理连接，而是通过空间传输信号的技术。无线传输介质主要有无线电波、微波、红外线和激光等。微波、红外线和激光的通信都有较强的方向性，都是沿直线传播的，而且不能穿透或绕开固体障碍物，因此要求在发送方和接收方之间存在一条"视线通路"，有时将这三者统称为"视线介质"。

1．无线电波

无线电波通信主要靠大气层的电离层反射，电离层会随季节、昼夜，以及太阳活动的情况等变化，这就导致电离层不稳定，从而产生传输信号的衰落现象。电离层反射会产生多径效应。多径效应就是指同一个信号经不同的反射路径到达同一个接收点，其强度和时延都不相同，使最后得到的信号失真很大。

利用无线电波电台进行数据通信在技术上是可行的，但短波信道的通信质量较差，一般利用短波无线电台进行几十至几百位/秒的低速数据传输。

2．微波

微波通信广泛用于长距离的电话干线（有些微波干线目前已被光纤代替）、移动电话通信和电视节目转播。

微波通信主要有两种方式：地面微波接力通信和卫星通信。

（1）地面微波接力通信。地球表面是弯曲的，信号直线传播的距离有限，增加天线高度虽可以延长传输距离，但更远的距离必须通过微波中继站来接力。一般来说，微波中继站建在山顶等高处，两个中继站之间大约相隔 50 km，中间不能有障碍物，如图 2-46 所示。

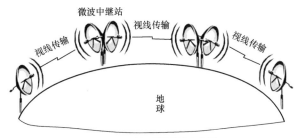

图 2-46　地面微波接力通信

地面微波接力通信可有效地传输电报、电话、图像、数据等信息。微波波段频率高，频段范围很宽，因此其通信信道的容量很大且传输质量及可靠性较高。与相同容量和长度的电缆载波通信相比，微波通信建设投资少、见效快。

地面微波接力通信也存在一些缺点，如相邻站之间必须直视，不能有障碍物，有时一个天线发射出的信号会从几条略有差别的路径先后到达接收天线，造成一定失真；微波的传播有时会受到恶劣气候环境的影响，如雨雪天气对微波产生的吸收损耗；与电缆通信系统比较，微波通信可被窃听，安全性和保密性较差；另外，大量中继站的使用和维护要耗费一定的人力物力，高可靠性的无人中继站目前还不容易实现。

（2）卫星通信。卫星通信就是利用位于约 36000 km 高空的人造地球同步卫星作为太空无人值守的微波中继站的一种特殊形式的微波接力通信。

卫星通信可以克服地面微波接力通信的距离限制，其最大的特点就是通信距离远，通信费用与通信距离无关。同步卫星发射出的电磁波可以辐射到地球 1/3 以上的表面。只要在地球赤道上空的同步轨道上等距离地放置 3 颗卫星，就能基本上实现全球通信。卫星通信的频带比地面微波接力通信更宽，通信容量更大，信号所受到的干扰较小，误码率也较低，通信比较稳定、可靠。

3．红外线和激光

红外线通信和激光通信就是把要传输的信号分别转换成红外光信号和激光信号直接在自由空间沿直线进行传播。红外线通信和激光通信比地面微波接力通信具有更强的方向性，难以窃听、不相互干扰，但红外线和激光对雨雾等环境干扰特别敏感。

红外线因对环境干扰较为敏感，一般用于室内通信，如组建室内的无线局域网、用于便携机之间的相互通信，但便携机和室内都必须安装全方向性红外发送和接收装置。

在建筑物顶上安上激光收发器，就可以利用激光连接两个建筑物中的局域网。但激光硬件会发出少量射线，必须经过特许才能安装。

【慎思明辨】

中国有句古话叫"人尽其才，物尽其用"。不同的传输介质适用于不同的场景和应用，我们很难说哪一种传输介质是最好的。就如同职业教育和本科教育一样，这是两种不同类型的教育模式，两种教育模式下培养出来的人才也有着不同的特点。社会的进步与发展既需要理论研究型人才，又需要技术技能型人才。我们要认清自身优势，发挥自己的天赋和优势，以积极乐观的心态去拥抱生活，成就更好的自己。

2.7 差错控制技术

 正如邮局的信件在传送过程中会产生错误投递一样，数据在传输过程中也会产生差错。那么为什么会产生差错？如何进行差错控制？

2.7.1 差错的产生

所谓差错，就是在数据通信中，接收端接收到的数据与发送端实际发出的数据出现不一致的现象，如数据传输过程中位丢失；发出的数据位为"0"而接收到的数据位为"1"，或发出的数据位为"1"而接收到的数据位为"0"，如图 2-47 所示。

V2-9　差错控制技术

差错是由噪声引起的。根据产生原因的不同可把噪声分为两类：热噪声和冲击噪声。

（1）热噪声。热噪声又称为白噪声，是由传输介质的电子热运动产生的，它存在于所有电子器件和传输介质中。热噪声是温度变化的结果，不受频率变化的影响。热噪声在所有频谱中以相同的形态分布，它是不能够消除的，因此会对通信系统的性能造成限制。

例如，线路本身电气特性随机产生的信号幅度、频率与相位的畸变和衰减，电气信号在线路上产生反射造成的回音效应，相邻线路之间的串扰等都属于热噪声。

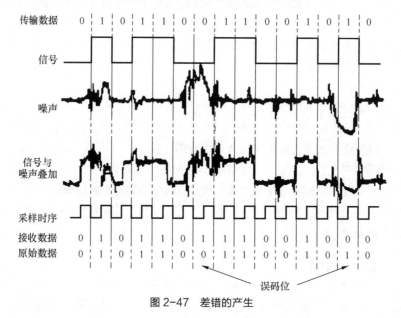

图 2-47　差错的产生

（2）冲击噪声。冲击噪声呈突发状，常由外界因素引起。其噪声幅度可能相当大，是传输中的主要差错。

例如，大气中的闪电、电源开关的跳火、自然界磁场的变化及电源的波动等外界因素所引起的都属于冲击噪声。

2.7.2　差错控制编码

为了保证通信系统的传输质量，降低误码率，必须采取差错控制措施——差错控制编码。

在将数据向信道发送之前，先按照某种关系附加上一定的冗余位，构成一个完整码字后再发送，这个过程称为差错控制编码过程。接收端收到该码字后，检查信息位和附加的冗余位之间的关系，以判定传输过程中是否有差错发生，这个过程称为检错过程。如果发现错误，则及时采取措施，纠正错误，这个过程称为纠错过程。因此，差错控制编码可分为检错码和纠错码两类。

（1）检错码。检错码是能够自动发现错误的编码，如奇偶校验码、循环冗余校验（Cyclic Redundancy Check，CRC）码。

（2）纠错码。纠错码是能够发现错误且能自动纠正错误的编码，如海明码、卷积码。下面主要介绍奇偶校验码、循环冗余校验码。

1.　奇偶校验码

奇偶校验码是一种最简单的检错码。其检验规则如下：在原数据位后附加校验位（冗余位），根据附加后的整个数据码中的"1"的个数为奇数或偶数，而分别叫作奇校验或偶校验。奇偶校验有水平奇偶校验、垂直奇偶校验、水平垂直奇偶校验和斜奇偶校验。

奇偶校验码的特点是检错能力低，只能检测出奇数个码错，可以有部分纠错能力。这种检错法所用设备简单，容易实现（可以用硬件或软件方法实现）。

2.　循环冗余校验码

循环冗余校验码先将要发送的数据与一个通信双方共同约定的数据进行除法运算，根据余数得出一个校验码，然后将这个校验码附加在信息数据帧之后发送出去。接收端在接收到数据后，将包括校验码在内的数据帧再与约定的数据进行除法运算，若余数为"0"，则表示接收的数据正确；若余数不为"0"，则表明数据在传输的过程中出错了。其数据传输过程如图 2-48 所示。

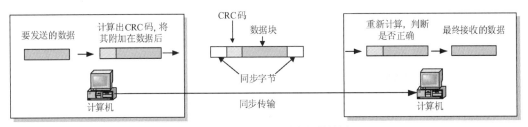

图 2-48　使用 CRC 码的数据传输过程

2.7.3　差错控制方法

差错控制方法主要有两类：反馈重发和前向纠错。

1.　反馈重发

反馈重发又称自动请求重发（Automatic Repeat Request，ARQ），指利用编码的方法在数据接收端检测差错。当检测出差错后，设法通知发送数据端重新发送数据，直到无差错为止，其原理如图 2-49 所示。ARQ 方法只使用检错码。

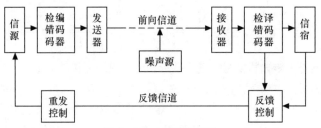

图 2-49　ARQ 的原理

2. 前向纠错

使用前向纠错（Forward Error Correction，FEC）时，接收数据端不仅对数据进行检测，当检测出差错后还能利用编码的方法自动纠正差错，其原理如图 2-50 所示。FEC 方法必须使用纠错码。

图 2-50　FEC 的原理

【慎思明辨】

人非圣贤，孰能无过；知错能改，善莫大焉。在日常生活中，我们难免会犯错，如出现工作失误、学习疏漏等。如果我们对这些错误采取漠视或者逃避的态度，那么这些错误就会不断积累，最终可能会演变成更大的问题。因此，对于自己的过错，我们应该及时进行反思和总结，找出问题的根源，并采取有效的措施进行改进。年轻一代，当持"敢于认错"之胸怀，当怀"能于纠错"之态度，当立"勇于试错"之决心，才能真正贯彻"不贵于无过，而贵于能改过"的理念。

练习与思考

一、选择题

1. CDMA 系统中使用的多路复用技术是＿＿。

    A. 时分多路　　　　　B. 波分多路　　　　　C. 码分多路　　　　　D. 空分多路

2. 光纤通信中使用的复用方式是（1）＿＿，E1 载波把 32 个信道按（2）＿＿方式复用在一条 2.048 Mbit/s 的高速信道上，每条语音信道的数据速率是（3）＿＿。

    （1）A. 时分多路　　　B. 空分多路　　　　C. 波分多路　　　　D. 频分多路

    （2）A. 时分多路　　　B. 空分多路　　　　C. 波分多路　　　　D. 频分多路

    （3）A. 56 kbit/s　　　B. 64 kbit/s　　　　C. 128 kbit/s　　　　D. 512 kbit/s

3. 如果一个码元所载的信息是两位，则一个码元可以表示的状态为＿＿。

    A. 2 个　　　　　　　B. 4 个　　　　　　　C. 8 个　　　　　　　D. 16 个

4. 调制解调器的主要功能是____。

    A. 模拟信号的放大   B. 数字信号的整形

    C. 模拟信号与数字信号的转换   D. 数字信号的编码

5. 在数据通信中，利用电话交换网与调制解调器进行数据传输的方法属于____。

    A. 频带传输   B. 宽带传输   C. 基带传输   D. IP 传输

6. 采用曼彻斯特编码的数字信道，其数据传输速率为波特率的____。

    A. 2 倍   B. 4 倍   C. 1/2   D. 1 倍

7. 下列传输介质中，抗干扰性最好的是____。

    A. 双绞线   B. 光纤   C. 同轴电缆   D. 无线介质

8. PCM 是____的编码。

    A. 数字信号传输模拟数据   B. 数字信号传输数字数据

    C. 模拟信号传输数字数据   D. 模拟信号传输模拟数据

9. 在数字数据转换为模拟信号的过程中，____编码技术受噪声影响最大。

    A. ASK   B. FSK   C. PSK   D. QAM

10. 在同一个信道上的同一时刻，能够进行双向数据传送的通信方式是____。

    A. 单工   B. 半双工

    C. 全双工   D. 上述 3 种均不是

11. 采用异步传输方式，假设数据位为 7 位，校验位为 1 位，停止位为 1 位，则其通信效率约为____。

    A. 30%   B. 70%   C. 80%   D. 20%

12. 对于实时性要求很高的场合，适合使用的技术是____。

    A. 电路交换   B. 报文交换   C. 分组交换   D. 无

13. 将物理信道总频带分割成若干个子信道，每个子信道传输一路信号，这就是____。

    A. 同步时分多路复用   B. 空分多路复用

    C. 异步时分多路复用   D. 频分多路复用

14. 在电缆中屏蔽的好处是____。

    （1）减少信号衰减   （2）减少电磁干扰辐射，降低对外界干扰的灵敏度

    （3）减少物理损坏   （4）减小电磁的阻抗

    A. 仅（1）   B. 仅（2）   C. （1），（2）   D. （2），（4）

15. 下列传输介质中，保密性最好的是____。

    A. 双绞线   B. 同轴电缆   C. 光纤   D. 自由空间

16. 在获取与处理音频信号的过程中，正确的处理顺序是____。

    A. 采样、量化、编码、存储、解码、数/模转换

    B. 量化、采样、编码、存储、解码、模/数转换

    C. 编码、采样、量化、存储、解码、模/数转换

    D. 采样、编码、存储、解码、量化、数/模转换

17. 下列关于 3 种编码的描述中，错误的是____。

    A. 采用 NRZ 编码时，不利于收发双方保持同步

B. 采用曼彻斯特编码时，波特率是数据速率的两倍

C. 采用 NRZ 编码时，数据速率与波特率相同

D. 在差分曼彻斯特编码中，用每位中间的跳变来区分"0"和"1"

18. 以下 4 种编码方式中，属于不归零码的是＿＿＿。

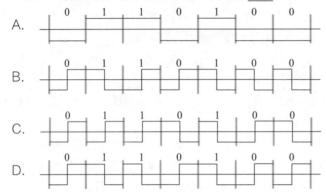

二、填空题

1. 模拟信号传输的基础是载波，载波具有 3 个要素，即＿＿＿＿、＿＿＿＿和＿＿＿＿。数字数据可以针对载波的不同要素或它们的组合进行调制，有 3 种基本的数字调制形式，即＿＿＿＿、＿＿＿＿和＿＿＿＿。

2. 模拟数据的数字化必须经过＿＿＿＿、＿＿＿＿和＿＿＿＿3 个步骤。

3. 常用的两种多路复用技术为＿＿＿＿和＿＿＿＿，其中，前者是同一时间同时传送多路信号，而后者是将一条物理信道按时间分成若干个时间片轮流分配给多个信号使用。

4. 调制解调器是实现计算机的＿＿＿＿信号和电话线模拟信号间相互转换的设备。

5. 数据交换技术主要有＿＿＿＿、＿＿＿＿和＿＿＿＿，其中，＿＿＿＿交换技术有数据报和虚电路之分。

6. 信号是＿＿＿＿的表示形式，它分为＿＿＿＿信号和＿＿＿＿信号。

7. 模拟信号是一种连续变化的＿＿＿＿，而数字信号是一种离散的＿＿＿＿。

三、判断题

请判断下列描述是否正确（正确的在下划线上写 Y，错误的写 N）。

＿＿＿＿1. 在数据传输中，多模光纤的性能要优于单模光纤。

＿＿＿＿2. 在脉冲编码调制方法中，第一步要做的是对模拟信号进行量化。

＿＿＿＿3. 时分多路复用以信道传输时间作为分割对象，通过为多个信道分配互不重叠的时间方法来实现多路复用。

＿＿＿＿4. 在线路交换、数据报与虚电路方式中，都要经过建立线路、传输数据与拆除线路这 3 个过程。

＿＿＿＿5. 在 ATM 技术中，一条虚通道中可以建立多个虚通路连接。

＿＿＿＿6. 在数据传输中，差错主要是由噪声引起的。

＿＿＿＿7. 误码率应该是衡量数据传输系统不正常工作状态下传输可靠性的参数。

＿＿＿＿8. 如果在数据传输过程中发生传输错误，那么接收到的带有 CRC 码的接收数据序列一定能被相同的生成多项式整除。

四、问答题

1. 请画出信息"11001011"的不归零码、曼彻斯特编码、差分曼彻斯特编码波形图。

2. 什么是并行传输、串行传输、同步传输、异步传输？

3. 常用的传输介质有哪些？各有什么特点？

4. 双绞线中的两条线为什么要绞合在一起？有线电视系统的电缆属于哪一类传输介质，它能传输什么类型的数据？

5. 计算机通信为什么要进行差错处理？常用的差错处理方法有哪几种？

6. 8 个 64 kbit/s 的信道通过统计时分复用到一条主干线路上，如果该线路的利用率为 80%，则其带宽应该为多少？

第3章
计算机网络体系结构

03

本章导读

计算机网络体系结构是计算机网络课程中的重要内容。本章主要讲解网络体系结构的基本概念、开放系统互连参考模型和TCP/IP参考模型。通过对本章的学习，应达成如下学习目标。

知识目标

1. 理解网络体系和分层模型的概念；
2. 掌握OSI参考模型的层次结构和各层功能；
3. 掌握TCP/IP参考模型的层次结构和各层功能；
4. 了解OSI与TCP/IP参考模型的区别。

技能目标

1. 能解释OSI和TCP/IP参考模型的异同点；
2. 能结合参考模型分析数据的实际传输过程。

素质目标

1. 培养借助网络工具收集、整理资料的能力，提升信息素养；
2. 培养沟通协调及团队协作的能力，树立合作共赢的意识。

3.1 网络体系结构的基本概念

在智能手机发展的早期，由于不同品牌手机的充电接口各不相同，各品牌之间的充电器不通用，给用户带来了诸多不便与困扰。2023年，欧洲议会通过了一项新规，要求从2024年底开始，所有的手机、平板电脑等便携智能设备都统一使用USB-C的充电接口，以改变这一情况。

不同厂商生产的网络设备也会采用不同的技术和手段，若设备之间不使用统一的标准相互通信，必然会造成不同厂商各自为政，从而造成技术壁垒。你知道这个统一的标准是什么吗？

3.1.1 网络体系结构的形成

计算机网络是一个非常复杂的系统，它不仅综合应用了当代计算机技术和通信技术，还涉及其他应用领域的知识和技术。把不同厂家的软硬件系统、不同的通信网络及各种外部辅助设备连接起来构成网络系统，实现高速可靠的信息共享，这是计算机网络发展面临的主要难题。为了解决这个问题，人们必须为网络系统定义一个让不同的计算机、不同的通信系统和不同的应用能够互连（互相连接）和互操作（互相操作）的开放式网络体系结构。互连意味着不同的计算机能够通过通信子网互相连接起来进行数据通信；互操作意味着不同的用户能够在联网的计算机上，用相同的命令或相同的操作使用其他计算机中的资源与信息，如同使用本地计算机系统中的资源与信息一样。因此，计算机网络的体系结构应该为不同的计算机之间互连和互操作提供相应的规范和标准。

计算机网络的体系结构采用了层次结构的方法来描述复杂的计算机网络，把复杂的网络互连问题划分为若干个较小的、单一的问题，并在不同层次上予以解决。

我们在寄送包裹时，需要经过寄件人下单、快递员取件、快递公司收件、分拣、物流运输等众多环节。对于复杂的计算机网络系统，当数据在网络中传输时，网络系统是如何来协同合作传输数据的？

3.1.2 网络体系的分层结构

1. 层次结构的概念

对网络进行层次划分就是将计算机网络这个庞大的、复杂的问题划分成若干较小的、简单的问题。通常把一组相近的功能放在一起，形成网络的一个结构层次。

计算机网络层次结构包含两方面的含义，即结构的层次性和层次的结构性。层次的划分依据层内功能内聚、层间耦合松散的原则，也就是说，在网络中，功能相似或紧密相关的模块应放置在同一层；层与层之间应保持松散的耦合，使层与层之间的信息流动减到最小。

层次结构将计算机网络划分成有明确定义的层次，并规定了相同层次的进程通信协议和相邻层次之间的接口及服务。通常将网络的层次结构、相同层次的通信协议集和相邻层次之间的接口及服务统称为计算机网络体系结构。

2. 划分层次结构的优越性

采用层次结构有很多方面的优势，主要有以下几点。

（1）把网络操作分成复杂性较低的单元，结构清晰，易于实现和维护。

（2）层与层之间定义了具有兼容性的标准接口，使设计人员能专心设计和开发所关心的功能模块。

（3）每一层具有很强的独立性——上层只需要通过层间接口了解下层需要提供什么样的服务，并不需要了解下层的具体内容，这种方法类似于"暗箱操作"。

（4）只要服务和接口不变，层内实现方法可任意改变。

（5）一个区域网络的变化不会影响另一个区域的网络，因此每个区域的网络可单独升级或改造。

3. 层次结构的主要内容

在划分层次结构时，需要考虑以下问题。

（1）网络应该具有哪些层次？每一层的功能是什么？（分层与功能。）

（2）各层之间的关系是怎样的？它们如何进行交互？（服务与接口。）

（3）通信双方的数据传输需要遵循哪些规则？（协议。）

因此，层次结构方法主要包括 3 个内容：分层及每层功能、服务与层间接口、协议。

4. 层次结构划分原则

在划分层次结构时，需遵循以下原则。

（1）以网络功能作为划分层次的基础，每层的功能必须明确，层与层之间相互独立。当某一层的具体实现方法更新时，只要保持上下层的接口不变，便不会对邻层产生影响。

（2）层间接口必须清晰，跨越接口的信息量应尽可能少。

（3）层数应适中，若层数太少，则造成每一层的协议太复杂；若层数太多，则体系结构过于复杂，使描述和实现各层功能变得困难。

（4）第 n 层的实体在实现自身定义的功能时，只能使用第 $n-1$ 层提供的服务。第 n 层在向第 $n+1$ 层提供服务时，此服务不仅包含第 n 层本身的功能，还包含下层服务提供的功能。

（5）仅在相邻层间有接口，每一层所提供服务的具体实现细节对上一层完全屏蔽。

5. 层次结构模型

层次结构一般以垂直分层模型来表示，如图 3-1 所示，其相应特点如下。

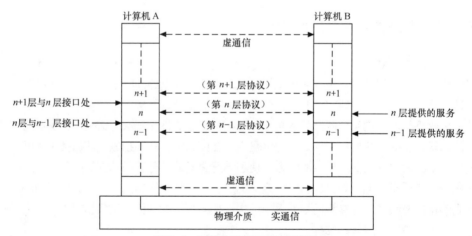

图 3-1　网络体系的层次结构模型

（1）除了在物理介质上进行的是实通信之外，其余各对等实体间进行的都是虚通信。

（2）对等层的虚通信必须遵循该层的协议。

（3）n 层的虚通信是通过 n 层和 $n-1$ 层间接口处 $n-1$ 层提供的服务及 $n-1$ 层的通信（通常也是虚通信）来实现的。

在图 3-2 所示的结构中，n 层是 $n-1$ 层的用户，又是 $n+1$ 层的服务提供者。$n+1$ 层虽然只

直接使用了 n 层提供的服务,但实际上它通过 n 层还间接地使用了 $n-1$ 层及以下所有各层的服务。

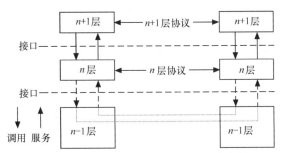

图 3-2　网络体系结构中的协议、层、服务与接口

3.1.3　层次结构中的相关概念

1．实体

在网络体系结构中,每一层都由一些实体(Entity)组成,它们抽象地表示了通信时的软件元素(如进程或子程序)或硬件元素(如智能 I/O 芯片)。实体是通信时能发送和接收信息的软硬件设施。

不同节点(或称不同系统)上同一层的实体叫作对等实体。

2．协议

为进行计算机网络中的数据交换(通信)而建立的规则、标准或约定的集合称为协议(Protocol)。协议总是指某一层协议,准确地说,它是为对等实体之间实现通信而制定的有关通信规则、约定的集合。

一个网络协议主要由以下 3 个要素组成。

(1)语法(Syntax),指数据与控制信息的结构或格式,如数据格式、编码及信号电平等。

(2)语义(Semantics),指用于协调与差错处理的控制信息,如需要发出何种控制信息,完成何种动作及做出何种应答。

(3)定时(Timing),指事件的实现顺序,如速度匹配、排序等。

不同层具有各自不同的协议,对等实体间按照协议进行通信。

3．接口

接口(Interface)是指相邻两层之间交互的界面,定义了相邻两层之间的操作及下层对上层的服务。

如果网络中每一层都有明确功能,相邻层之间有清晰的接口,则能减少在相邻层之间传递的信息量,在修改本层的功能时也不会影响其他各层。也就是说,只要能向上层提供完全相同的服务集合,改变下层功能的实现方式并不影响上层。

4．服务

服务(Service)是指某一层及其以下各层通过接口提供给其相邻上层的一种能力。

在计算机网络的层次结构中,层与层之间具有服务与被服务的单向依赖关系,下层向上层提供服务,而上层则调用下层的服务。因此,可以称任意相邻两层的下层为服务提供者,上层为服务调用者。

当 $n+1$ 层实体向 n 层实体请求服务时,服务用户与服务提供者之间通过服务访问点(Service

Access Point，SAP）进行交互，在进行交互时所要交换的一些必要信息被称为服务原语。在计算机中，原语指一种特殊的广义指令（即不能中断的指令）。相邻层的低一层对高一层提供服务时，二者交互采用广义指令。服务原语描述了提供的服务，并规定了通过 SAP 传递的信息。一个完整的服务原语包括 3 个部分：原语名称、原语类型、原语参数。常用的 4 种类型的服务原语是请求（Request）、指示（Indication）、响应（Response）和确认（Confirm）。图 3-3 所示为服务原语的工作过程。

图 3-3　服务原语的工作过程

当 *n* 层向 *n*+1 层提供服务时，根据是否需建立连接可将其分为两类：面向连接服务（Connection-Oriented Service）和无连接服务（Connectionless Service）。

（1）面向连接服务：先建立连接，再进行数据交换。因此，面向连接服务具有建立连接、数据传输和释放连接这 3 个阶段。

（2）无连接服务：两个实体之间的通信不需要先建立好连接，因此是一种不可靠的服务。这种服务常被描述为"尽最大努力交付"（Best Effort Delivery）或"尽力而为"，它不需要两个通信的实体是同时活跃的。

5. 层间通信

实际上，每一层必须依靠相邻层提供的服务来与另一台主机的对应层通信，这包括以下两个方面的通信。

（1）相邻层之间通信：相邻层之间通信发生在相邻的上下层之间，通过服务来实现。

上层使用下层提供的服务，上层称为服务用户（Service User）；下层向上层提供服务，下层称为服务提供者（Service Provider）。

（2）对等层之间通信：对等层是指不同开放系统中的相同层次，对等层之间通信发生在不同开放系统的相同层次之间，通过协议来实现。对等层实体之间是虚通信，依靠下层向上层提供服务来完成，而实际的通信是在底层完成的。

显然，通过相邻层之间的通信，可以实现对等层之间的通信。相邻层之间的通信是手段，对等层之间的通信是目的。

注意，服务与协议存在以下区别。

（1）协议是"水平的"，是对等实体间的通信规则。

（2）服务是"垂直的"，是下层向上层通过接口提供的。

实例 3-1　对等实体通信实例。两个人收发信件的模型如图 3-4 所示，问：

（1）哪些是对等实体？

（2）收信人与发信人之间、邮局之间是直接通信吗？

（3）邮局、运输系统各向谁提供什么样的服务？

（4）邮局、收发信人各使用谁提供的什么服务？

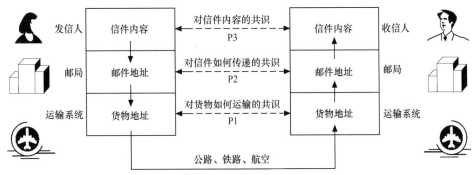

图 3-4　对等实体通信实例

实例分析如下。

（1）在图 3-4 中，P1、P2、P3 分别为运输系统层协议、邮局层协议、用户层协议，双方对应的货物地址、邮件地址、信件内容称为对等实体。

（2）收发信人之间、邮局之间不是直接通信，而是虚通信；只有运输系统之间是直接通信，是实通信。

（3）邮局、运输系统都是收发信人的服务提供者，邮局向收发信人提供服务，运输系统向邮局提供服务。

（4）邮局使用运输系统提供的服务，收发信人使用邮局和运输系统提供的服务。

3.2　开放系统互连参考模型

　采用不同网络体系结构的网络系统有没有办法实现互连？如果有，有什么要求？

为了使不同的计算机网络都能互连，国际标准化组织于 1977 年成立了一个专门的机构来研究该问题。不久，他们就提出一个试图使各种计算机在世界范围内互连成网的标准框架，即著名的开放系统互连参考模型，简称为 OSI 参考模型。所谓"开放"，是指只要遵循 OSI 标准，一个系统就可以和位于世界上任何地方的、遵循同一标准的其他任何系统进行通信。

3.2.1　OSI 参考模型

OSI 参考模型采用了层次结构，将整个网络的通信功能划分成 7 个层次，每个层次完成不同的功能。这 7 层由低层至高层分别是物理层、数据链路层、网络层、传输层（传送层）、会话层、表示层和应用层，如图 3-5 所示。

OSI 参考模型的核心内容包含高、中、低 3 部分：高层面向网络应用；中间层起信息转换、信息交换（或转接）和传输路径选择等作用，即路由选择；低层面向网络通信的各种功能划分。

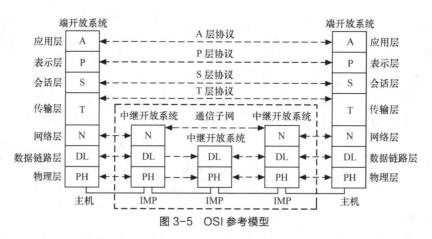

图 3-5　OSI 参考模型

从图 3-5 可见，整个开放系统环境由作为信源和信宿的端开放系统及若干中继开放系统通过物理传输介质连接构成。这里的端开放系统和中继开放系统都是国际标准 OSI7498 中使用的术语。通俗地说，它们相当于资源子网中的主机和通信子网中的接口消息处理机。只有在主机中才可能需要包含所有 7 层的功能，而在通信子网中的接口消息处理机一般只需要低 3 层甚至只要低两层的功能即可。

OSI 参考模型并非指一个现实的网络，它仅仅规定了每一层的功能，为网络的设计规划出了一张蓝图。各个网络设备或软件生产厂家都可以按照这张蓝图来设计和生产自己的网络设备或软件。尽管设计和生产出的网络产品的式样、外观各不相同，但它们应该具有相同的功能。

3.2.2　OSI 参考模型各层的主要功能

　光纤、双绞线、同轴电缆、无线电波都可以传输数据，在数据链路层看来，不同类型的介质中传输的数据及提供的服务一样吗？有没有差异？

1. 物理层

物理层（Physical Layer）处于 OSI 参考模型的底层。物理层的主要功能是利用物理传输介质为数据链路层提供物理连接，以便透明地传送"比特流"，物理层的数据传输单位是比特（bit）。

除了不同传输介质自身的物理特性之外，物理层还对通信设备和传输介质之间使用的接口进行了详细规定，主要体现在以下 4 个方面。

（1）机械特性：确定连接电缆材质、引线的数目及定义、电缆接头的几何尺寸、锁定装置等，规定了物理连接时插头和插座的几何尺寸、插针或插孔芯数及排列方式、锁定装置形式以及接口形状、数量、序列等。

（2）电气特性：规定了在物理连接上导线的电气连接及有关电路的特性。一般包括接收器和发送器电路特性的说明，表示信号状态的电压、电流、电平的识别，最大传输速率的说明，以及与互连电缆相关的规则等，即 0 和 1 用什么电压表示的问题。

（3）功能特性：规定了接口信号的来源、作用及其他信号之间的关系，即某一条线上某一个电压表示何种意义。

（4）规程特性：规定了初始连接如何建立，采用什么样的传输方式，双方结束通信时如何拆除连接等；规定了使用交换电路进行数据交换的控制步骤，这些控制步骤的应用使得比特流传输得以完成，即规定了对于不同功能的各种事件的出现顺序。

 提示 物理层考虑的是怎样才能在连接各种计算机的传输介质上传输数据比特流，它屏蔽了不同传输介质的差异，使数据链路层只考虑如何完成本层的协议和服务，而不必考虑网络具体的传输介质是什么。因为这一过程对我们来说是看不见的，所以称之为"透明传输比特流"。

2. 数据链路层

在物理层提供比特流传输服务的基础上，数据链路层（Data Link Layer）通过在通信的实体之间建立数据链路连接，传送以"帧"为单位的数据，使有差错的物理线路变成无差错的数据链路，保证点对点可靠的数据传输，如图 3-6 所示。

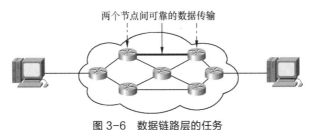

图 3-6　数据链路层的任务

数据链路层的数据传输单位是帧（Frame）。

数据链路层关心的主要问题是物理地址、网络拓扑、线路规程、错误通告、数据帧的有序传输和流量控制。

 提示 网络中的每台主机都必须有一个 48 bit（6 Byte）的地址，称为 MAC 地址，也称为物理地址，通常由网卡生产厂商固化在网卡上。当一台计算机插上一块网卡后，该计算机的物理地址就是该网卡的 MAC 地址。这里给出一个 MAC 地址的例子（以十六进制表示）：02- 60- 8C- 67- 05-A2。

 在生活中，我们经常借助导航系统规划出行路线，那么在错综复杂的网络中是谁为数据的传输进行规划和导航呢？

3. 网络层

网络层（Network Layer）是 OSI 参考模型中的第三层，它建立在数据链路层所提供的两个相邻节点间数据帧的传送功能之上，将数据从源端经过若干中间节点传送到目的端，从而向传输层提供最基本的端到端的数据传送服务。如图 3-7 所示，在源端与目的端之间提供最佳路由传输数据，实现了两台主机之间的逻辑通信。网络层是处理端到端数据传输的底层，体现了网络应用环境中资源子网访问通信子网的方式。

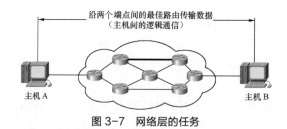

沿两个端点间的最佳路由传输数据
（主机间的逻辑通信）

主机 A   主机 B

图 3-7　网络层的任务

概括地说，网络层主要关注的问题体现在以下几个方面。

（1）网络层的信息传输单位是分组（Packet）。

（2）逻辑地址寻址。数据链路层的物理地址只是解决了同一网络内部的寻址问题，如果一个数据包从一个网络跨越到另一个网络，就需要使用网络层的逻辑地址。当传输层传递给网络层一个数据包时，网络层就在这个数据包的头部加入控制信息，其中包含源节点和目的节点的逻辑地址。

提示　这里所说的逻辑地址指 3.3 节所说的 IP 地址。

（3）路由功能。信息从源节点出发，经过若干个中继节点的存储转发后，才能到达目的节点。通信子网中的路径是指从源节点到目的节点之间的一条通路，它可以表示为从源节点到目的节点之间的相邻节点及其链路的有序集合。一般两个节点之间会有多条路径供选择，这时就存在选择最佳路由的问题。路由选择就是根据一定的原则和算法在传输通路中选出一条通向目的节点的最佳路由。

（4）拥塞控制。当到达通信子网中某一部分的分组数高于一定的水平，使得该部分网络来不及处理这些分组时，就会致使这部分甚至整个网络的性能下降。

（5）流量控制。网络层要保证发送端不会以高于接收者能承受的速率传输数据，一般涉及接收者向发送者发送反馈。

网络层关系着通信子网的运行控制，体现了网络应用环境中资源子网访问通信子网的方式，是 OSI 参考模型中面向数据通信的低 3 层（即通信子网）中最为复杂、关键的一层。

在上网时，我们可以同时打开多个应用，如游戏、QQ、电影、网页、文件传输等，这些不同应用的数据在同一介质中是如何各就各位传送到相应的应用程序中的呢？

4．传输层

传输层（Transport Layer）的主要目的是向用户提供无差错、可靠的端到端（End to End）服务，透明地传送报文，提供端到端的差错恢复和流量控制。由于它向高层屏蔽了下层数据通信的细节，因而是计算机通信体系结构中最关键的一层。

传输层关心的主要问题是建立、维护和中断虚电路，传输差错校验和恢复，以及信息流量控制等。

传输层提供"面向连接"（虚电路）和"无连接"（数据报）两种服务。

传输层被看作高层协议与下层协议之间的边界，其下 4 层与数据传输问题有关，上 3 层与应用问题有关，起到了承上启下的作用。传输层与网络层的部分服务有重叠交叉的部分，如何平衡取决于两者的功能划分。

传输层提供了两个端点间可靠的透明数据传输，实现了真正意义上的"端到端"的连接，即应用进程间的逻辑通信，如图 3-8 所示。

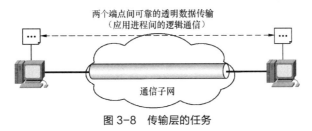

图 3-8　传输层的任务

5. 会话层

就像它的名称一样，会话层（Session Layer）用于实现建立、管理和终止应用程序进程之间的会话和数据交换，这种会话关系是由两个或多个表示层实体之间的对话构成的。

6. 表示层

表示层（Presentation Layer）用于保证一个系统应用层发出的信息能被另一个系统的应用层读出。如有必要，表示层用一种通用的数据表示格式在多种数据表示格式之间进行转换，它包括数据格式变换、数据加密与解密、数据压缩与恢复等功能。

OSI 参考模型的低 5 层提供透明的数据传输，应用层负责处理语义，而表示层则负责处理语法。

7. 应用层

应用层（Application Layer）是 OSI 参考模型中最靠近用户的一层，它为用户的应用程序提供网络服务。这些应用程序包括电子数据表格程序、字处理程序和银行终端程序等。应用层识别并证实目的通信方的可用性，使协同工作的应用程序之间同步，建立传输错误纠正和数据完整性控制方面的协定，判断是否为所需的通信过程留有足够的资源。

从上面的讨论可以看出，只有低 3 层涉及与通信子网的数据传输，高 4 层是端到端的层次，因而通信子网只包括低 3 层的功能。OSI 参考模型规定的是两个开放系统进行互连所要遵循的标准，对高 4 层来说，这些标准是由两个端系统上的对等实体来共同执行的；对低 3 层来说，这些标准是由端系统和通信子网边界上的对等实体来执行的，通信子网内部采用什么标准则是任意的。

3.2.3　OSI 参考模型数据流向

　　OSI 参考模型每一层的功能各不相同，那么它们是如何相互配合、协调工作的呢？

OSI 参考模型中数据的实际传输过程如图 3-9 所示。其中，发送进程传输数据给接收进程时，实际上是经过发送方各层从上到下传输到物理传输介质，通过物理传输介质传输到接收方后，再经过从下到上各层的传递，最后到达接收进程。

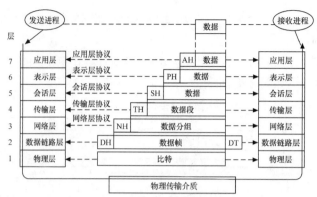

图 3-9　OSI 参考模型中数据的实际传输过程

在发送方从上到下逐层传递数据的过程中，每层都要加上适当的控制信息，即图 3-9 中的 AH、PH、SH、TH、NH、DH、DT。数据到底层后成为由"0"或"1"组成的比特流，然后转换为电信号在物理传输介质上传输至接收方。接收方在向上传递数据时，其过程正好相反，要逐层剥去发送方加上的控制信息。

【拓展应用】

　　请你尝试运用OSI参考模型来解释QQ聊天时的数据实际传输过程。

3.2.4　对等层之间的通信

在 OSI 参考模型中，对等层协议之间交换的信息单元统称为协议数据单元（Protocol Data Unit，PDU）。

传输层及以下各层的 PDU 都有各自特定的名称。传输层是数据段（Segment）；网络层是数据分组或数据报；数据链路层是数据帧；物理层是比特流。

OSI 参考模型中每一层都要依靠下一层提供的服务。

下层为了给上层提供服务，会对上层的 PDU 进行数据封装，然后加入本层的头部（和尾部）。头部中含有完成数据传输所需的控制信息。

这样，数据自上而下递交的过程实际上就是不断封装的过程，到达目的地后自下而上递交的过程就是不断拆封的过程，如图 3-10 所示。由此可知，在物理线路上传输的数据，其外面实际上被包封了多层"信封"。

某一层只能识别由对等层封装的"信封"，对被封装在"信封"内部的数据只是将其拆封后提交给上层，本层不做任何处理，如图 3-10 所示。

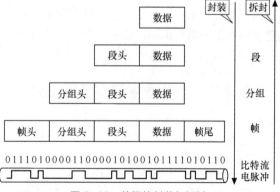

图 3-10　数据的封装与拆封

因接收方的某一层不会收到其下各层的控制信息，而高层的控制信息对它来说只是透明的数据，所以它只阅读本层的信息，并进行相应的协议操作。发送方和接收方的对等实体看到的信息是相同的，就好像这些信息通过虚通信"直接"给了对方一样。这是开放系统在网络通信过程中最主要的特点。因此，在考虑问题时，可以不管实际的数据流向，而认为是对等实体在进行直接通信。

3.3 TCP/IP 参考模型

 我们在给计算机设置IP地址的时候，可以在本地连接的"属性"中看到有一个项目为"Internet协议版本（TCP/IPv4）"。究竟什么是TCP/IP参考模型？TCP/IP参考模型与OSI参考模型有什么样的对应关系？

3.3.1 TCP/IP 参考模型的层次划分

 虽然OSI参考模型层次分明，但在现实技术应用中，有一种模型结构却更受欢迎，你知道它是什么吗？为何会这样呢？

OSI 参考模型的提出在计算机网络发展史上具有里程碑的意义，以至于提到计算机网络就不能不提 OSI 参考模型。但是，OSI 参考模型具有定义过于复杂、实现困难等缺点。面对市场，OSI 参考模型失败了。与此同时，TCP/IP 参考模型被提出和广泛使用，Internet 用户的迅速增长，使 TCP/IP 参考模型的体系结构日益显示出其重要性。

TCP/IP 是目前十分流行的商业化网络协议，尽管它不是某一标准化组织提出的正式标准，但目前它已经是公认的工业标准或"事实标准"。Internet 之所以能迅速发展，就是因为 TCP/IP 参考模型能够适应和满足世界范围内数据通信的需要。

1. TCP/IP 参考模型的特点

（1）开放的协议标准，可以免费使用，并且独立于特定的计算机硬件与操作系统。

（2）独立于特定的网络硬件，可以运行在局域网、广域网及互联网中。

（3）统一的网络地址分配方案，使得 TCP/IP 设备在网络中都具有唯一的地址。

（4）标准化的高层协议，可以提供多种可靠的用户服务。

2. TCP/IP 参考模型的层次

与 OSI 参考模型不同，TCP/IP 参考模型将网络划分为 4 层，它们分别是应用层（Application Layer）、传输层（Transport Layer）、网际层（Internet Layer）和网络接口层（Network Interface Layer）。

实际上，TCP/IP 参考模型与 OSI 参考模型有一定的对应关系，如图 3-11 所示。

（1）TCP/IP 参考模型的应用层与 OSI 参考模型的应用层、表示层及会话层相对应。

（2）TCP/IP 参考模型的传输层与 OSI 参考模型的传输层相对应。

（3）TCP/IP 参考模型的网际层与 OSI 参考模型的网络层相对应。

（4）TCP/IP 参考模型的网络接口层与 OSI 参考模型的数据链路层及物理层相对应。

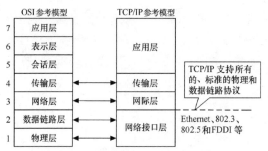

图 3-11　OSI 参考模型与 TCP/IP 参考模型的对应关系

3.3.2　TCP/IP 参考模型各层的功能

1. 网络接口层

TCP/IP 参考模型中没有详细定义网络接口层的功能，只是指出通信主机必须采用某种协议连接到网络上，并且能够传输网络数据分组。该层没有定义任何实际协议，只定义了网络接口，任何已有的数据链路层协议和物理层协议都可以用来支持 TCP/IP。

2. 网际层

网际层又称互连层，是 TCP/IP 参考模型的第二层，它实现的功能相当于 OSI 参考模型网络层的无连接网络服务。网际层负责将源主机的报文分组发送到目的主机，源主机与目的主机可以在同一个网络中，也可以在不同的网络中。

网际层的主要功能如下。

（1）处理来自传输层的分组发送请求。在收到分组发送请求之后，对分组进行封装，选择发送路径，然后将其发送到相应的网络接口。

（2）处理接收的数据报。首先检查其合法性，然后进行路由选择。在接收到其他主机发送的数据报之后，检查目的地址，如需要转发，则选择发送路径，转发出去；如目的地址为本节点的 IP 地址，则除去报头，将分组送交传输层处理。

（3）处理 ICMP 报文、路由、流量控制与拥塞问题。

3. 传输层

传输层位于网际层之上，它的主要功能是负责应用进程之间的端到端通信。在 TCP/IP 参考模型中，设计传输层的主要目的是在网际层中的源主机与目的主机的对等实体之间建立用于会话的端到端连接。因此，它与 OSI 参考模型的传输层相似。

4. 应用层

应用层是最高层。它与 OSI 参考模型中高 3 层的任务相同，用于提供网络服务，如文件传输、远程登录、域名服务和简单网络管理等。

3.4　OSI 参考模型与 TCP/IP 参考模型的比较

　虽然OSI参考模型与TCP/IP参考模型存在不少共同点，但是它们的区别还是相当大的。OSI参考模型与TCP/IP参考模型之间有什么区别呢？

TCP/IP 参考模型与 OSI 参考模型在设计中都采用了层次结构的思想，不过层次划分及使用的协议有很大区别。无论是 OSI 参考模型还是 TCP/IP 参考模型都不是完美的，都存在某些缺陷。

OSI 参考模型的主要问题是定义复杂、实现困难，有些功能（如流量控制与差错控制等）在多层重复出现，效率低下等。而 TCP/IP 参考模型的缺陷是网络接口层本身并不是实际的一层，每层的功能定义与其实现方法没有区分开来，从而使 TCP/IP 参考模型不适用于其他非 TCP/IP 协议集。

人们普遍希望网络标准化，但 OSI 参考模型迟迟没有成熟的网络产品。因此，OSI 参考模型与协议没有像专家们所预想的那样风靡世界。TCP/IP 参考模型与协议在 Internet 中经受了几十年的风风雨雨，得到了 IBM、微软、Novell 及 Oracle 等大型网络公司的支持，成为计算机网络中的主要标准体系。

两者的主要区别总结如下。

（1）国际标准 OSI 参考模型并没有得到市场的认可，非国际标准 TCP/IP 参考模型现在获得了广泛的应用，TCP/IP 参考模型常被称为事实上的国际标准。

（2）OSI 参考模型的专家们在制定 OSI 标准时没有商业驱动力。

（3）OSI 参考模型的协议实现起来过于复杂，且运行效率很低。

（4）OSI 参考模型的制定周期太长，因而使得按 OSI 参考模型生产的设备无法及时进入市场。

（5）OSI 参考模型的层次划分不太合理，有些功能在多个层次中重复出现。

（6）OSI 参考模型引入了服务、接口、协议、分层的概念，TCP/IP 参考模型借鉴了 OSI 参考模型的这些概念。

 提示 现在有一种建议是将网络的工作原理分为 5 层，从高到低分别是应用层、传输层、网际层、数据链路层和物理层。

【慎思明辨】

 网络体系结构采取分层设计，可以将复杂的问题划分成若干较小的、简单的问题。设计人员专心设计和开发所关心的功能模块，在层与层之间提供标准接口，使下层为上层提供服务。在工作中，对于许多复杂的事情，仅依靠个人力量很难完成好，往往需要分工明确、团结协作才能实现合作共赢。

练习与思考

一、填空题

1. 协议主要由_____、_____和_____3 个要素组成。

2. OSI 参考模型分为_____、_____、_____、_____、_____、_____和_____这 7 个层次。

3. OSI 参考模型分为_____和_____两个部分。

4. 物理层定义了_____、_____、_____和_____4 个方面的内容。

5. 数据链路层处理的数据单位称为_____。

6. 数据链路层的主要功能有_____、_____、_____、_____、_____和_____。

7. 在数据链路层中，定义的地址通常称为_____或_____。

8. 网络层所提供的服务可以分为两类：_____服务和_____服务。

9. 传输层的功能包括_____、_____、_____、_____和_____等。

二、判断题

请判断下列描述是否正确（正确的在下划线上写 Y，错误的写 N）。

_____1. 网络协议的三要素是语义、语法与层次结构。

_____2. 如果一台计算机可以和其他地理位置的另一台计算机进行通信，那么这台计算机就是一个遵循 OSI 标准的开放系统。

_____3. OSI 参考模型划分网络层次的基本原则如下：不同的节点都有相同的层次，不同节点的相同层次可以有不同的功能。

_____4. TCP 属于传输层协议，而 UDP 属于网络层协议。

_____5. 在 TCP/IP 参考模型中，TCP 提供可靠的面向连接服务，UDP 提供简单的无连接服务，而电子邮件、文件传送协议等应用层服务是分别建立在 TCP、UDP 之上的。

_____6. 传输层的主要功能是向用户提供可靠的端到端服务，以及处理数据包错误、数据包次序等关键问题。

三、问答题

1. 什么是网络体系结构？为什么要定义网络体系结构？

2. 什么是网络协议？它在网络中的定义是什么？

3. 什么是 OSI 参考模型？各层的主要功能是什么？

4. 列举出 OSI 参考模型和 TCP/IP 参考模型的共同点及不同点。

5. OSI 参考模型的哪一层分别处理以下问题？

（1）把传输的比特流划分为帧。

（2）决定使用哪条路径通过通信子网。

（3）提供端到端的服务。

（4）为了数据的安全将数据加密传输。

（5）光纤收发器将光信号转换为电信号。

（6）电子邮件软件为用户收发邮件。

（7）提供同步和令牌管理。

6. 请举出一个生活中的例子来说明"协议"的基本含义。

7. 为什么要采用分层的方法解决计算机的通信问题？

8. "各层协议之间存在着某种物理连接，因此可以进行直接通信。"这句话对吗？

9. 请简要叙述服务与协议之间的区别。

第4章
TCP/IP

04

本章导读

在计算机网络的众多协议中，TCP/IP应用得非常广泛。本章主要讲解TCP/IP参考模型的基本知识，主要包括TCP/IP协议集、IPv4编址、IPv6编址等内容。通过对本章的学习，应达成如下学习目标。

知识目标

1. 熟悉TCP/IP协议集；
2. 掌握IP地址的结构和分类；
3. 掌握特殊的IP地址；
4. 熟悉子网划分规则；
5. 掌握子网划分技术；
6. 熟悉IPv6编址。

能力目标

1. 能正确为网络设备和主机配置IP地址；
2. 能正确配置网关IP地址；
3. 能根据实际需求进行子网划分，合理分配IP地址；
4. 能根据实际需求使用无类别域间路由对网络地址块进行汇总。

素质目标

1. 基于通用协议标准，培养标准意识；
2. 基于行业企业的创新发展应用案例，培养创新意识及创新能力。

4.1 TCP/IP 协议集

某同学在用QQ聊天程序进行聊天时发现，他在聊天窗口中发送的即时消息总是能可靠、准确地传送给对方，即使是因为某些原因即时消息发送不成功，程序也会给出提示信息。但是当他和同一个目标进行语音或者视频聊天时却不会如此，经常出现数据丢失现象，导致图像和声音不连续，但是却从不给出提示，这是为什么呢？不同数据的传输和哪些协议有关？怎么样才能确保数据在网络中准确、可靠、迅速地传输？

4.1.1 网际层协议

V4-1 TCP/IP
协议集

在 TCP/IP 参考模型包含的 4 个层次中，只有 3 个层次包含实际的协议。TCP/IP 参考模型中各层的协议如图 4-1 所示。

网际层的协议主要包括互联网协议、地址解析协议、互联网控制消息协议和互联网组管理协议等。

1. 互联网协议

Internet 是由许多网络相互连接之后构成的集合，将整个 Internet 黏合在一起的正是互联网协议（Internet Protocol，IP）。IP 的任务是提供一种尽力投递（即不提供任何保证）的方法，将数据包从源端传输到目标端，它不关心源计算机和目的计算机是否在同样的网络中，也不关心

应用层	HTTP、FTP、SMTP、DNS等
传输层	TCP、UDP等
网际层	IP、ARP、ICMP、IGMP等
网络接口层	

图 4-1 TCP/IP 参考模型中各层的协议

它们之间是否还有其他的网络，所以 IP 是一个无连接的协议。无连接是指主机之间不建立用于可靠通信的端到端的连接，源主机只是简单地将 IP 数据包发送出去，而 IP 数据包有可能会丢失、重复、延迟或者次序混乱。每个 IP 数据包包含头部控制信息和正文部分。头部控制信息主要包括源 IP 地址、目的 IP 地址及其他信息。数据包的正文部分包含要发送的正文数据。

2. 地址解析协议

IP 数据包常通过以太网发送。以太网设备并不识别 32 位 IP 地址，它们是以 48 位的以太网地址（即 MAC 地址或硬件地址）传输以太网数据包的。因此，必须把 IP 目的地址转换成以太网目的地址。地址解析协议（Address Resolution Protocol，ARP）就用来确定 IP 地址与物理地址之间的映射关系。

反向地址解析协议（Reverse Address Resolution Protocol，RARP）负责完成物理地址向 IP 地址的转换。

3. 互联网控制消息协议

IP 是一种不可靠的协议，无法进行差错控制。但 IP 可以借助其他协议来实现差错控制，如互联网控制消息协议（Internet Control Message Protocol，ICMP）。ICMP 允许主机或路由器报告差错情况，提供有关异常情况的报告。

一般来说，ICMP 报文提供针对网络层的错误诊断、拥塞控制、路径控制和查询服务 4 项功

能。例如，如果某设备不能将一个 IP 数据包转发到另一个网络，则它将向发送数据包的源主机发送一个信息，并通过 ICMP 来解释这个错误。

4. 互联网组管理协议

IP 只是负责网络中点对点的数据包传输，而点对多点的数据包传输要依靠互联网组管理协议（Internet Group Management Protocol，IGMP）来完成，它主要负责报告主机组之间的关系，以便相关的设备（路由器）可支持多播发送。

4.1.2 传输层协议

传输层协议主要包括传输控制协议和用户数据报协议等。

1. 传输控制协议

传输控制协议（Transmission Control Protocol，TCP）是传输层的一种面向连接的通信协议，它提供可靠的、按序传送数据的服务。对于大量数据的传输，通常都要求有可靠的数据传送。TCP 提供的连接是双向的，即全双工的。

TCP 是一种端到端的协议。若要用 TCP 与另一台计算机通信，则两台计算机之间首先要经历一个"拨打电话"的过程，每一端都为通话做好准备，等到通信准备就绪才开始传输数据，最后结束通话。进行数据传输时，TCP 将源主机应用层的数据分成多段，然后将每个分段传送到网际层，网际层将数据封装为 IP 数据包，并发送到目的主机。目的主机的网际层将 IP 数据包中的分段数据传送给传输层，再由传输层对这些分段数据进行重组，还原成原始数据，并传送给应用层。另外，TCP 还要完成流量控制和差错检验的任务，以保证可靠的数据传输。TCP 在数据传输之前必须建立连接，传输完成以后释放连接。如果传输时没有收到分组或收到的是错误分组，则必须重新传输，因此说 TCP 是"可靠"的。

> **提示** 前面问题中提到利用 QQ 聊天程序进行聊天时，即时消息能准确、可靠、迅速地传输，这是因为采用了 TCP。TCP 是面向连接的协议，即使数据没有发送出去，它也会通过 ICMP 给出提示信息。

2. 用户数据报协议

用户数据报协议（User Datagram Protocol，UDP）的创立是为了向应用程序提供一条访问 IP 的无连接功能的途径。使用该协议，源主机有数据就发出，它不管发送的数据包是否到达目的主机、数据包是否出错，收到数据包的主机也不会告诉发送方是否收到数据。因此，它是一种不可靠的数据传输方式。

TCP 和 UDP 各有优点。TCP 属于面向连接的方式，是可靠的，但在通信过程中传送了许多与数据本身无关的信息，降低了信道的利用率，常用于对数据可靠性要求比较高的应用。UDP 属于无连接的方式，是不可靠的，但因为不用传输许多与数据本身无关的信息，所以传输速率快，常用于一些实时的服务。虽然 UDP 与 TCP 相比显得非常不可靠，但在一些特定的环境下还是很有优势的，如当要发送的信息较短，不值得在主机间建立一次连接时。另外，面向连接的通信通常只能在两台主机之间进行，若要实现多台主机之间的一对多或多对多的数据传输，即广播或多播，就需要使用 UDP。

> **提示** 在 QQ 聊天程序中，语音和视频信息的传输采用的就是 UDP，所以在网络性能不佳时会出现数据丢失现象，导致图像和声音不连续。

【拓展应用】

在同一个网络环境下，从Internet下载文件时，有时速度会突然变慢，你能解释这种现象吗？

4.1.3　应用层协议

在 TCP/IP 参考模型中，应用层的协议主要有以下几种。

1．超文本传送协议

超文本传送协议（Hypertext Transfer Protocol，HTTP）是 WWW 浏览器和 WWW 服务器之间的应用层通信协议，它保证正确传输超文本文档，是一种基本的客户机/服务器（Client/Server，C/S）访问协议。该协议可以使浏览器更加高效，使网络传输流量减少。通常，它通过浏览器向服务器发送请求，而服务器则回应相应的网页。

2．文件传送协议

文件传送协议（File Transfer Protocol，FTP）用来实现主机之间的文件传送，它采用了C/S 模式，使用 TCP 提供可靠的传输服务，是一种面向连接的协议。FTP 的主要功能就是减少或消除在不同操作系统中处理文件时产生的不兼容问题。

3．远程登录协议

远程登录协议（Telnet Protocol）是一种简单的远程终端协议，采用了 C/S 模式。用户用 Telnet Protocol 可通过 TCP 连接注册（即登录）到远地的另一台主机上（需使用主机名或IP 地址）。Telnet Protocol 能将用户的击键传输到远地主机，同时能将远地主机的输出通过 TCP连接返回到用户屏幕。这种服务是透明的，双方都觉得键盘和显示器是直接连接在远地主机上的。

4．简单邮件传送协议

简单邮件传送协议（Simple Mail Transfer Protocol，SMTP）是一种提供可靠且有效电子邮件传输的协议，建立在 FTP 服务上，主要用于传输系统之间的电子邮件信息，并提供与来信有关的通知。使用 SMTP 可实现相同网络中处理机之间的电子邮件传输，也可通过中继器或网关实现某处理机与其他网络之间的电子邮件传输。

5．域名系统

域名系统（Domain Name System，DNS）用来把便于人们记忆的主机域名和电子邮件地址映射为计算机易于识别的 IP 地址。DNS 是一种 C/S 结构，客户机用于查找一个名称对应的地址，而服务器通常用于为用户提供查询服务。

6．简单网络管理协议

简单网络管理协议（Simple Network Management Protocol，SNMP）是一种专门用于 IP网络管理网络节点（服务器、工作站、路由器、交换机及集线器等）的标准协议。SNMP 使网络管理员能够管理网络效能，发现并解决网络问题及规划网络。

7．动态主机配置协议

动态主机配置协议（Dynamic Host Configuration Protocol，DHCP）可以为计算机自动配置 IP 地址。DHCP 服务器能够从预先设置的 IP 地址池中自动给主机分配 IP 地址，不仅能够保证 IP 地址不重复分配，还能及时回收 IP 地址以提高 IP 地址的利用率。

> **提示** 许多协议都用端口（Port）号来识别应用层实体，以便准确地把信息提交给上层对应的协议（进程）。例如，FTP 使用的端口号是 21，Telnet Protocol 使用的端口号是 23，HTTP 使用的端口号是 80，SMTP 使用的端口号是 25 等。

【慎思明辨】

计算机与网络设备必须基于通用协议标准才能实现互相通信。为了把全世界所有不同类型的计算机都连接起来，就必须规定一套全球通用的协议标准，互联网协议族（Internet Protocol Suite）就是这样一套全球通用的协议标准。TCP/IP是其中最重要的协议之一。

网络协议的标准化是网络技术发展的基石，也是网络交互的基本规范和约束。在技术实施过程中，我们需要遵循标准，并持续关注标准的适用性。

【拓展阅读】

网络协议在网络安全中扮演着不可或缺的角色，确保了数据的安全传输、认证和合理处理。了解和应用适当的网络协议是保护个人隐私和信息安全的重要步骤。

假设一个用户在使用公共Wi-Fi连接时访问了一个银行网站。如果没有适当的网络协议保护，则黑客可能会通过监听和中间人攻击窃取用户的银行账户信息。但如果该网站使用了HTTPS，则数据将会被加密，可在一定程度上保护用户的隐私和安全。

如果是DNS劫持攻击，则攻击者会通过篡改DNS解析结果，将用户引导到恶意网站。通过实现强化的DNS协议，可以降低此类攻击对网络安全的威胁。

4.2　IPv4 编址

我们在寄信的时候，邮局通过信封上的地址能将信件准确地送到收件人手中。那么，在网络这个虚拟的世界中，每一个智能终端是否也有自己的地址？数据是按照什么地址被准确地送到目的主机的呢？

V4-2　IP 地址分类

4.2.1　IPv4 编址概述

在网络中，对主机的识别需要依靠地址。在任何一个物理网络中，每个节点的设备必须有一个唯一的可以识别的地址，这样才能使信息在其中交换，这个地址被称为"物理地址"（Physical Address）。由于物理地址体现在数据链路层上，因此，物理地址也被称为硬件地址或介质访问控制（Medium Access Control，MAC）地址。但是如果采用 MAC 地址来标识网络中的主机，则将带来以下问题。

V4-3　IP 地址及其相关内容

（1）每种物理网络都有各自的技术特点，其物理地址的长短、格式各不相同。例如，以太网的 MAC 地址在不同的物理网络中难以寻找，而令牌环网的地址格式缺乏唯一性。这两种地址的管理方式都会给跨网通信设置障碍。

（2）MAC 地址固化在网络设备上，通常是不能修改的。

（3）物理地址属于非层次化的地址，它只能标识出单个设备，而标识不出该设备连接的是哪一个网络。

为使主机统一编址，Internet 采用了网络层 IP 地址的编址方案。IP 定义了一个与底层物理地址无关的全网统一的地址格式——IP 地址，使用该地址可以定位主机在网络中的具体位置。

> **提示** 在不更换网络设备的前提下，主机的 MAC 地址好比我们脚下的这片土地在地球上的经纬度，它是物理的，永远不会改变；而主机的 IP 地址好比这片土地的名称，它会随着城市的建设与发展而改变，是逻辑的，是允许变化的。

1．IPv4 地址的表示方法

根据 TCP/IP 的规定，IPv4 地址用 4 个字节共 32 位二进制数表示，由网络号和主机号两部分组成。IPv4 地址的表示方法一般为点分十进制法。将每个字节的二进制数转换为 0～255 的十进制数，各字节之间采用"."分隔，如图 4-2 所示。

2．IPv4 地址的组成

IPv4 地址由网络号和主机号两部分组成，如图 4-3 所示。其中，网络号用来标识一个特定的物理网络，而主机号用来标识该网络中主机的一个特定连接。

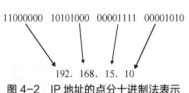

图 4-2 IP 地址的点分十进制法表示

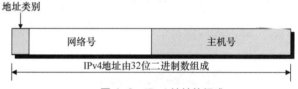

图 4-3 IPv4 地址的组成

3．IPv4 地址的分类与构成

为适应不同大小的网络，Internet 定义了 5 种类型的 IPv4 地址，即 A、B、C、D、E 类。使用较多的是 A、B、C 类，D 类用于多播，E 类保留为实验和将来使用，如图 4-4 所示。

	w			x			y		z	
位	0	1 2 3 4 5 6 7	8	15	16	23	24	31		
A 类	0	网络号			主机号					
B 类	1	0	网络号			主机号				
C 类	1	1 0	网络号					主机号		
D 类	1	1 1 0	多播地址（Multicast Address）							
E 类	1	1 1 1	保留为实验和将来使用							

图 4-4 IPv4 地址的分类

（1）A 类地址。A 类地址第一字节的第一位为"0"，其余 7 位表示网络号；第二、三、四字节共计 24 位，用于表示主机号。通过网络号和主机号的位数可以知道，A 类地址的网络数为 2^7（128）个，每个网络包含的主机数为 2^{24}（16777216）个，A 类地址的范围是 0.0.0.0～127.255.255.255，如图 4-5 所示。因为网络号全为 0 和全为 1 保留用于特殊目的，所以 A 类地址的有效网络数为 126 个，其范围是 1～126。另外，主机号全为 0 和全为 1 也有特殊作用，所以每个网络号包含的可用的主机数目应该是 $2^{24}-2$（16777214）个。因此，一台主机能够使用的 A 类地址的有效范围是 1.0.0.1～126.255.255.254。

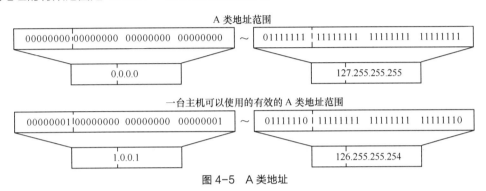

图 4-5　A 类地址

（2）B 类地址。B 类地址第一字节前两位为"10"，剩下的 6 位和第二字节的 8 位共 14 位二进制数用来表示网络号；第三、四字节共 16 位二进制数用于表示主机号。因此，B 类地址的网络数为 2^{14}（实际有效的网络数是 $2^{14}-2$）个，每个网络包含的主机数为 2^{16}（实际有效的主机数是 $2^{16}-2$）个，B 类地址的范围是 128.0.0.0～191.255.255.255。与 A 类地址相似（指网络号全为 0 和全为 1 有特殊作用），一台主机能够使用的 B 类地址的有效范围是 128.1.0.1～191.254.255.254，如图 4-6 所示。

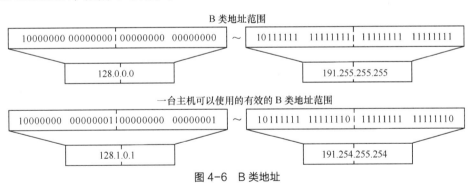

图 4-6　B 类地址

（3）C 类地址。C 类地址第一字节前 3 位为"110"，剩下的 5 位和第二、三字节的共 21 位二进制数用来表示网络号；第四字节的 8 位二进制数用于表示主机号。因此 C 类地址的网络数为 2^{21}（实际有效的网络数是 $2^{21}-2$）个，每个网络包含的主机数为 256（实际有效的主机数是 254）个，C 类地址的范围是 192.0.0.0～223.255.255.255。同样，一台主机能够使用的 C 类地址的有效范围是 192.0.1.1～223.255.254.254，如图 4-7 所示。

（4）D 类地址。D 类地址第一字节前 4 位为"1110"。D 类地址用于多播。多播就是同时把数据发送给一组主机，只有那些已经登记可以接收多播地址的主机才能接收多播的数据包。D 类地址的范围是 224.0.0.0～239.255.255.255。

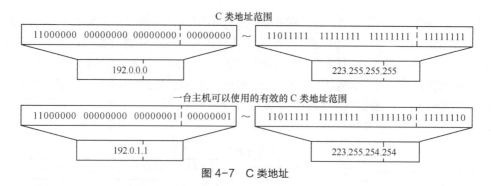

图4-7　C类地址

（5）E类地址。E类地址第一字节前4位为"1111"。E类地址是为将来预留的，同时出于实验目的，它们不能被分配给主机。

4. 特殊的IP地址

IP地址除了可以表示主机的一个物理连接外，还有以下几种特殊的表现形式。

（1）广播地址。TCP/IP规定，网络号不空而主机号各位全为"1"的IP地址用于本段内广播，称为广播地址，表示这一网段中的所有用户。所谓广播，就是指向网络中的所有主机发送报文，如192.168.3.255就是一个C类广播地址，表示192.168.3网段中的所有用户。

（2）有限广播地址。网络号和主机号全是"1"的IP地址是有限广播地址。当系统启动时，在还不知道网络地址的情形下进行广播就使用这种地址对本地物理网络进行广播。有限广播地址为255.255.255.255。

（3）网络地址。网络地址又称为网段地址。网络号不空而主机号全为"0"的IP地址指同一个网络中的主机，即网络本身。例如，IP地址172.16.0.0表示"172.16"这个B类网络。

（4）回送地址。以"127"开始的IP地址是一个保留地址。例如，127.0.0.1，该标识号被保留用于实现回路及诊断功能，该地址被称为"回送地址"或"环回地址"。

（5）私有地址。为了避免单位任选的 IP 地址与合法的 Internet 地址发生冲突，因特网工程任务组（Internet Engineering Task Force，IETF）分配了具体的 A 类、B 类和 C 类地址供单位内部网使用，这些地址称为私有地址，它们分别如下。

A 类私有地址：10.0.0.0～10.255.255.255。

B 类私有地址：172.16.0.0～172.31.255.255。

C 类私有地址：192.168.0.0～192.168.255.255。

> 提示　私有地址可在不同的内部网络中重复使用，这样既可节省 IP 地址，又可以隐藏内部网络的结构，提高内部网络的安全性。特殊 IP 地址的比较如表 4-2 所示。

表 4-2　特殊 IP 地址的比较

网络地址	主机地址	地址类型	用途
全 0	全 0	本机地址	启动时使用
有网络号	全 0	网络地址	标识一个网络
有网络号	全 1	直接广播地址	在特殊网络中广播
全 1	全 1	有限广播地址	在本地网络中广播
127	任意	回送地址	回送测试

4.2.2　子网技术

 某公司申请了一个B类网络地址168.16.0.0，该网络可以容纳2^{16}台主机。但是在实际生活中通常只使用其中很少的一部分IP地址，从而造成了大量的IP地址被浪费。此外，网络主机数量太多也不方便管理。怎么解决这个问题呢？

1. 子网

出于对管理、性能和安全方面的考虑，许多单位把单一网络划分为多个物理网络，并使用路由设备将它们连接起来。子网划分（Subnetting）技术能够使单个网络地址横跨几个物理网络，如图 4-8 所示，这些物理网络统称为子网。

V4-4　子网技术

划分子网的原因有很多，主要包括以下 3 个方面。

（1）充分利用 IP 地址。A 类网络和 B 类网络的地址空间太大，致使在不使用路由设备的单一网络中无法使用全部地址。例如，对于一个 B 类网络"168.16.0.0"，可以有 2^{16} 台主机，这么多主机在单一的网络中是不能正常工作的。因此，为了能更有效地使用地址空间，有必要把可用地址分配给更多较小的网络。

（2）易于管理网络。当一个网络被划分为多个子网时，每个子网都变得易于控制，管理变得简单，每个子网的用户、计算机及其子网资源可以让不同的管理员进行管理，降低了单人管理大型网络的难度。

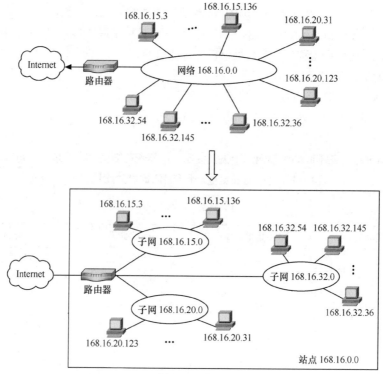

图 4-8　子网

（3）提高网络性能。在一个网络中，随着网络用户的增多和主机数量的增加，网络的通信变得很繁忙。繁忙的网络通信很容易导致冲突、丢失数据包及数据包重传，降低了主机之间的通信效率。但如果将一个大型的网络划分为若干个子网，并通过路由器连接起来，就可以减少网络拥塞。如图 4-9 所示，路由器设备可把不同的子网隔离开来，本地的通信不会转到其他子网中。这样，同一子网中的主机之间进行广播和通信时，只能在各自的子网中进行。

另外，使用路由器隔离可以将网络分为内外两个子网，限制外部网络用户对内部网络的访问，从而提高内部网络的安全性。

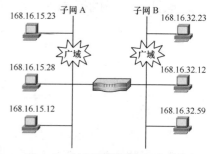

图 4-9　划分子网以提高网络性能

2. 划分子网的方法

IP 地址长度为 32 位，地址的一部分为网络标识（即网络号），另一部分标识网络中的主机或路由器（即主机号），这意味着 IP 地址其实是一种层次型的编址方案。对标准的 A 类、B 类和 C 类 IP 地址来说，它们只具有两层结构，即网络号和主机号。然而，在很多情况下，这两层结构是不够的。前面提到一个单位拥有 B 类地址 168.16.0.0，由于两级的限制，使其不能有多余的一个物理网络，网络中的主机无法根据需要分组，所有主机均处在同一级别，如果不将它划分成若干个较小的网络，则实际上是无法运行的。这就产生了中间层，形成了一个 3 层结构，即网络号、子网号和主机号。通过网络号确定一个网络，通过子网号确定一个物理子网，通过主机号则确定了与子网相连的主机地址。因此，一个 IP 数据包的路由就涉及 3 个部分：传送到网络，传送到子网，传送到主机。

子网的划分方法如图 4-10 所示。

图 4-10　子网的划分方法

为了划分子网，可以将单个网络的主机号分为两个部分，其中，一部分用于子网号编址，另一部分用于主机号编址。

划分子网号的位数取决于具体的需要：子网所占的位数越多，可以分配给主机的位数就越少，即在一个子网中所包含的主机数就越少。假设有一个 B 类网络 172.17.0.0，将主机号分为两部分，其中，8 位用于子网号，另外 8 位用于主机号，那么这个 B 类网络就被分为 254 个子网，每个子网可以容纳 254 台主机。

提示　对于前面提出的问题，可以根据公司部门数量和部门中主机数量等具体情况将 168.16.0.0 这个 B 类网络地址划分成若干个子网，这样既能充分利用 IP 地址，又提高了网络的安全性，还便于网络管理员对网络的管理与维护。

---

3. 子网掩码

图 4-11 中给出了两个 IP 地址，其中一个是未划分子网的主机 IP 地址，另一个是子网中的 IP 地址。读者也许会发现一个问题，这两个 IP 地址从外观上看没有任何差别，那么应该如何区分这两个地址呢？这就要用到即将介绍的内容——子网掩码。

	网络号		主机号	
未划分子网的 B 类地址	168 ·	16	16 ·	51

	网络号		子网号	主机号
划分了子网的 B 类地址	168 ·	16	16	51

图 4-11　使用和未使用子网划分的 IP 地址

子网掩码（或称子网屏蔽码）也是一个用点分十进制法表示的 32 位二进制数，通过子网掩码，可以指出一个 IP 地址中的哪些位对应于网络地址（包括子网地址），哪些位对应于主机地址。对于子网掩码的取值，通常是将对应于 IP 地址中网络地址（网络号和子网号）的所有位设置为"1"，对应于主机地址（主机号）的所有位设置为"0"。子网掩码有两种表示方法，一种是点分十进制法，另一种是网络前缀标记法。下面用两种不同的方法分别表示标准的 A 类、B 类、C 类网络地址的默认子网掩码。

（1）点分十进制法。用点分十进制法表示标准的 A 类、B 类、C 类网络地址的默认子网掩码，如表 4-3 所示。

表 4-3　用点分十进制法表示默认子网掩码

地址类型	点分十进制	二进制的子网掩码			
A 类地址	255.0.0.0	11111111	00000000	00000000	00000000
B 类地址	255.255.0.0	11111111	11111111	00000000	00000000
C 类地址	255.255.255.0	11111111	11111111	11111111	00000000

（2）网络前缀标记法。网络前缀标记法是一种表示子网掩码中网络地址长度的方法，前缀长度指示 IP 地址网络部分的位数，其表示方式为"/位数"。例如，在 IP 地址 172.16.4.0 /24 中，"/24"就是前缀长度，它表示该 IP 地址的前 24 位是网络地址，剩下的 8 位，即最后一个二进制 8 位数是主机地址。用网络前缀标记法表示标准的 A 类、B 类、C 类网络地址的默认子网掩码，如表 4-4 所示。

表 4-4　用网络前缀标记法表示默认子网掩码

地址类型	子网掩码位				网络前缀
A 类地址	11111111	00000000	00000000	00000000	/8
B 类地址	11111111	11111111	00000000	00000000	/16
C 类地址	11111111	11111111	11111111	00000000	/24

例如，一个子网掩码为 255.255.0.0 的 B 类网络地址 156.81.0.0，用网络前缀标记法可以表示为 156.81.0.0/16。再如，对这个 B 类网络划分子网，使用主机号中的前 8 位作为子网网络号，网络号和子网号共 24 位，那么，该网络地址的子网掩码为 255.255.255.0，使用网络前缀标记法表示时，对子网 156.81.58.0 可表示为 156.81.58.0/24。

为了识别网络地址，TCP/IP 对子网掩码进行"按位与"的操作。"按位与"就是对两个位进行逻辑"与"运算，若两个值都为 1，则结果为 1；若其中任何一个值为 0，则结果为 0。针对图 4-11 所反映的问题，下面通过两个实例来说明如何利用子网掩码来识别它们的不同。

实例 4-1 已知 IP 地址为 168.16.16.51，子网掩码为 255.255.0.0，请指出其网络号。

分析：168.16.16.51 是 B 类地址，采用默认子网掩码，没有划分子网，将 IP 地址与子网掩码进行"按位逻辑与"操作，如图 4-12 所示。

实例 4-2 已知 IP 地址为 168.16.16.51，子网掩码为 255.255.255.0，请指出其网络号。

分析：168.16.16.51 是 B 类地址，采用非默认子网掩码，划分了子网，将 IP 地址与子网掩码进行"按位逻辑与"操作，如图 4-13 所示。

图 4-12　子网掩码的作用 1

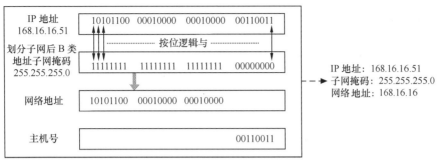

图 4-13　子网掩码的作用 2

> **提示**　如果 IP 地址采用的是默认的子网掩码，则没有划分子网；如果采用的不是默认的子网掩码，则划分了子网。对于边界级掩码（即取出主机号中的整个一个字节用于划分子网，子网掩码的取值不是 255 就是 0），子网的寻找很容易，只需要遵照以下两个规则进行处理即可。
> （1）对应于掩码为 255 的 IP 地址部分，子网地址与其相同。
> （2）对应于掩码为 0 的 IP 地址部分，子网地址均为 0。

　　在上面的例子中，涉及的子网掩码都属于边界子网掩码。但是对划分子网而言，还会使用非边界子网掩码（即使用主机号中的某几位用于子网划分，因此，子网掩码除了"0"和"255"外，还有其他数值）。例如，对于一个 B 类网络地址 168.16.0.0，若将第三个字节的前 3 位用于子网号，而将剩下的位用于主机号，则子网掩码为 255.255.224.0。因为使用了 3 位分配子网，所以这个 B 类网络 168.16.0.0 被分为 6 个子网，它们的网络地址和主机地址范围如图 4-14 所示，每个子网有 13 位可用于主机的编址。

B 类网络：168.16.0.0 使用第三个字节的前 3 位划分子网

子网掩码 255.255.224.0	11111111　11111111　11100000　00000000

	网络地址 （网络号+子网号）	主机号的范围	每个子网的主机地址范围
子网一 168.16.32.0	10101100　00010000　001	00000　00000001 11111　11111110	168.16.32.1~168.16.63.254
子网二 168.16.64.0	10101100　00010000　010	00000　00000001 11111　11111110	168.16.64.1~168.16.95.254
子网三 168.16.96.0	10101100　00010000　011	00000　00000001 11111　11111110	168.16.96.1~168.16.127.254
子网四 168.16.128.0	10101100　00010000　100	00000　00000001 11111　11111110	168.16.128.1~168.16.159.254
子网五 168.16.160.0	10101100　00010000　101	00000　00000001 11111　11111110	168.16.160.1~168.16.191.254
子网六 168.16.192.0	10101100　00010000　110	00000　00000001 11111　11111110	168.16.192.1~168.16.223.254

图 4-14　非边界子网掩码的使用

4. 子网划分的规则

在征求意见稿（Request for Comments，RFC）文档中，规定了子网划分的规范，其中对网络地址中的子网号做了如下规定。

（1）因为网络号全为"0"代表的是本地网络，所以网络地址中的子网号也不能全为"0"，子网号全为 0 时，表示的是本子网网络。

（2）因为网络号全为"1"表示的是广播地址，所以网络地址中的子网号也不能全为"1"，全为"1"的地址用于向子网广播。

例如，在图 4-14 中，对 B 类地址 168.16.0.0 划分子网，使用第三个字节的前 3 位划分子网，按计算可以划分为 8 个子网（即 000、001、010、011、100、101、110、111）。但根据上述规则，对于全为"0"和全为"1"的子网号是不能分配的，所以应该将 168.16.0 和 168.16.224 忽略，因而只有 6 个子网可用。

> **提示** RFC 950 禁止使用子网网络号全为"0"（全 0 子网）和子网网络号全为"1"（全 1 子网）的子网网络，在 RFC 1878 中，这个规定已经被废止了。全 0 子网会给早期的路由选择协议带来问题，全 1 子网与所有子网的直接广播地址冲突。虽然 Internet 的 RFC 文档规定了子网划分的原则，但在实际情况中，很多供应商的产品也支持全为"0"和全为"1"的子网。例如，运行 Windows 98/NT/2000 的 TCP/IP 主机就可以支持。因此，当用户要使用全为"0"和全为"1"的子网时，首先要证实网络中的主机或路由器是否提供相关支持。此外，对于后面章节中讲述的可变长子网划分和无类别域间路由选择（Classless Inter-Domain Routing，CIDR），它们属于现代网络技术，已不再按照传统的 A 类、B 类和 C 类地址的方式工作，因而不存在全"0"和全"1"子网的问题，也就是说，全"0"和全"1"子网都可以使用。

5. 子网划分的步骤

为了将网络划分为不同的子网，必须为每个子网分配一个子网号。在划分子网之前需要确定所需要的子网数和每个子网的最大主机数。有了这些信息后，可以定义每个子网的子网掩码、网络地址（网络号＋子网号）的范围和主机号的范围。划分子网的步骤如下。

（1）确定需要多少位子网号来唯一标识网络中的每一个子网。

（2）确定需要多少主机号来标识每个子网中的每一台主机。

（3）定义符合网络要求的子网掩码。

（4）确定标识每一个子网的网络地址。

（5）确定每一个子网中所使用的主机地址范围。

6. 子网划分实例

实例 4-3 将图 4-15 所示的一个 C 类网络划分为两个子网。

分析如下。

（1）确定子网号位数。子网号位数计算公式：子网数量=2^m-2，其中 m 就是子网号位数。

（2）确定主机号位数。主机号位数计算公式：主机号位数 $n=32$－网络号位数－子网号位数 m。主机号位数确定了，每个子网的最大主机数量也就确定了，为 2^n-2。

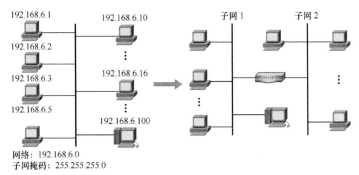

图 4-15　使用路由器将一个网络划分为两个子网

　　由于每个子网中的主机及路由器的两个端口都需要分配一个唯一的主机号，因此在计算需要多少主机号来标识主机时，要把所有需要 IP 地址的设备都考虑进去。如图 4-15 所示，网络中有 100 台主机，如果再考虑路由器的两个端口，则需要标识的主机为 102 台。这里假定每个子网的主机各占一半，即各有 51 台主机。主机号位数与子网号位数是息息相关的，子网号位数越多，每个子网中可容纳的主机数就越少。具体分析如表 4-5 所示。

表 4-5　子网号位数和主机号位数的确定

子网号位数 m	有效子网个数	主机号位数 n	每个子网中的主机台数	能否满足要求
1	2^1-2，即 0	7	2^7-2，即 126	不能
2	2^2-2，即 2	6	2^6-2，即 62	能
3	2^3-2，即 6	5	2^5-2，即 30	不能
……	……	……	……	……

　　由表 4-5 可知，当子网号位数为 2 时，每个子网可容纳 62 台主机，因此取 2 位划分子网是可行的。

　　（3）确定子网掩码，如图 4-16 所示，子网掩码为 255.255.255.192。

子网掩码：255.255.255.192

图 4-16　确定子网掩码

　　（4）确定每个子网的网络地址。子网号的位数为 2，共能产生 4 个子网，除去全为"0"和全为"1"的子网不能使用外，有效的子网号为 01 和 10，再加上这个 C 类网络原有的网络号 192.168.6，划分出的两个子网的网络地址分别为 192.168.6.64 和 192.168.6.128，如图 4-17 所示。

　　（5）确定每个子网的主机地址的范围。根据每个子网的网络地址，可以确定每个子网的主机地址的范围，如图 4-18 所示。

1

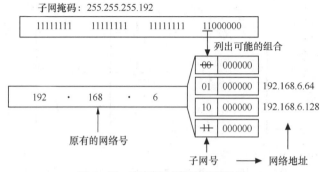

图 4-17 确定每个子网的网络地址

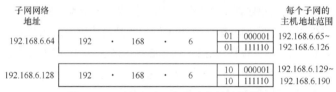

图 4-18 确定每个子网的主机地址的范围

图 4-19 所示为划分子网后的网络，并且对每个子网中的各台主机的地址进行了配置。

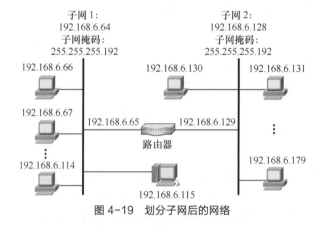

图 4-19 划分子网后的网络

 提示 在进行子网划分时，要充分考虑其扩展性，要分析清楚是子网数量变化的可能性大还是子网中主机数量变化的可能性大。应该根据这种变化趋势来确定合适的子网划分方案。例如，学校建设机房时，一般每个机房的主机数量是固定的，建设好之后向机房增加主机的情况较少，但随着学校的发展增加新机房（增加新子网）情况较多，此时，从可扩展角度出发，可以先考虑主机号所占的位数，原则是够用就行，剩下的位数可以全用来标识子网。对于本实例，先考虑主机或先考虑子网最后的结果都是相同的，但如果要组建较大规模的网络，则需要特别注意这一点。

4.2.3 可变长子网划分

子网划分的最初目的是把基于某类（A 类、B 类、C 类）的网络进一步划分成几个规模相同的子网。虽然划分子网的方法是对 IP 地址结构进行有价值的扩充，但是它要受到一个基本的限制：整个网络只能有一个子网掩码。因此，当用户选择了一个子网掩码（也就意味着每个子网内的主机数确定了）之后，就不能支持不同尺寸的子网了，任何对更大尺寸子网的要求，意味着必须改变整个网络的子网掩码。

在 RFC 1878 中定义了可变长子网掩码（Variable Length Subnet Mask，VLSM）。VLSM 规定了如何在一个进行了子网划分的网络中的不同部分使用不同的子网掩码，这对网络内部不同网段需要不同大小子网的情形来说是非常有益的。

如果对一个网络进行了可变长子网划分，就可以用不同长度的子网网络号来唯一标识每个子网，并能通过对应的子网掩码进行区分。对于变长子网的划分，实际上是对已划分好的子网做进一步划分，从而形成不同规模的网络。下面用一个实例来说明。

实例 4-4 某公司有两个主要部门：市场部和技术部。市场部有员工 56 人；技术部又分为硬件部和软件部两个子部门，各有员工 28 人。该公司申请到了一个完整的 C 类 IP 地址段 210.31.233.0，子网掩码为 255.255.255.0。为了便于分级管理，该公司准备采用 VLSM 技术，将原主网络划分为两级子网（不考虑全 0 和全 1 子网），请给出可变长子网划分方案。

分析如下。

（1）一个能容纳 56 台主机的子网。用主机号中的 2 位（第四个字节的最高 2 位）进行子网划分，产生 4 个子网，除去全 "0" 和全 "1" 的子网，还有 210.31.233.64/26 和 210.31.233.128/26 两个子网可用。这种子网划分允许每个子网有 62（2^6-2）台主机。选择 210.31.233.64/26（子网掩码为 255.255.255.192）作为网络号，该一级子网共有 62 个 IP 地址可供分配，它能满足市场部的需求。表 4-6 中给出了能容纳 62 台主机的一个子网。

表 4-6 划分 1 个子网

子网编号	子网网络（点分十进制）	子网掩码	子网网络（网络前缀）
1	210.31.233.64	255.255.255.192	210.31.233.64/26

（2）两个能容纳 28 台主机的子网。为满足两个子网各能容纳 28 台主机的需求，可以使用一级子网中的第二个子网 210.31.233.128/27（子网掩码为 255.255.255.192），取出其主机号中的 1 位进一步划分成两个二级子网，其中第一个二级子网为 210.31.233.128/27（子网掩码是 255.255.255.224），划分给技术部的下属分部——硬件部，该二级子网共有 30 个 IP 地址可供分配；第二个二级子网为 210.31.233.160/27（子网掩码是 255.255.255.224），划分给技术部的下属分部——软件部，该二级子网共有 30 个 IP 地址可供分配。表 4-7 给出了能容纳 30 台主机的两个子网。

表 4-7 划分 2 个子网

子网编号	子网网络（点分十进制）	子网掩码	子网网络（网络前缀）
1	210.31.233.128	255.255.255.224	210.31.233.128/27
2	210.31.233.160	255.255.255.224	210.31.233.160/27

这个可变长子网划分的过程如图 4-20 所示。

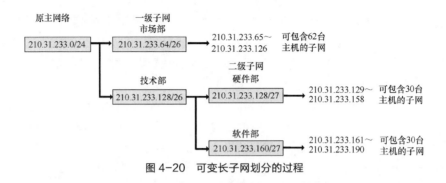

图 4-20　可变长子网划分的过程

 提示　在实际工程实践中，可以进一步将网络划分成三级或者更多级子网。同时，可以考虑使用全 0 和全 1 子网以节省网络地址空间。

4.2.4　无类别域间路由

目前，在 Internet 上使用的 IP 地址是在 1978 年确立协议的，它由 4 段 8 位二进制数组成。由于 Internet 协议当时的版本号为 4，因而称该协议为"IPv4"。尽管这个协议在理论上有大约 43 亿个 IP 地址，但是并不是所有的地址都得到了充分的利用。部分原因在于 Internet 网络信息中心（InterNIC）把 IP 地址分配给了许多机构，而 A 类和 B 类地址所包含的主机数又太多。例如，一个 B 类网络 135.41.0.0，其中所包含的主机数可以达到 65534 台，这么多的地址显然不可能充分得到利用。又如，一个 C 类网络中只能容纳 254 台主机，对拥有上千台主机的单位来说，获得一个 C 类的网络地址显然是不够的。

此外，由于 Internet 的迅猛扩展，主机数量急剧增加，它正以非常快的速度耗尽目前尚未使用的 IP 地址，B 类网络已被用完。为了解决当前 IP 地址面临严重资源不足的问题，InterNIC 设计了一种新的网络分配方法。与分配一个 B 类网络不同，InterNIC 给一个单位分配一个 C 类网络的范围，该范围能够容纳足够的网络和主机，这种方法实质上就是将若干个 C 类网络合并成一个网络，这个合并后的网络就称为超网。例如，假设一个单位拥有 2000 台主机，那么 InterNIC 并不是给它分配一个 B 类的网络，而是分配 8 个 C 类的网络。每个 C 类网络可以容纳 254 台主机，总共可容纳 2032 台主机。

虽然这种方法有助于节约 B 类网络，但它又导致了新的问题：采用通常的路由选择技术，在 Internet 上每台路由器的路由表中必须有 8 个 C 类网络表项才能把 IP 包路由到该单位。为防止 Internet 路由器被过多的路由淹没，必须采用 CIDR 技术把多个表项缩成一个表项。使用 CIDR 后，路由表中只用一个路由表项就可以表示分配给该单位的所有 C 类网络。在概念上，CIDR 创建的路由表项可以表示为[起始网络，数量]，其中，"起始网络"表示的是所分配的第一个 C 类网络的地址，"数量"是分配的 C 类网络的总个数。实际上，它可以用一个超网子网掩码来表示相同的信息，并用网络前缀标记法来表示子网掩码。

4.2.5　实例分析

某公司申请到 1 个网络地址块（共 8 个 C 类网络地址）：210.31.224.0/24～210.31.231.0/24。为了对这 8 个 C 类网络地址块进行汇总，该采用什么样的超网子网掩码？CIDR 前缀为多少？

分析：将 8 个 C 类网络地址的二进制表示形式列出，如表 4-8 所示。

表 4-8　8 个 C 类网络地址及其二进制形式

C 类网络地址	二进制形式			
210.31.224.0	11010010	00011111	11100*000*	00000000
210.31.225.0	11010010	00011111	11100*001*	00000000
210.31.226.0	11010010	00011111	11100*010*	00000000
210.31.227.0	11010010	00011111	11100*011*	00000000
210.31.228.0	11010010	00011111	11100*100*	00000000
210.31.229.0	11010010	00011111	11100*101*	00000000
210.31.230.0	11010010	00011111	11100*110*	00000000
210.31.231.0	11010010	00011111	11100*111*	00000000
超网			21 位网络号	11 位主机号

CIDR 实际上是借用部分网络号来充当主机号。在表 4-8 中，因为 8 个 C 类网络地址的前 21 位完全相同，变化的只是最后 3 位主机号，因此，可以将网络号的后 3 位看作主机号，由此得到超网的子网掩码的二进制数为 "11111111 11111111 11111000 00000000"，即 255.255.248.0。若用网络前缀标记法来表示，则可表示为 210.31.224.0/21。

> **提示**　利用 CIDR 实现地址汇总有两个基本条件，第一，待汇总地址的网络号拥有相同的高位，表 4-8 中，8 个待汇总的网络地址的第三个位域的前 5 位完全相同，均为 11100；第二，待汇总的网络地址数目必须是 2^n 个，如 2 个、4 个、8 个、16 个等，否则，可能会导致路由黑洞（指汇总后的网络可能包含实际中并不存在的子网）。
> 使用可变长子网划分、超网和 CIDR 配置网络时，要求相关的路由器和路由协议必须能够支持这些功能，用于 IP 路由的路由信息协议版本 2（Routing Information Protocol version 2，RIPv2）和边界网关协议版本 4（Border Gateway Protocol version 4，BGPv4）都可以支持可变长子网划分和 CIDR，而路由信息协议版本 1（Routing Information Protocol version 1，RIPv1）则不支持可变长子网划分和 CIDR。

4.3　IPv6 编址

全世界一共有多少可用的IP地址？随着Internet的发展，它们会不会被用完呢？

4.3.1 IPv6 的含义

IPv6 是 Internet Protocol version 6 的缩写，是 IETF 设计的用于替代 IPv4 的下一代协议。

现在使用的 IPv4 的核心技术属于美国。它的最大问题是网络地址资源有限，从理论上讲，其可编址 1600 万个网络、40 亿台主机。但采用 A、B、C 这 3 类编址方式后，其可用的网络地址和主机地址的数目大打折扣，以至 IP 地址已于 2011 年 2 月 3 日分配完毕。其中，北美占有 3/4，约 30 亿个，而人口最多的亚洲只有不到 4 亿个，我国截至 2010 年 6 月 IPv4 地址数量达到 2.5 亿，远不能满足 4.2 亿网民的需求。IP 地址不足，严重地制约了我国及其他国家 Internet 的应用和发展。

一方面是 IP 地址资源数量的限制，另一方面是随着电子技术及网络技术的发展，计算机网络进入人们的日常生活，可能身边的每一样物品都需要接入 Internet。在这样的环境下，IPv6 应运而生。单从数量级上来说，IPv6 所拥有的地址数量约是 IPv4 的 8×10^{28} 倍，达到 2^{128}（包含全 0 的 IP 地址）个。这不但解决了网络地址资源数量有限的问题，而且为除计算机外的设备接入 Internet 在数量限制上扫清了障碍。

4.3.2 IPv4 与 IPv6 的区别

IPv6 是下一版本的 Internet 协议，也可以说是下一代 Internet 的协议，它的提出最初是因为随着 Internet 的迅速发展，IPv4 定义的有限地址空间已经被耗尽，地址空间的不足必将妨碍 Internet 的进一步发展。

为了扩大地址空间，拟通过 IPv6 重新定义地址空间。IPv6 采用了 128 位地址长度，几乎可以不受限制地提供地址。按保守方法估算 IPv6 实际可分配的地址，整个地球的每平方米面积上仍可分配 1000 多个地址。在 IPv6 的设计过程中，除了一劳永逸地解决了地址短缺问题以外，还考虑了在 IPv4 中解决不好的其他问题，主要有端到端 IP 连接、服务质量（Quality of Service，QoS）、安全性、多播、移动性、即插即用等。IPv6 与 IPv4 相比有什么特点和优点？答案是 IPv6 拥有更大的地址空间。IPv4 中规定 IP 地址长度为 32 位，即有 $2^{32} - 1$ 个地址；而 IPv6 中 IP 地址长度为 128 位，即有 $2^{128} - 1$ 个地址。IPv6 的地址分配一开始就遵循聚类（Clustering）的原则，这使得路由器能在路由表中用一条记录（Entry）表示一片子网，大大缩减了路由器中路由表的长度，提高了路由器转发数据包的速度。

4.3.3 IPv6 的特性

IPv6 不仅可以应用于网络中的计算机，还可以应用于所有的通信设备，如手机、无线设备、电话、PDA、电视、广播等。IPv6 的主要特性如下。

1. 更大的地址空间

IPv6 地址长度为 128 位（16 字节），即有 2^{128}（约 3.4×10^{38}）个地址。IPv6 采用分级地址模式，支持从 Internet 核心主干网到企业内部子网等多级子网地址分配方式。在 IPv6 的庞大地址空间中，目前全球联网设备已分配掉的地址仅占其中的极小一部分，有足够的余量可供未来的发展之用。由于有充足可用的地址空间，网络地址转换（Network Address Translation，NAT）

之类的地址转换技术将不再需要。

2. 简化的报头和灵活的扩展

IPv6 对数据报头做了简化，可减少处理器开销并节省网络带宽。IPv6 的报头由一个基本报头和多个扩展报头（Extension Header）构成，基本报头具有固定的长度（40 字节），放置所有路由器都需要处理的信息。由于 Internet 上的绝大部分包只是被路由器简单转发，因此固定的报头长度有助于加快路由速度。此外，IPv6 定义了多种扩展报头，使得 IPv6 变得极其灵活，能提供对多种应用的强力支持，同时为以后支持新的应用提供了可能。

3. 层次化的地址结构

IPv6 的设计者把 IPv6 的地址空间按照不同的地址前缀来划分，采用了层次化的地址结构，以利于骨干网路由器对数据包的快速转发。

在 IPv6 网络中，网络被分为多个区域，每个区域有多个区域骨干节点，每个骨干节点汇聚了多个接入网（站）点，通过接入网点，连接终端网点（企业或个人用户）提供服务，如图 4-21 所示。

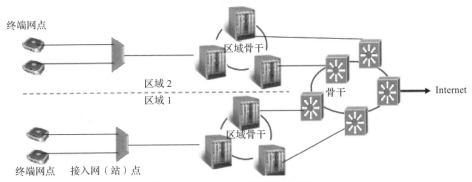

图 4-21　IPv6 层次化的地址结构

IPv6 定义了 3 种不同的地址类型：单点传送地址（Unicast Address）、多点传送地址（Multicast Address）和任意点传送地址（Anycast Address）。所有类型的 IPv6 地址都属于接口（Interface）而不是节点（Node）。一个 IPv6 单点传送地址被赋给某一个接口，而一个接口只能属于某一个特定的节点，因此一个节点的任意一个接口的单点传送地址都可以用来标识该节点。

4. 即插即用的联网方式

IPv6 中包含允许计算机发现自身地址并自动完成地址更改的机制，只要计算机连接上网络便可自动设定地址。它有两个优点：一是最终用户不用花费精力进行地址设定，二是可以大大减轻网络管理者的负担。IPv6 有两种自动设定功能，一种是和 IPv4 自动设定功能一样的名称为"全状态自动设定"的功能，另一种是"无状态自动设定"功能。

5. 网络层的认证与加密

由于在 IP 设计之初没有考虑安全性，因而在早期的 Internet 上时常发生诸如企业或机构网络遭到攻击、机密数据被窃取等安全事件。为了加强 Internet 的安全性，从 1995 年开始，IETF 着手研究制定了一套用于保护 IP 通信的 IP 安全协议（IPSec）。IPSec 是 IPv4 的一个可选扩展协议，是 IPv6 的一个组成部分。它的主要功能是在网络层为数据分组提供加密和鉴别等安全服务，它提供了两种安全机制：认证和加密。认证机制使 IP 通信的数据接收方能够确认数据发送方的真实身份及数据在传输过程中是否遭到改动。加密机制通过对数据进行编码来保证数据的机密性，以防数据在传输过程中被他人截获而失密。

6. 服务质量的满足

基于 IPv4 的 Internet 在设计之初只有一种简单的服务质量，即采用"尽最大努力"传输。从原理上讲，服务质量是无保证的。文本、静态图像等传输对服务质量并无要求。随着网络中多媒体业务的增加，如 IP 电话、视频点播、电视会议等实时应用，对传输时延和时延抖动均有严格的要求。IPv6 数据包的格式包含一个 8 位的业务流类别（Class）和一个新的 20 位的流标签（Flow Label）。它的目的是允许发送业务流的源节点和转发业务流的路由器在数据包上加上标记，中间节点在接收到一个数据包后，通过验证它的流标签，就可以判断它属于哪个流，然后就可以知道数据包的服务质量需求，并进行快速转发。

7. 对移动通信更好的支持

未来移动通信与互联网的结合将是网络发展的大趋势之一。移动互联网将成为我们日常生活的一部分，改变我们生活的方方面面。IPv6 为用户提供可移动的 IP 数据服务，让用户可以在世界各地都使用同样的 IPv6 地址，非常适合未来的无线上网。

4.3.4 IPv6 的地址表示

1. IPv6 地址的表示方法

128 位的 IPv6 地址被分割成 8 个 16 位段来表示，其中每个 16 位段用 0x0000～0xFFFF 的十六进制的数字表示，并且每个 16 位段之间使用英文冒号"："来分隔。例如，下面就是一个 IPv6 地址的书写方式。

ff02：1944：0100：000a：0000：00bc：2500：03F0

有两条规则可以用来简化 IPv6 地址的书写。

第一条规则：任何一个 16 位段中起始的 0 不必写出来；任何一个 16 位段如果少于 4 个十六进制的数字，则认为忽略书写的数字是起始的 0。在 ff02：1944：0100：000a：0000：00bc：2500：03F0 中，第 3、4、5、6 和 8 个分段都包含有起始的 0。利用这个地址压缩简化规则，该地址可以书写为 ff02：1944：100：a：0：bc：2500：3F0。要注意的是，只有起始的 0 才可以被忽略掉，末尾的 0 是不能忽略的，因为这样做会使 16 位分段变得不确定，而无法确切地判断所省略的 0 是在所写的数字之前还是在其之后。还有一个值得注意的地方是，在 ff02：1944：0100：000a：0000：00bc：2500：03F0 中的第 5 个分段全部是 0，并且被书写为单个 0。事实上，有许多 IPv6 地址中具有一长串的 0。例如，IPv6 地址 5ffe：0000：0000：0000：0000：0000：0000：0008，可以简写为 5ffe：0：0：0：0：0：0：8。

第二条规则：可以进一步地简化这个地址的书写，任何由全 0 组成的 1 个或多个 16 位段的单个连续的字符串都可以用一个双冒号"：："来表示。利用这条规则，IPv6 地址 5ffe：0000：0000：0000：0000：0000：0000：0008 可以表示成 5ffe：：8。使用这样的方式书写显然可以增加很多便利。要注意的是，这条规则强调的是仅仅对于单个连续不间断的全 0 字符串分段部分能够用一个双冒号"：："来表示，在一个 IPv6 地址中使用多于一个以上的双冒号会导致含混不清。例如，IPv6 地址 2001：0d02：0000：0000：0014：0000：0000：0095，以下两种地址的缩写方式都被认为是正确的，因为它们都只使用了一次双冒号。

2001：d02∷14：0：0：95

2001：d02：0：0：14∷95

下面这个缩写方式是不正确的，因为它使用了两次双冒号。

2001：d02∷14∷95

中间的两个全 0 字符串的长度是含混不清的，从而无法确定它们的长度，它可以被表示成下面的任何一种可能的 IPv6 地址。

2001：0d02：0000：0000：0014：0000：0000：0095

2001：0d02：0000：0000：0000：0014：0000：0095

2001：0d02：0000：0014：0000：0000：0000：0095

不像 IPv4 协议的前缀（即地址的网络部分）可以通过点分十进制或十六进制地址掩码标识，或可以通过位计数（Bitcount）来标识，IPv6 的前缀始终通过位计数的方式来标识。更确切地说，通过在 IPv6 地址后面加一个斜线 "/"，随后跟一个十进制的数字来标识一个 IPv6 地址的起始位有多少位是前缀位，如地址 3ffe：1944：100：a∷bc：2500：d0b/64，它的前缀就是起始的 64 位。当需要书写一个 IP 地址的前缀时，也使用和 IP 地址一样的书写方式将所有的主机位设置为 0，如 3ffe：1944：100：a∷/64。

2. IPv6 地址组成

128 位的 IPv6 地址由 64 位的网络地址和 64 位的主机地址组成。其中，64 位的网络地址又分为 48 位的全球网络标识符和 16 位的本地子网标识符。IPv6 地址结构如图 4-22 所示。

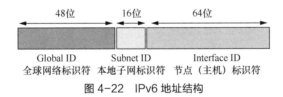

图 4-22　IPv6 地址结构

4.3.5　IPv4 到 IPv6 的过渡技术

如何完成从 IPv4 到 IPv6 的转换，是 IPv6 发展中需要解决的首要问题。目前，IETF 已经成立了专门的工作组，研究 IPv4 到 IPv6 的转换，并且提出了很多方案，主要包括以下几种类型。

1. 网络过渡技术

（1）隧道技术。随着 IPv6 网络的发展，出现了许多局部的 IPv6 网络。利用隧道技术，可以通过运行 IPv4 的 Internet 骨干网络（即隧道）将局部的 IPv6 网络连接起来，因而它是 IPv4 向 IPv6 过渡的初期最易于采用的技术。隧道技术的方式如下：路由器将 IPv6 的数据分组封装入 IPv4，IPv4 分组的源地址和目的地址分别是隧道入口和出口的 IPv4 地址；在隧道的出口处，再将 IPv6 分组取出转发给目的节点。

（2）网络地址转换/协议转换技术。网络地址转换/协议转换（Network Address Translation-Protocol Translation，NAT-PT）技术，通过与无状态 IP/ICMP 翻译技术协议转换和传统的 IPv4 下的动态地址翻译以及适当的应用层网关（Application Layer Gateway，ALG）相结合，可以实现只安装 IPv6 的计算机和只安装 IPv4 的计算机大部分应用的相互通信。

2. 主机过渡技术

IPv6 和 IPv4 是功能相近的网络层协议，两者基于相同的物理平台，而且加载于其上的传输层协议 TCP 和 UDP 没有任何区别。可以看出，如果一台主机同时支持 IPv6 和 IPv4 两种协议，那么该主机既能与支持 IPv4 的主机通信，又能与支持 IPv6 的主机通信，这就是双协议栈技术的工作机理。

3. 应用服务系统过渡技术

在 IPv4 到 IPv6 的过渡过程中，作为 Internet 基础架构的应用服务系统（DNS）也要支持这种网络协议的升级和转换。IPv4 和 IPv6 的 DNS 在记录格式等方面有所不同。为了实现 IPv4 网络和 IPv6 网络之间的 DNS 查询及响应，可以采用应用层网关 DNS-ALG 结合 NAT-PT 的方法，使其在 IPv4 和 IPv6 网络之间起到一个翻译的作用。例如，IPv4 的地址域名映射使用"A"记录，而 IPv6 使用"AAAA"或"A6"记录。那么，IPv4 的节点发送到 IPv6 网络的 DNS 查询请求是"A"记录，DNS-ALG 会把"A"改写成"AAAA"，并发送给 IPv6 网络中的 DNS 服务器。当 DNS 服务器的回答到达 DNS-ALG 时，DNS-ALG 修改回答，把"AAAA"改为"A"，把 IPv6 地址改成 DNS-ALG 地址池中的 IPv4 转换地址，把这个 IPv4 转换地址和 IPv6 地址之间的映射关系通知 NAT-PT，并把这个 IPv4 转换地址作为解析结果返回 IPv4 主机。IPv4 主机就以这个 IPv4 转换地址作为目的地址与实际的 IPv6 主机通过 NAT-PT 通信。

目前的 IPv6 还不是最后的标准，即使采用 IPv6 标准，也不会马上弃用 IPv4。IPv6 正在赢得越来越多的支持，很多网络硬件和软件制造商已经表示支持该协议。IPv6 作为目前全球公认的、唯一可以规模商用部署的互联网升级演进方案，推进 IPv6 规模部署和应用是"互联网+"生态的一次升级，对我国加快建设网络强国和数字中国具有重要意义。开发者正计划为 UNIX、Windows、Linux 和 macOS 等开发 IPv6 版本的软件。

目前，多所院校已经开始从 IPv4 到 IPv6 的升级改造，国内高校 IPv6 规模部署工作已初见成效。通过 IPv6，物联网中的传感器、智能家居设备、医疗设备等可以直接与互联网通信，实现智能化、远程控制等功能。IPv6 也为智能城市的建设提供了强大的支持。通过为城市中的各种设备提供 IP 地址，如交通信号灯、路灯、环境监测设备等，可以实现对城市基础设施的智能管理和监控。通过 IPv6 的特性，智能城市可以实现更高效的能源管理、交通管理、环境监测等功能，提升城市的可持续发展和生活质量。IPv6 为移动通信提供了更好的支持。由于 IPv4 地址资源的枯竭，IPv6 可以为移动终端设备提供更多的 IP 地址，避免了地址不足问题的出现。同时，IPv6 还提供了更好的移动性支持，使移动设备在网络切换时能够快速恢复连接，提升用户体验。

从 IPv4 向 IPv6 的过渡绝不是一朝一夕就可以实现的，它将是一个相当缓慢和长期的过程。

【行业动态】

　　在第4届电力人工智能大会暨第2届电力行业数字化转型大会中，《国网新疆电力数据网IPv6+目标网演进中的网络安全应用实践》在400余个项目中脱颖而出，荣获电力数字化创新应用案例"智创奖"。

　　随着IETF设计的下一代互联网协议——IPv6的普及，其强大的功能、特性以及海量IP地址支持为电力行业的数字化转型提供了强大的支持。为响应国家政策要求，落实国家电网公司的能源互联网战略发展规划，信通公司积极在电力行业推进IPv6+

网络改造和部署工作，构建以IPv6海量地址为基础的电力数据通信网，结合电力生产管理等业务类型多、数据流量增长迅速、云化需求等特点，创新化地引入了包括IPv6段路由、网络切片、随流监测等IPv6+新技术协议。

在今后的工作中，信通公司将进一步发挥专业优势，全方位支撑电力数字化转型工作。深化IPv6+数字化、智能化应用，推动管理模式转型升级，持续为公司网络和业务系统安全稳定生产提供可靠技术支撑。

练习与思考

一、选择题

1. 关于 IPv4 地址的说法错误的是____。
    A. IP 地址是由网络号和主机号两部分组成的
    B. 网络中的每台主机分配了唯一的 IP 地址
    C. IP 地址只有 3 类：A、B、C
    D. 随着网络主机的增多，IP 地址资源已耗尽

2. 某公司申请到一个 C 类网络，出于地理位置上的考虑必须将其切割成 5 个子网，则子网掩码要设为____。
    A. 255.255.255.224   B. 255.255.255.192
    C. 255.255.255.254   D. 255.255.255.240

3. IP 地址 127.0.0.1____。
    A. 是一个暂时未用的保留地址   B. 是一个 B 类的地址
    C. 是一个表示本地全部节点的地址   D. 是一个表示本节点的地址

4. 从 IP 地址 195.100.20.11 中可以看出____。
    A. 这是一个 A 类网络的主机   B. 这是一个 B 类网络的主机
    C. 这是一个 C 类网络的主机   D. 这是一个保留地址

5. 要将一个 IP 地址是 220.33.12.0 的网络划分成多个子网，每个子网包括 25 台主机，并要求有尽可能多的子网，指定的子网掩码应为____。
    A. 255.255.255.192   B. 255.255.255.224
    C. 255.255.255.240   D. 255.255.255.248

6. 一个 A 类网络已经拥有 60 个子网，若还要添加两个子网，并且要求每个子网有尽可能多的主机，则应指定子网掩码为____。
    A. 255.240.0.0   B. 255.248.0.0   C. 255.252.0.0   D. 255.254.0.0

7. 以下 IP 地址中，合法的 IPv6 地址是____。
    A. 1080:0:0:0:8:800:200C:417K   B. 23F0::8:D00:316C:4A7F
    C. FF01::101::100F   D. 0.0:0:0:0:0:0:0:1

8. 以下 IP 地址中，错误的 IPv6 地址是____。
    A. ::FFFF   B. ::1   C. ::1:FFFF   D. ::1::FFFF

9. 下列关于 IPv6 协议优点的描述正确的是____。
    A. IPv6 协议支持光纤通信

  B．IPv6 协议支持通过卫星链路的 Internet 连接

  C．IPv6 协议具有 128 个地址空间，允许全局 IP 地址出现重复

  D．IPv6 协议解决了 IP 地址短缺的问题

二、问答题

1．简述 IPv4 到 IPv6 的过渡技术。

2．168.122.3.2 是一个什么类别的 IP 地址？该网络的网络地址是多少？广播地址是多少？有限广播地址是多少？

3．B 类 IP 地址的子网位最少可以有几位？最多可以有几位？可以是一位子网位吗？为什么？

4．已知 IP 地址是 192.238.7.45，子网掩码是 255.255.255.224，求子网位数、子网地址和每个子网容纳的主机范围。

5．某 A 类网络 10.0.0.0 的子网掩码是 255.224.0.0，请确定其可以划分的子网个数，写出每个子网的子网号及每个子网的主机范围。

6．某网络由子网掩码可以判断出主机地址部分被划分出两个二进制数作为子网地址位，该网络可以划分出几个子网？

7．有一个 C 类网络地址 211.69.202.0，其在 10 个地点拥有员工，每个地点有 12 名或更少的员工。使用什么子网掩码可以为每个工作站分配一个 IP 地址？

8．一个 B 类网络为 135.41.0.0，需要配置 1 个能容纳 32000 台主机的子网、15 个能容纳 2000 台主机的子网和 8 个能容纳 254 台主机的子网。请给出 VLSM 划分方案。

9．某单位分配到一个 B 类 IP 地址，其 net-id 为 129.250.0.0。该单位有 4000 台计算机，分布在 16 个不同地点。请分析：

（1）选用子网掩码 255.255.255.0 是否合适？

（2）如果合适，试给每一个地点分配一个子网号码，并计算出每台主机 IP 地址的最小值和最大值。

10．简述 IPv4 与 IPv6 的区别。

第5章
局域网技术

05

本章导读

　　局域网是计算机网络中最简单的网络类型。本章主要讲述局域网的基础知识，包括局域网的模型与标准、局域网的关键技术、以太网技术、局域网连接设备、虚拟局域网及无线局域网等。通过对本章的学习，应达成如下学习目标。

知识目标

1. 熟悉局域网的模型与标准；
2. 掌握局域网的关键技术，理解并掌握介质访问控制方法；
3. 了解以太网技术和相关网络设备的作用及类型；
4. 掌握虚拟局域网技术。

能力目标

1. 能合理规划IP地址与虚拟局域网；
2. 能在交换机上进行虚拟局域网的配置；
3. 能组建Ad-Hoc模式的无线网络。

素质目标

1. 建立批判性思维，学会适当的"信息屏蔽"与"信息隔离"；
2. 培养严谨细致、精益求精的职业素养。

5.1　局域网概述

　　在一个单位、一个部门、一个园区或一栋楼内，往往有很多计算机，要使它们共享资源，就需要把它们组成网络，这就有了局域网的需求。究竟什么是局域网，它有什么样的特点，又是如何组成的呢？

　　计算机网络的分类方式有很多，常见的是按网络覆盖的范围来划分。按网络覆盖的范围，可将网络分为局域网、城域网和广域网3类。局域网通常建立在集中的工业区、商业区、政府部门和大学校园中，应用非常广泛，从简单的数据处理到复杂的数据库系统，从管理信息系统到分散过程控制等，都需要局域网的支撑。

　　局域网是指在有限的地理范围内（一般不超过几千米），如一个机房、一幢大楼、一个学校或一个单位内部的计算机、外设和网络互连设备连接起来形成的以数据通信和资源共享为目的的计算机网络系统。

1. 局域网的特点

　　从应用角度看，局域网有以下4个方面的特点。

　　（1）局域网覆盖很有限的地理范围，计算机之间的联网距离通常小于10 km，适用于校园、机关、公司、工厂等有限范围内的计算机、终端与各类信息处理设备联网的需求。

　　（2）数据传输速率高（10～1000 Mbit/s），误码率低。

　　（3）可根据不同需求选用多种通信介质，如双绞线、同轴电缆或光纤等。

　　（4）通常属于一个单位，工作站数量不多，一般为几台到几百台，易于建立、管理与维护。

2. 局域网的基本组成

　　总体来说，局域网由硬件和软件两部分组成。硬件部分主要包括计算机、网络适配器、传输介质、网络互连设备和外围设备等；软件部分主要包括网络操作系统、通信协议和应用软件等，如图5-1所示。

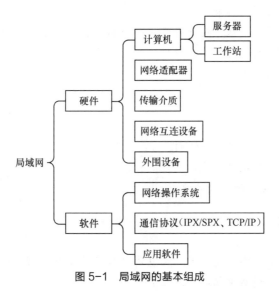

图 5-1　局域网的基本组成

5.2　局域网的模型与标准

　　就像盖房子要有图纸一样，网络也需要通过标准或模型来进行规划，如OSI参考模型。那么，局域网络的参考模型是什么呢？它与OSI参考模型有什么样的对应关系？

5.2.1 局域网参考模型

20 世纪 70 年代后期，当 LAN 逐渐成为潜在的商业工具时，美国电气电子工程师学会（Institute of Electrical and Electronics Engineers，IEEE）于 1980 年 2 月成立了局域网标准委员会（简称 IEEE 802 委员会），专门从事局域网标准化的工作。IEEE 802 委员会参照 OSI 参考模型制定了局域网参考模型。根据局域网的特征，局域网体系结构仅包含 OSI 参考模型的低两层——物理层和数据链路层，如图 5-2 所示。

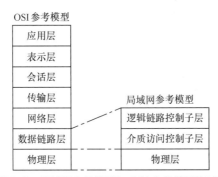

图 5-2　局域网参考模型与 OSI 参考模型的对照

1. 物理层

物理层涉及在通信信道上传输的原始比特流，主要作用是确保在一段物理链路上正确传输二进制信号，功能包括信号的编码/解码、同步前导码的生成与去除、二进制位信号的发送与接收。为确保比特流的正确传输，物理层还具有错误校验功能，以保证信号的正确发送与正确接收。

2. 数据链路层

在局域网中，为了实现多个设备共享单一信道资源，数据链路层首先需要解决多个用户争用信道的问题，即控制信道应该由谁占用、哪一对设备可以使用传输信道进行通信，这就是介质访问控制。

为了简化协议设计的复杂性，局域网参考模型将数据链路层又分为如下两个独立的部分。

（1）逻辑链路控制（Logical Link Control，LLC）子层。该子层的功能完全与介质无关，用来建立、维持和释放数据链路，提供一个或多个服务访问点，为高层提供面向连接和无连接服务。另外，为保证通过局域网的无差错传输，LLC 子层还提供差错控制和流量控制，以及发送顺序控制等功能。LLC 子层独立于介质访问控制方法，隐藏了各种局域网技术之间的差别，向网络层提供了统一的格式与接口。

（2）介质访问控制子层。该子层的功能完全依赖于介质，用来进行合理的信道分配，解决信道竞争问题。另外，在发送数据时，该层把从上一层接收的数据组装成带 MAC 地址和差错检测字段的数据帧，完成地址识别和差错检测。

5.2.2 IEEE 802 标准

目前 IEEE 已经制定的局域网标准有 10 多个，主要标准如表 5-1 所示。

表 5-1　局域网的主要标准

主要标准	说明
IEEE 802.1	LAN 标准概述、体系结构、网络互连、网络管理和性能测量等
IEEE 802.2	描述逻辑链路控制协议
IEEE 802.3	描述带冲突检测的载波监听多路访问（CSMA/CD）介质接入控制方法和物理层技术规范
IEEE 802.4	描述令牌总线（Token Bus）网标准
IEEE 802.5	描述令牌环（Token Ring）网标准
IEEE 802.6	描述城域网分布式队列双总线（Distributed Queue Dual Bus，DQDB）标准
IEEE 802.7	描述宽带局域网技术
IEEE 802.8	描述光纤局域网技术
IEEE 802.9	描述综合语音/数据局域网（IVD LAN）标准
IEEE 802.10	描述可互操作局域网安全标准（SILS），定义提供局域网互连的安全机制
IEEE 802.11	描述无线局域网标准
IEEE 802.12	描述交换式局域网标准，定义 100 Mbit/s 高速以太网按需优先的介质接入控制协议 100VG-ANYLAN
IEEE 802.14	有线电视（Cable Television，CATV）宽带通信技术标准
IEEE 802.15	无线个人区域网（Wireless Personal Area Network，WPAN）标准
IEEE 802.16	宽带无线访问标准

5.3　局域网的关键技术

　　两家规模大体相同的公司花同样的经费组建各自的局域网，但是组网后网络的性能却大相径庭。为什么会这样呢？在组建局域网的时候主要需考虑哪些关键技术以提高局域网的性能呢？

　　决定局域网特性的主要技术要素包括拓扑结构、介质访问控制方法、传输介质，这 3 个方面在很大程度上决定了传输数据的类型、网络的响应时间、吞吐量、利用率及网络应用等各种网络特征。

5.3.1　拓扑结构

　　局域网的拓扑结构是指将局域网中的节点抽象成点，将通信线路抽象成线，通过点与线的几何关系来表示网络结构，即网络形状。计算机网络拓扑结构包括逻辑拓扑结构和物理拓扑结构两种。逻辑拓扑结构是指计算机网络中信息流动的逻辑关系，而物理拓扑结构是指计算机网络各个组成部分之间的物理连接关系。本节所指的拓扑结构是指网络的物理拓扑结构。在局域网中，常用的拓扑结构有总线拓扑结构、环状拓扑结构和星形拓扑结构等。

1.　总线拓扑结构

　　总线拓扑结构（见图 5-3）一般采用同轴电缆或双绞线作为传输介质。在总线型网络中，所有的节点共享一条数据通道，一个节点发出的信息可以被网络中的多个节点接收。总线拓扑结构是一种共享通路的物理结构。这种结构中的总线具有信息的双向传输功能，普遍用于局域网的连接。

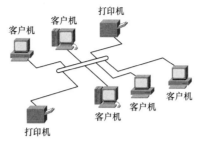

图 5-3　总线拓扑结构

总线型网络简单，安装容易，需要铺设的线缆较短，成本较低；扩充或删除一个节点较容易，不需停止网络的正常工作；节点的故障不会殃及系统；因为各个节点共用一条总线作为数据通路，所以信道的利用率高。但总线型网络实时性较差，连接的节点不宜过多，并且总线的任何一点出现故障都可能会导致网络的瘫痪。

2. 环状拓扑结构

环状拓扑结构（见图 5-4）由连接成封闭回路的网络节点组成，每一个节点与它左右相邻的节点连接。

环路上的某个节点要发送信息时，把信息往它的下游节点发送即可。下游节点收到信息后，进行地址识别，判断该信息是否是发送给本地主机的。如果不是，则该节点把信息继续转发给它的后继节点；如果是，则该节点会将此信息复制并送给本地主机，该节点接收信息后，对已接收信息是继续转发还是终止传送是由环控制策略决定的。

由环状网络的工作原理可以看出，当某一节点发送信息以后，在环路上的每个节点都可以收到这个信息，而只有与该信息目的地址相同的工作站才会接收该信息，其他节点是不会接收该信息的。这种拓扑结构特别适用于实时控制的局域网系统。

环状网络简单，传输时延确定，电缆故障容易查找和排除。但其可靠性较差，当某个节点发生故障时，有可能使整个网络无法正常工作。另外，环状网络的可扩充性较差，在环状网络中加入节点、退出节点及维护和管理都比较复杂。

3. 星形拓扑结构

星形拓扑结构（见图 5-5）是一种以中心节点为中心，把若干外围节点连接起来的辐射式互连结构，传输介质通常采用双绞线。每个外围节点都采用单独的链路与中心节点连接，故障定位和维护简单。中心节点可以是转接中心，起到连通的作用，也可以是一台主机，此时就具有数据处理和连接的功能。

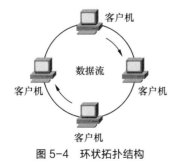

图 5-4　环状拓扑结构

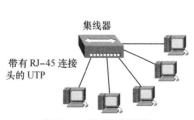

图 5-5　星形拓扑结构

星形网络的特点是安装容易、结构简单、成本低，在网络中增加或删除节点容易，易实现数据的安全性和优先级控制，易实现网络监控。但其属于集中式控制，对中心节点的依赖性大，一旦中心节点有故障就会引起整个网络的瘫痪。

4．混合拓扑结构

混合拓扑结构是指由星形拓扑结构和总线拓扑结构结合在一起形成的网络结构，如图5-6所示，有时也称为树状拓扑结构。混合拓扑结构就像一棵"根"朝上的树，网络的各节点形成了一个层次化的结构。混合拓扑结构兼顾了星形网络与总线型网络的优点，解决了星形网络在传输距离上的局限，也解决了总线型网络连接用户数量的限制，更能满足较大网络的拓展。这种拓扑结构的网络一般采用同轴电缆作为传输介质，用于军事单位、政府部门等上、下界限相当严格和层次分明的部门。

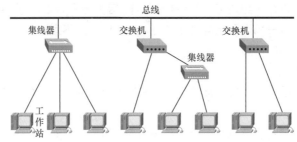

图 5-6　混合拓扑结构

混合拓扑结构的网络的优点是容易扩展，易对故障进行分离，可靠性高；缺点是整个网络对根的依赖性很大，一旦网络的根发生故障，整个系统就无法正常工作。

混合拓扑结构主要用于较大型的局域网中，如果一个单位有几幢在地理位置上分布较远（指同一小区中）的建筑物，单用星形拓扑结构将它们连接起来会受双绞线的单段传输距离（100 m）的限制，单用总线拓扑结构将它们连接起来则很难满足计算机网络规模的需求。如果将这两种拓扑结构相结合，在同一楼层采用双绞线的星形拓扑结构，不同楼层采用同轴电缆的总线拓扑结构，楼与楼之间也采用总线拓扑结构，则能很好地解决这个问题。这时传输介质要根据距离来选择，楼与楼之间的距离较近（500 m 以内）时，可采用粗同轴电缆来作为传输介质，在 180 m 之内还可采用细同轴电缆来作为传输介质，超过 500 m 时，一般采用光纤或者粗缆加中继器来实现数据传输。

5.3.2　介质访问控制方法

网络拓扑结构与介质访问控制方法紧密相关，确定了拓扑结构，就相应地确定了介质访问控制方法。例如，总线拓扑结构主要采用带冲突检测的载波监听多路访问的访问控制方法，也可采用令牌总线的访问控制方法。对于环状拓扑结构，则主要采用令牌环的访问控制方法。拓扑结构、介质访问控制方法和介质种类一旦确定，在很大程度上就决定了网络的响应时间、吞吐率和利用率等各种特性。因此，在选择局域网的类型时，应根据用户需求，权衡性能价格比等多种因素，切忌草率行事。

1．带冲突检测的载波监听多路访问方法

（1）载波监听多路访问。以太网是以"包"为单位传送信息的。在总线上，如果某个工作站有信息包要发送，它在发送信息包之前，要先检测总线是"忙"还是"空闲"，如果"忙"，则发送节点会随机延迟一段时间，再次去检测总线；若是"空闲"，则开始发送信息包。像这种在发送数据前进行载波监听，然后采取相应动作的协议，人们称其为载波监听多路访问（Carrier Sense Multiple Access，CSMA）协议。

（2）带冲突检测的载波监听多路访问。载波监听多路访问方法降低了冲突概率，但仍不能完全避免冲突。例如，若两个节点同时对信道进行测试，测试结果为空闲，则两个节点就会同时发送信息包，必然引起冲突。又如，当某一节点 B 测试信道时，另一节点 A 已在发送信息包，但由于总线较长，信号传输有一定时延，在节点 B 测试总线时，节点 A 发出的载波信号并未到达 B，此时节点 B 误认为信道空闲，立即向总线发送信息包，从而引起信息包的冲突。

为了避免冲突的发生，在 CSMA 的控制方法上再增加冲突检测，就是带冲突检测的载波监听多路访问（CSMA/CD）控制方法。

总线拓扑结构的通信方式一般采用广播形式，通过 CSMA/CD 方法来减少和避免冲突的发生。CSMA/CD 方式遵循"先听后发，边听边发，冲突停发，随机重发"的原理来控制数据包的发送。CSMA/CD 的工作流程如图 5-7 所示。

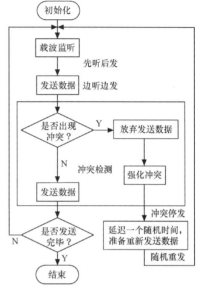

图 5-7 CSMA/CD 的工作流程

2. 令牌环访问控制方法

令牌环技术最早于 1969 年在贝尔实验室研制的 Newhall 环上采用，1971 年提出了其改进算法，即分槽环。令牌环标准在 IEEE 802.5 中定义。

令牌环网的传输速率为 4 Mbit/s 或 16 Mbit/s，多数采用星形环结构，所有节点在逻辑上构成一个闭合的环路。

令牌环技术是在环路上设置一个令牌，令牌实际上是一个特殊格式的帧。当所有的节点都空闲时，令牌就不停地在环网上转。当某一个节点要发送信息时，其必须在令牌经过它时获取令牌（注意：此时经过的令牌必须是一个空令牌），并把这个空令牌设置成满令牌，然后开始发送信息包。此时环上没有了令牌，其他节点想发送信息就必须等待。要发送的信息随同令牌在环上单向运行，当信息包经过目的节点时，目的节点根据信息包中的目的地址判断出自己是接收节点，就把该信息复制到自己的接收缓冲区，信息包继续在环上运行，回到发送节点，并被发送节点从环上卸载下来。发送节点将回来的信息与原来的信息进行比较，若没有出错，则信息发送完毕。与此同时，发送节点向环上插入一个新的空令牌，其他要发送信息的节点即可获得它并传输数据。令牌环的工作原理如图 5-8 所示。

令牌环的主要优点是它提供对传输介质访问的灵活控制，且在负载很重的情况下，这种令牌环的控制策略是高效和公平的。它的主要缺点有两个，一个是在轻负载的情况下，传输信息包前必须等待一个空令牌的到来，这样导致效率低；另一个是需要对令牌进行维护，一旦令牌丢失，环网便不能运行，所以在环路上要设置一个节点作为环上的监控节点，以保证环上有且仅有一个令牌。

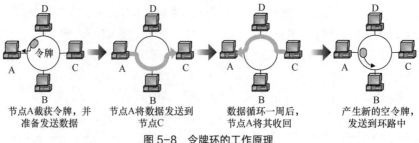

图 5-8　令牌环的工作原理

| 提示 | 环状网络中信息流只能是单方向的，每个收到信息包的节点都向它的下游节点转发该信息包。只有获取了令牌的节点才可以发送信息，每次只有一个节点能发送信息，目的节点从环上复制信息包。 |

3. 令牌总线访问控制方法

（1）令牌总线网的产生。总线网络结构简单，在节点数量少时，传输速率快；由于采用了 CSMA/CD 控制策略，以竞争方式随机访问传输介质，肯定会有冲突发生，一旦发生冲突就必须重新发送信息包；当节点超过一定数量时，网络的性能会急剧下降。

在令牌环网中，无论节点数多少，都只在令牌空闲时才进行通信；由于采取按位转发方式及对令牌进行控制，监视占用了部分时间，因此节点数少时，其传输速率低于总线网络。

令牌总线网综合了两者的优点，在物理总线结构中实现令牌传递控制方法，构成逻辑环路，这就是 IEEE 802.4 的令牌总线介质访问控制技术。因此，令牌总线网在物理上是一个总线网，采用同轴电缆或光纤作为传输介质；在逻辑上是一个环网，采用令牌来决定信息的发送。

令牌总线网的典型代表是美国 Data Point 公司研制的附加资源计算机（Attached Resource Computer，ARC）网络，其结构如图 5-9 所示，各节点的连接顺序如图 5-10 所示。

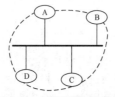

图 5-9　令牌总线网的结构

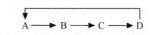

图 5-10　令牌总线网上各节点的连接顺序

（2）令牌总线的工作原理。在令牌总线网中，所有节点都按次序分配到一个逻辑地址，每个工作节点都知道在其之前的节点（前驱）和在其之后的节点（后继）标识，第一个节点的前驱是最后一个节点的标识，而且物理上的位置与其逻辑地址无关。

一个叫作令牌的控制帧规定了访问的权利。对总线上的每一个工作站而言，如果需发送数据，则必须在得到令牌以后才能发送，即拥有令牌的节点才被允许在指定的一段时间内访问传输介质。当该站发送完信息，或是时间用完后，就将令牌交给逻辑位置上紧接在它后面的那个节点，那个节点由此得到允许数据发送权。这样既保证了发送信息过程中不发生冲突，又确保了每个节点都有公平访问权。

5.3.3 传输介质

从网络的基本定义可以发现，网络中的计算机要相互传送信息必须进行连接，连接就需要使用传输介质。根据网络的连接方式，可将传输介质分为有线传输介质和无线传输介质两种。局域网常用的有线传输介质有双绞线、同轴电缆、光纤等，无线传输介质有无线电波、微波或红外线等。传输介质的选择取决于诸多因素：网络拓扑结构、实际需要的通信容量、可靠性要求、能承受的价格。

在局域网中，双绞线是十分廉价的传输介质，非屏蔽 5 类双绞线的传输速率可达 100 Mbit/s，在局域网中被广泛使用。

同轴电缆是一种较好的传输介质，它具有数据吞吐量大、可连接设备多、性能价格比较高、安装和维护方便等优点。

光纤具有宽带、数据传输率高、抗干扰能力强、传输距离远等优点，但光纤和相应的网络配件价格较高，而且光纤的连接和切割需要较高的技术，需要经过专门培训。

当某些特殊的场合不便使用有线传输介质时，就可以采用无线传输介质来传输信号。

5.4 以太网技术

我们经常提到"以太网连接"这个词，究竟"以太网"是什么网，与局域网有什么区别和联系呢？

5.4.1 以太网的产生与发展

以太网是当今现有局域网采用的通用的通信协议标准，与 IEEE 802.3 系列标准相类似，它不是一种具体的网络，而是一种技术规范。该标准定义了在局域网中采用的电缆类型和信号处理方法，使用 CSMA/CD 技术，并以 10 Mbit/s 的数据传输速率运行在多种类型的电缆上。

以太网技术是适应社会需求的结果。20 世纪 70 年代，施乐（Xerox）公司的工程师 Metcalfe 和同事们为了计算机的互连而开发了一个实验性网络系统。1973 年，Metcalfe 认为他们研究的实验性网络用"Ether"（系统的基本特征）描述最准确，因此提出了"Ethernet"，这就是以太网技术的诞生。

随后，以太网由 Xerox、英特尔和 DEC 公司联合进行开发，公布了 DIX 1.0。当时，IEEE 组建了一个定义与促进工业 LAN 标准、以办公室环境为主要目标的 802 工程。为了将 DIX 国际标准化，IEEE 802 工程于 1981 年组成了 802.3 委员会，这就是 IEEE 802.3 标准的由来。

5.4.2 传统以太网技术

传统以太网就是通常所说的 10 Mbit/s 以太网，IEEE 802.3 确立了 4 种规范，如图 5-11 所示。

1. 10BASE-5

（1）10BASE-5 是 1983 年面世的，是出现最早的以太网，通常称为粗缆以太网，其具体含义如图 5-12 所示。

（2）粗缆（粗同轴电缆）以太网，电缆的两端有 50Ω 的终端电阻，每网段允许连接 100 个节点，单个网段的最大长度不超过 500 m，如果网络长度必须超过 500 m，则需要使用中继器进行信号放大，延伸网络长度。

图 5-11　IEEE 802.3 的规范　　　　　图 5-12　10BASE-5 的含义

在网络的扩展中，最多使用 4 个中继器连接 5 个网段，因此最大网络距离是 2500 m。在连接的 5 个网段中，只允许 3 个网段连接计算机，其余两个网段只用来扩展网络距离。这就是通常所说的 5—4—3 中继规则。

2. 10BASE-2

（1）10BASE-2 采用阻抗为 50Ω、RG58 的细同轴电缆作为传输介质，传输 10 Mbit/s 的基带信号，网络中每一段电缆的最大长度不超过 200 m，具体值为 185 m。

（2）10BASE-2 网络的每个网段允许连接 30 个节点，单个网段的最大长度是 185 m，因此最大的网络距离是 925 m。其同样适用 5—4—3 中继规则。

3. 10BASE-T

（1）10BASE-T 网络采用 3 类以上双绞线作为传输介质，传输 10 Mbit/s 的基带信号，T 表示双绞线。

（2）10BASE-T 网络的端口通常为 RJ-45 接口，采用以集线器为中心的连接方式，每台计算机到集线器的连接采用双绞线，其最大长度不超过 100 m。

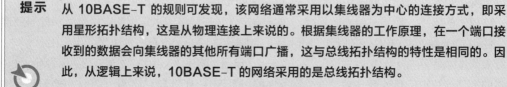

提示　从 10BASE-T 的规则可发现，该网络通常采用以集线器为中心的连接方式，即采用星形拓扑结构，这是从物理连接上来说的。根据集线器的工作原理，在一个端口接收到的数据会向集线器的其他所有端口广播，这与总线拓扑结构的特性是相同的。因此，从逻辑上来说，10BASE-T 的网络采用的是总线拓扑结构。

4. 10BASE-F

（1）10BASE-F 网络采用光纤作为传输介质，传输 10 Mbit/s 的基带信号，F 表示光纤。

（2）10BASE-F 网络可用同步有源星形或无源星形结构来实现，最大网络长度分别为 500 m 和 200 m。

5.4.3　高速以太网技术

随着计算机的普及，网络的应用要求越来越高，10 Mbit/s 的数据传输速率已经不能满足通信要求。传统以太网技术是共享介质的，采用 CSMA/CD 的介质访问控制方法，当网络中节点数目增多、通信负荷增大时，网络中的冲突和重发现象频繁出现，使得网络效率急剧下降，服务质量变差。

为了解决网络规模和网络性能之间的矛盾,改善局域网的性能,人们对网络技术进行了大量研究,针对传统以太网共享介质的特点,提出了以下 3 种改善局域网性能的方案。

(1)提高以太网数据传输速率,从 10 Mbit/s 提高到 100 Mbit/s、1000 Mbit/s 等,这就是高速以太网技术。但是其介质访问控制方法仍采用 CSMA/CD 技术。

(2)将大型局域网划分成多个子网,通过减少每个子网内部节点数的方法,使每个子网的性能得到改善,介质访问控制方法仍采用 CSMA/CD 技术。

(3)将介质访问控制方法改为交换方式,用交换机替代集线器,这就是交换式网络。

1. 快速以太网

数据传输速率为 100 Mbit/s 的以太网技术称为快速以太网(Fast Ethernet)技术。1995年,IEEE 802.3 委员会正式批准了 Fast Ethernet 802.3u 标准,规定了 4 种有关传输介质的标准,如表 5-2 所示。

表 5-2 快速以太网标准

标准	传输介质	特性阻抗	最大网段长	说明
100BASE-TX	2 对 5 类 UTP	100 Ω	100 m	采用全双工工作方式,一对用于发送数据,另一对用于接收数据
	2 对 STP	150 Ω		
100BASE-FX	1 对单模光纤	8/125 μm	40000 m	主要用于高速主干网
	1 对多模光纤	62.5/125 μm	2000 m	
100BASE-T4	4 对 3 类 UTP	100 Ω	100 m	3 对用于数据传输,1 对用于冲突检测
100BASE-T2	2 对 3 类 UTP	100 Ω	100 m	—

2. 吉比特以太网

数据传输速率为 1000 Mbit/s 的网络称为吉比特以太网(Gigabit Ethernet,行业内习惯称其为千兆以太网)。1996 年,IEEE 802.3 委员会正式成立了 802.3z 工作组,制定了 1000BASE-SX、1000BASE-LX、1000BASE-CX 标准,主要研究使用光纤与短距离屏蔽双绞线的物理层标准。1997 年,IEEE 802.3 委员会正式成立了 802.3ab 工作组,制定了 1000BASE-T 标准,主要研究使用长距离光纤与非屏蔽双绞线的物理层标准。吉比特以太网标准如表 5-3 所示。

表 5-3 吉比特以太网标准

标准	传输介质	信号源	说明
1000BASE-SX	50 μm 多模光纤	短波激光	全双工工作方式,最长传输距离为 260 m
	62.5 μm 多模光纤		全双工工作方式,最长传输距离为 525 m
1000BASE-LX	9 μm 单模光纤	长波激光	全双工工作方式,最长传输距离为 3000 m
	50 μm、62.5 μm 多模光纤		全双工工作方式,最长传输距离分别为 525 m 和 550 m
1000BASE-CX	150 Ω 平衡屏蔽双绞线	—	最长有效传输距离为 25 m,使用 9 芯 D 型连接器连接电缆
1000BASE-T	5 类、超 5 类、6 类或者 7 类非平衡屏蔽双绞线	—	最长有效传输距离为 100 m

3. 万兆以太网

随着计算机技术的迅猛发展和社会应用需求的激增，越来越多的服务器采用吉比特以太网作为上连技术，数据中心或群组网络的骨干带宽相对增加，以吉比特或吉比特捆绑作为平台已不能满足需求，以太网进一步升级势在必行。

技术的升级不能忽略或抛弃以前的投入和规模，必须综合服务质量和投资成本。因此，进一步升级到万兆以太网技术是最佳选择。万兆以太网技术基本承袭过去以太网、快速以太网及吉比特以太网的技术，在用户的普及率、使用的方便性、网络的互操作性及简易性上皆占有较大优势，用户不需担心既有的程序或服务是否会受到影响，因此升级的风险是非常低的。

1999 年底成立了 IEEE 802.3ae 工作组，进行万兆以太网（10 Gbit/s）技术的研究，并于2002 年正式发布 IEEE 802.3ae 10GE 标准。

 提示 以太网的带宽根据应用的需求将进一步提高，还可能升级到四万兆（40 Gbit/s）、十万兆（100 Gbit/s）。

5.5 局域网连接设备

 为了达到资源共享的目的，现需要将某办公室内的多台计算机组成一个局域网络，这需要哪些网络连接设备呢？

5.5.1 网卡

1. 网卡简介

网络接口卡（Network Interface Card，NIC）简称网卡，又叫作网络适配器，是连接计算机和网络硬件的设备，它一般插在计算机的主板扩展槽中，它的标准是由 IEEE 来定义的。网卡工作于 OSI 参考模型的底层，也就是物理层。网卡的类型不同，与之对应的网线或其他网络设备也不同，不能盲目混合使用。

V5-1　局域网
连接设备

2. 网卡的工作原理

网卡的工作原理如下：整理计算机中要发往网络的数据，并将数据分解为适当大小的数据包之后向网络发送出去。每块网卡都有一个唯一的网络节点地址，也就是 MAC 地址，它是网卡生产厂家在生产时写入 ROM 的，且保证唯一。

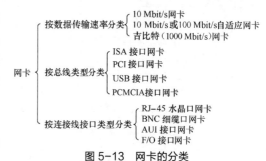

图 5-13　网卡的分类

3. 网卡的分类

根据不同的分类标准，网卡可以分为不同的种类，如图 5-13 所示。

（1）按数据传输速率分类。按数据传输速率，网卡主要有 10 Mbit/s 网卡、10 Mbit/s 或

100 Mbit/s 自适应网卡及吉比特（1000 Mbit/s）网卡等。目前经常用到的是 10 Mbit/s 网卡和
10 Mbit/s 或 100 Mbit/s 自适应网卡的价格便宜，比较适用于个人用户和普通服务器，10 Mbit/s
或 100 Mbit/s 自适应网卡在各方面都要优于 10 Mbit/s 网卡。吉比特（1000 Mbit/s）网卡主要
用于高速的服务器。

（2）按总线类型分类。目前主要有 ISA 接口网卡、PCI 接口网卡、USB 接口网卡和笔记本
电脑专用的 PCMCIA 接口网卡等。

USB 接口网卡主要用于满足没有内置网卡的笔记本电脑用户，它通过主板上的 USB 接口引出。

（3）按连接线接口类型分类。针对不同的传输介质，网卡提供了相应的接口。适用于非屏蔽
双绞线的网卡提供了 RJ-45 接口；适用于细同轴电缆的网卡提供了 BNC 接口；适用于粗同轴
电缆的网卡提供了 AUI 接口；适用于光纤的网卡提供了 F/O 接口。

目前，有一些网卡同时提供 2 种甚至 3 种接口，用户可依据自己所选的传输介质选用相应的
网卡。

5.5.2　中继器

中继器又称为转发器，它是局域网连接中非常简单的设备，作用是将因传输而衰减的信号进
行放大、整形和转发，从而扩展局域网的距离。

使用中继器连接局域网时，要注意以太网的 5—4—3 中继规则。所谓"5—4—3 中继规
则"，是指在 10 Mbit/s 以太网中，网络总长度不得超过 5 个区段，4 台网络延长设备，且 5 个区
段中只有 3 个区段可接网络设备，即一个网段最多只能分为 5 个子网段，一个网段最多只能有 4
个中继器，一个网段最多只能有 3 个子网段含有计算机。当中继器的两个接口相同时，可以连接
使用相同介质的网段。例如，接口为 AUI 类型时，连接两个 10BASE-5 的网段；接口为 BNC
类型时，连接两个 10BASE-2 的网段。当中继器的两个接口不同时，可以连接使用不同介质的
网段。例如，用中继器实现 10BASE-2 和 10BASE-5 的互连，如图 5-14 所示。图中表示中继
器的一个接口为 AUI，另一个为 BNC。10BASE-5 的单网段最大长度为 500 m。10BASE-2
（总线型网络）每一个区段的架设规则：每一个区段的最长延伸距离为 185 m，最多可接 30 台网
络设备，每两台网络设备间的最小距离为 0.5 m，每一个区段两端各接一个 50Ω 终端电阻器用来
终止电气信号。

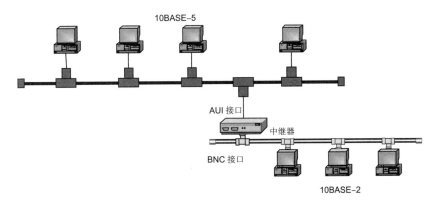

图 5-14　用中继器实现 10BASE-2 和 10BASE-5 的互连

5.5.3　交换机

1．交换机简介

交换机也叫作交换式集线器，是局域网中的一种重要设备，它可将用户收到的数据包根据目的地址转发到相应的端口。交换机与一般集线器的不同之处如下：集线器是将数据包转发到所有的集线器端口，即同一网段的计算机共享固有的带宽，传输通过碰撞检测进行，同一网段计算机越多，传输碰撞就越多，传输速率就会变慢；而交换机每个端口为固定带宽，有独特的传输方式，传输速率不受计算机台数增加的影响。

2．交换技术

（1）端口交换。端口交换技术最早出现在插槽式的集线器中，这类集线器的背板通常划分有多条以太网段（每条网段为一个广播域），不同网段是互不相通的。以太主模块插入后通常被分配到某个背板的网段上，端口交换用于将以太模块的端口在背板的多个网段之间进行分配、平衡。根据支持的程度，端口交换还可细分为如下几类。

- 模块交换：将整个模块进行网段迁移。
- 端口组交换：通常模块上的端口被划分为若干组，每组端口允许进行网段迁移。
- 端口级交换：支持每个端口在不同网段之间进行迁移，这种交换技术是基于 OSI 参考模型的物理层完成的，具有灵活和负载平衡等优点。如果配置得当，则还可以在一定程度上容错，但没有改变共享传输介质的特点，不能称之为真正的交换。

（2）帧交换。帧交换是目前应用非常广泛的局域网交换技术，它通过对传统传输介质进行微分段提供并行传送的机制，以减小冲突域，获得高带宽。一般来讲，各企事业单位的产品实现技术均会有差异，但对网络帧的处理方式一般有以下几种。

- 直通交换：提供快速处理能力，交换机只读出网络帧的前 14 字节，便将网络帧传送到相应的端口上。
- 存储转发：通过对网络帧的读取进行检错和控制。

前一种方法的交换速度非常快，但缺乏对网络帧进行更高级的控制，缺乏智能性和安全性，也无法支持具有不同速率的端口的交换。

（3）信元交换。ATM 代表网络和通信技术发展的未来方向，是解决目前网络通信中众多难题的一剂"良药"。ATM 采用固定长度（53 字节）的信元进行交换。由于长度固定，因而便于用硬件实现。ATM 采用专用的非差别连接和并行运行，可以通过一台交换机同时建立多个节点，但并不会影响每个节点之间的通信能力。ATM 还允许在源节点和目的节点间建立多个虚拟链接，以保障足够的带宽和容错能力。ATM 采用统计时分电路进行复用，因而能大大提高通道的利用率。ATM 的带宽可以达到 25 Mbit/s、155 Mbit/s、622 Mbit/s，甚至数 Gbit/s。

3．交换机的分类

交换机的分类方法有多种。从网络覆盖范围划分，有广域网交换机和局域网交换机两种。广域网交换机主要用于电信城域网互连、Internet 接入等领域的广域网中，提供通信基础平台；局域网交换机用于局域网络，用于连接终端设备，如服务器、工作站、集线器、路由器、网络打印机等，提供高速独立通信通道。

局域网交换机又可以划分为多种不同类型。下面介绍局域网交换机的主要分类标准。

（1）根据交换机使用的网络传输介质与传输速率分类。根据交换机使用的网络传输介质与传输速率的不同，可以将局域网交换机分为以太网交换机、快速以太网交换机、吉比特以太网交换机、10 吉比特以太网交换机、ATM 交换机、FDDI 交换机等，其特点如表 5-4 所示。

表 5-4　根据交换机使用的网络传输介质与传输速率分类及其特点

交换机类型	特点
以太网交换机	用于带宽在 100 Mbit/s 以下的以太网
快速以太网交换机	用于 100 Mbit/s 以太网，传输介质可以是双绞线或光纤
吉比特以太网交换机	带宽可以达到 1000 Mbit/s，传输介质有光纤、双绞线两种
10 吉比特以太网交换机	用于骨干网段，传输介质为光纤
ATM 交换机	用于 ATM 网络的交换机
FDDI 交换机	可达到 100 Mbit/s，接口均为光纤接口

（2）根据交换机应用的网络层次分类。根据交换机应用的网络层次，可以将网络交换机划分为企业级交换机、校园网交换机、部门级交换机、工作组交换机和桌面型交换机 5 种，其特点如表 5-5 所示。

表 5-5　根据交换机应用的网络层次分类及其特点

交换机类型	特点
企业级交换机	采用模块化的结构，可作为企业网络骨干构建高速局域网
校园网交换机	主要应用于较大型网络，且一般作为网络的骨干交换机
部门级交换机	面向部门级网络使用，采用固定配置或模块配置
工作组交换机	一般为固定配置
桌面型交换机	低档交换机，只具备最基本的交换机特性，价格低

（3）根据 OSI 参考模型的分层结构分类。根据 OSI 参考模型的分层结构，交换机可分为二层交换机、三层交换机、四层交换机等，其特点如表 5-6 所示。

表 5-6　根据 OSI 参考模型的分层结构分类及其特点

交换机类型	特点
二层交换机	工作在 OSI 参考模型的第二层（数据链路层）上，主要功能包括物理编址、错误校验、帧序列及流控制，是较便宜的方案。它在划分子网和广播限制等方面提供的控制较少
三层交换机	工作在 OSI 参考模型的网络层，具有路由功能，它将 IP 地址信息提供给网络路径选择，并实现不同网段间数据的线速交换。在大中型网络中，三层交换机已经成为基本配置设备
四层交换机	工作于 OSI 参考模型的第四层，即传输层，直接面对具体应用。目前，由于这种交换技术尚未真正成熟且相关设备昂贵，因此四层交换机在实际应用中较少见

113

5.6 虚拟局域网

某公司在发展之初员工较少，对网络要求不高，仅采用路由器对网络进行简单分段，局域网的每个广播数据包都将发送到相应网段的所有设备，而不管这些设备是否需要。随着公司规模的不断扩大，部门员工增多，无法集中办公；且某些部门（如财务部门）的安全性要求不断提高，需要单独划分网段来保证数据安全。该怎么解决以上问题呢？

5.6.1 VLAN 的产生

在传统的局域网中，一个工作组通常在同一个网段中，每个网段可以是一个逻辑工作组或子网，多个逻辑工作组之间通过实现互连的交换机或路由器来交换数据。当一个工作组中的一个节点要转移到另一个工作组时，就需要将节点计算机从一个网段撤出，并连接到另一个网段中，甚至需要重新进行布线。这就是说，逻辑工作组的组成要受节点所在网段物理位置的限制。

虚拟局域网（Virtual Local Area Network，VLAN）以交换式网络为基础，把网络中的用户（终端设备）分为若干个逻辑工作组，每个逻辑工作组就是一个 VLAN。虚拟网络建立在局域网交换机上，以软件方式实现逻辑工作组的划分与管理，逻辑工作组的节点组成不受物理位置的限制。同一逻辑分组的成员可以分布在相同的物理网段中，也可以分布在不同的网络中。图 5-15 显示了典型 VLAN 的物理结构和逻辑结构。

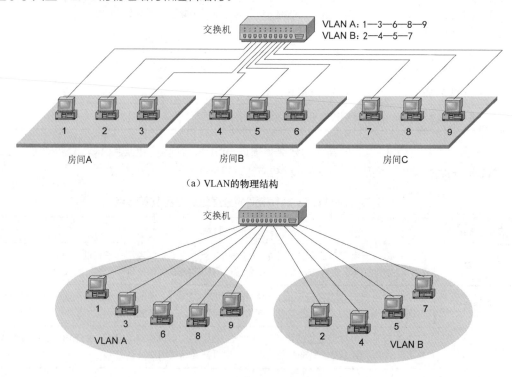

（a）VLAN的物理结构

（b）VLAN的逻辑结构

图 5-15　典型 VLAN 的物理结构和逻辑结构

IEEE 于 1999 年颁布了用以标准化 VLAN 实现方案的 802.1q 协议标准草案。VLAN 并不是一种新型的局域网技术，而是交换网络为用户提供的一种服务。当遇到以下所列出的某一情况时，就可以采用划分虚拟局域网的方法来满足需求。

（1）需要对广播数据包进行隔离操作，数据包只发送给某一些网段。

（2）由于人员增加，部门无法集中办公，同一个网段的人员可能不在同一个物理位置。

（3）诸如财务部门等有特殊安全要求的部门需要与外部通信，但要保证不泄露内部秘密。

5.6.2 VLAN 的优点

VLAN 与普通局域网从原理上讲没有什么不同，但从用户使用和网络管理的角度来讲，VLAN 与普通局域网最基本的差异体现在：VLAN 并不局限于某一网络或物理范围，VLAN 用户可以位于城市内的不同区域，甚至位于不同国家。总体来说，VLAN 的优点有以下几个。

（1）提高了网络构建的灵活性。通过划分虚拟局域网，能把一个物理局域网划分成多个逻辑上的子网，而不必考虑具体的物理位置。如图 5-15 所示，VLAN A、VLAN B 中的工作站可以位于不同的楼层、不同的办公室，它们不受物理位置的限制。

（2）提高了网络的安全性。一个 VLAN 就是一个广播域，广播流量被限制在 VLAN 内，VLAN 内部主机间的通信不会影响其他 VLAN 的主机，降低了数据被窃听的可能性，提高了安全性。

（3）减少网络流量，节约带宽。VLAN 技术把网络划分成逻辑上的广播域，避免了信息不必要的广播。

（4）VLAN 为内部成员间提供低延迟、线速的通信。

（5）简化网络管理。据统计，传统的 LAN 中约有 70% 的网络花销是因为添加、删除、移动、更改网络用户而导致的。每当有一个用户加入局域网时，就会引发一系列的端口分配、地址分配、网络设备重新配置等网络管理任务。在使用 VLAN 技术后，这些任务都可以简化。举例来说，当某台计算机工作站从一个空间位置移动到另一个空间位置时，不需要为其重新手工配置网络属性，网络自身就能够动态地完成这项任务。这种动态管理网络的方式，给网络管理者和使用者都带来了极大的便利。

（6）减少设备投资。VLAN 技术可被用来创建逻辑的广播域，因而可以减少用于购买昂贵的路由器等广播域隔离设备的投资。

【慎思明辨】

VLAN 划分和 VLAN 隔离的意义类似，是指通过缩小广播范围，以避免"垃圾流量"占用过多网络带宽。在这样一个网络发达、信息爆炸的时代，我们也要学会进行适当的"信息屏蔽"与"信息隔离"，做一个清醒、理智的信息接收者。

（1）保持批判性思维，不盲目相信信息来源，用批判性思维去评估信息的真实性和可靠性。对于接收到的信息，要从多个角度进行思考，多方面求证，不要被虚假或片面的信息所误导。

（2）注重信息的质量。在接收信息时，不能只关注信息的数量，更要注重信息的质量。要选择一些可靠、权威的信息来源（如正规媒体、官方渠道等），以获取更加准确和可靠的信息。

（3）了解信息的背景。在接收信息时，要了解信息所处的背景，包括社会、政治、文化等方面的背景。要了解信息的产生和传播背景，以及信息所涉及的利益关系，从而更好地判断信息的真实性和可靠性。

（4）保持对信息的审慎态度。在接收信息时，要保持对信息的审慎态度，不要被情感左右。不要盲目相信信息来源的宣传或受其煽动，而是要用理智去分析及判断信息的真实性和可靠性。

（5）学习信息素养知识。信息素养是信息爆炸时代人们应具备的重要素养之一，包括信息的获取、评价、运用、创造等方面。学习信息素养知识，可以帮助我们更好地接收和处理信息，从而更好地适应信息爆炸时代。

5.6.3　VLAN 的划分

基于交换式的以太网要实现虚拟局域网，主要有 3 种途径：基于端口的虚拟局域网、基于 MAC 地址（网卡的硬件地址）的虚拟局域网和基于 IP 地址的虚拟局域网。

1. 基于端口的虚拟局域网

基于端口的虚拟局域网是将交换机按照端口进行分组，每一组定义为一个虚拟局域网。这些交换机端口分组可以在一台交换机上，也可以跨越几台交换机。例如，1 号交换机的端口 1 和 2 及 2 号交换机的端口 4、5、6、7 上的最终工作站组成了虚拟局域网 A，1 号交换机的端口 3、4、5、6、7、8 及 2 号交换机的端口 1、2、3、8 上的最终工作站组成了虚拟局域网 B，如图 5-16 所示。

基于端口的虚拟局域网是很实用的虚拟局域网，它保持了最常用的虚拟局域网成员定义方法，配置也相当直观和简单，即局域网中的节点具有相同的网络地址，不同的虚拟局域网之间进行通信需要通过路由器。

基于端口的虚拟局域网的缺点是灵活性不好。例如，当一个网络节点从旧端口移动到新端口时，如果新端口与旧端口不属于同一个虚拟局域网，则用户必须对该节点重新进行网络地址配置，否则该节点将无法进行网络通信。

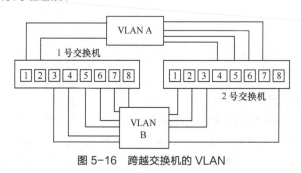

图 5-16　跨越交换机的 VLAN

 提示　在基于端口的虚拟局域网中，每个交换机的端口都可以属于一个或多个虚拟局域网组，比较适用于连接服务器。

2. 基于 MAC 地址的虚拟局域网

基于 MAC 地址的虚拟局域网在把网络中的工作站移动到不同物理位置时，不需要重新配置 VLAN，就可以同原 VLAN 内的成员通信，减少了网络管理员日常维护的工作量。但当更换网卡或增加工作站时，需要重新配置数据库，并需要手动建立 MAC 地址的数据库。

3. 基于 IP 地址的虚拟局域网

在基于 IP 地址的虚拟局域网中，新节点在入网时无须进行太多配置，交换机则根据各节点网络地址自动将其划分成不同的虚拟局域网。

基于 IP 地址的虚拟局域网的优点：可以按传输协议划分网段；用户可以在网络内部自由移动而不用重新配置自己的工作站；可以减少由于协议转换而造成的网络延迟。

基于 IP 地址的虚拟局域网的缺点：容易产生 IP 地址盗用；对设备要求较高，不是所有设备都支持这种方式。

在这 3 种虚拟局域网的实现技术中，基于 IP 地址的虚拟局域网智能化程度最高，实现起来也最复杂。一般采用第一种和第三种配合使用的方式。

5.6.4　VLAN 间的通信及其实现方法

1. VLAN 间的通信

VLAN 技术的主要作用是将地理位置不同的计算机按工作需要组合成一个逻辑网络，通过划分 VLAN 可缩小广播域，提高网络传输速率。由于处于不同 VLAN 的计算机之间不能直接通信，从而使网络的安全性能得到了很大提高。但事实上，在很多网络中，要求处于不同 VLAN 的计算机间能够相互通信，如何解决 VLAN 间的通信问题是规划 VLAN 时必须认真考虑的问题。

在 LAN 内的通信，是通过在数据帧头中指定通信目标的 MAC 地址来完成的。为了获取 MAC 地址，TCP/IP 下 ARP 解析 MAC 地址的方法是通过广播报文来实现的，因此如果广播报文无法到达目的地，就无从解析 MAC 地址，亦即无法直接通信。当计算机分属不同的 VLAN 时，就意味着分属不同的广播域，自然收不到彼此的广播报文，也就意味着属于不同 VLAN 的计算机之间无法直接互相通信。为了能够在 VLAN 间通信，需要利用 OSI 参照模型中更高一层——网络层的信息（IP 地址）来进行路由。在目前的网络互连设备中，能完成路由功能的设备主要有路由器和三层以上的交换机。

2. VLAN 间通信的实现方法

（1）通过路由器实现 VLAN 间的通信。使用路由器实现 VLAN 间通信时，路由器的连接方式有以下两种。

第一种：通过路由器的不同物理接口与交换机上的每个 VLAN 分别进行连接，即"每个 VLAN 占用一个路由器接口"，如图 5-17 所示。

第二种：通过路由器的虚拟子接口与交换机的各个 VLAN 进行连接，即"每个 VLAN 占用一个虚拟子接口"，也叫作"单臂路由技术"，如图 5-18 所示。

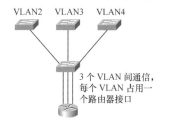

图 5-17　"每个 VLAN 占用一个路由器接口"
的 VLAN 通信方式

图 5-18　"每个 VLAN 占用一个虚拟子接口"
的 VLAN 通信方式

（2）用交换机代替路由器实现 VLAN 间的通信。目前，市场上有许多三层以上的交换机，厂家通过硬件或软件的方式将路由功能集成到交换机中，数据交换速率较快。因此，在大型园区网中通常用交换机代替路由器来实现 VLAN 间的通信。

用交换机代替路由器实现 VLAN 间通信的方式也有两种。

第一种：三层 VLANIF 接口方案。将每个 VLAN 配置为一个三层 VLANIF 逻辑接口，而这些 VLANIF 接口就作为对应 VLAN 内部用户主机的默认网关，通过三层交换机内部的 IP 路由功能可以实现同一交换机上不同 VLAN 间的三层互通，不同交换机上不同 VLAN 间的三层互通需要配置各 VLANIF 接口所在网段间的路由。

第二种：Dot1q 终结子接口方案。三层以太网子接口是一种同时具备三层以太网物理接口和二层以太网物理接口双重特性的逻辑接口，即它既具有三层以太网物理接口的三层路由功能，又具有二层以太网物理接口封装 VLAN 标签的特性。通过三层以太网子接口就可以实现不同 VLAN 间的三层互通。

下面主要介绍采用交换机实现 VLAN 间的通信。

5.6.5 实例分析

实例 5-1 如图 5-19 所示，某单位要完成一个项目，该项目有两个任务，现将两个任务分别分配给两个小组，小组一包括 PC1、PC2 计算机，小组二包括 PC3 计算机。在任务完成过程中，两个小组成员间不需要沟通和协商，是不能相互通信的。

分析：该任务要求小组内部能相互通信，而小组之间不能相互通信。将该网络划分为两个虚拟局域网，即 VLAN2 和 VLAN3，即可满足要求。

具体实施步骤如下。

（1）画出网络拓扑结构。

（2）按照网络拓扑结构连接好设备。

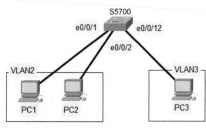

图 5-19 VLAN 划分情况

（3）规划 IP 地址与 VLAN。

将网络划分为两个 VLAN，PC1 和 PC2 为一个 VLAN，即 VLAN2；PC3 为另一个 VLAN，即 VLAN3。

（4）配置 IP 地址和网关。

- S5700 交换机设置 VLAN2（172.16.2.1/24）和 VLAN3（172.16.3.1/24）两个 VLAN。
- 将 PC1（IP 地址为 172.16.2.12/24）、PC2（IP 地址为 172.16.2.13/24）加入 VLAN2，PC1 与 PC2 的网关均为 172.16.2.1；将 PC3（IP 地址为 172.16.3.12/24）加入 VLAN3，PC3 的网关为 172.16.3.1。

（5）配置交换机。

```
<Huawei>system-view                                    //用户视图
[S5700]                                                //系统视图
[Huawei]sysname S5700                                  //将交换机名称改为 S5700
[S5700]vlan 2                                          //添加 VLAN2
[S5700-vlan2]quit                                      //退出 VLAN 视图
[S5700]vlan 3                                          //添加 VLAN3
[S5700-vlan3]quit                                      //退出 VLAN 视图
[S5700]interface e0/0/1                                //进入 e0/0/1 接口
[S5700-Ethernet0/0/1]port link-type   access          //设置接口模式为 Access 模式
[S5700-Ethernet0/0/1]port default vlan 2               //将接口加入 VLAN2
[S5700-Ethernet0/0/1]quit                              //退出 e0/0/1 接口
[S5700]interface e0/0/2
[S5700-Ethernet0/0/2]port link-type access             //设置接口模式为 Access 模式
[S5700-Ethernet0/0/2]port default vlan 2               //将接口加入 VLAN2
[S5700-Ethernet0/0/2]quit
[S5700]interface e0/0/12
[S5700-Ethernet0/0/12]port link-type access            //设置接口模式为 Access 模式
[S5700-Ethernet0/0/12]port default vlan 3              //将接口加入 VLAN3
[S5700-Ethernet0/0/12]quit
[S5700]interface vlan 2                                //进入 VLAN2 接口视图
[S5700-Vlanif2]ip address 172.16.2.1 24               //给 VLAN2 分配 IP 地址（即网关 IP 地址）
[S5700-Vlanif2]quit
[S5700]interface vlan 3
[S5700-Vlanif3]ip address 172.16.3.1 24               //给 VLAN3 分配 IP 地址（即网关 IP 地址）
[S5700-Vlanif3]quit
[S5700]quit
<S5700>save                                            //保存配置
```

提示　（1）交换机有两种视图，分别为用户视图、系统视图。

用户视图：与交换机建立连接即可进入用户视图，可查看交换机的简单运行状态和统计信息，提示符如"<Huawei>"。在该视图下，执行命令"quit"可以断开与交换机的连接。

系统视图：在用户视图下执行命令"system-view"即可进入系统视图，可以配置系统参数，如接口配置、VLAN 配置等。在该视图下，执行命令"quit""return"，或者按 Ctrl+Z 组合键可以返回用户视图。

（2）交换机的配置可以在真实的交换机上完成，也可以采用模拟软件 eNSP 完成。

（6）测试。

在 PC1 上 ping PC2，能 ping 通；在 PC1 上 ping PC3，不能 ping 通；在 PC2 上 ping PC3，不能 ping 通。

（7）结论。

从测试结果可得知，VLAN2 和 VLAN3 间不能通信。

> **提示** 每一个 VLAN 对应一个广播域；二层交换机没有路由功能，不能在 VLAN 之间转发帧，因而处于不同 VLAN 之间的主机不能进行通信；三层交换机支持 VLAN 间的路由，可以实现 VLAN 间的通信。

5.7 无线局域网

 某矿业公司需要在十几千米范围内的矿山上建立公司的计算机局域网，有十几个终端需要入网。但矿山山势险峻、沟壑陡峭，应该使用什么样的组网方案呢？

有线网络因为要受到布线的限制，所以布线、改线工程量大，线路容易损坏，网络中的各节点移动困难。特别是当要把相距较远的节点连接起来时，需要敷设专用通信线路，不但耗时，而且成本急剧增加。另外，有些场合（如大型广场）布线难度相当大，而使用又只是临时的。这些问题都对正在迅速扩大的联网需求形成了严重的瓶颈阻塞，限制了用户联网。

5.7.1 无线局域网技术

无线局域网可以在普通局域网基础上通过无线集线器（Hub）、无线接入点（Access Point，AP）、无线网桥、无线 Modem 及无线网卡等来实现，其中以无线网卡最为普遍，使用最多。无线局域网的关键技术，除了红外线技术、扩频技术、网同步技术外，还有调制技术、加解扰技术、无线分集接收技术、功率控制技术和节能技术等。无线局域网中最常用的技术是红外线技术和微波扩频通信技术。

1. 红外线技术

红外线局域网采用小于 1 μm 波长的红外线作为传输介质，有较强的方向性，受太阳光的干扰大，支持 1～2 Mbit/s 数据传输速率，适用于近距离通信。

2. 微波扩频通信技术

微波扩频通信技术覆盖范围大，具有较强的抗干扰、抗噪声和抗衰减能力，隐蔽性、保密性强，不干扰同频系统等性能特点，可用性很高。无线局域网主要采用微波扩频通信技术实现。

扩频技术即扩展频谱（Spread Spectrum，SS）技术。它通过对传送数据进行特殊编码，使其扩展为频带很宽的信号，其带宽远大于传输信号所需的带宽（其带宽是后者的数千倍），并使待传信号与扩频编码信号一起调制载波。

扩频技术主要有直接序列（简称直序）扩频技术和跳频扩频技术两种。

（1）直接序列扩频技术。所谓直接序列扩频，就是使用具有高码率的扩频序列，在发射端扩展信号的频谱，在接收端用相同的扩频码序列进行解扩，把展开的扩频信号还原成原来的信号。

（2）跳频扩频技术。跳频扩频技术与直接序列扩频技术完全不同，属于频率调制方式，是一种可避免干扰的技术。跳频的载波受伪随机码的控制，在其工作带宽范围内，其频率按随机规律不断改变。接收端的频率也按随机规律变化，并保持与发射端的变化规律一致。跳频的高低直接反映了跳频系统的性能，跳频越高，抗干扰的性能越好。

5.7.2　无线局域网标准

1. 无线局域网标准

无线局域网的标准有很多，具体如表 5-7 所示。

表 5-7　无线局域网标准

标准		说明
IEEE 802.11 系列	IEEE 802.11b	1999 年 9 月正式批准，工作在 2.4 GHz 频段上，最高传输速率为 11 Mbits/s，传输距离为 50～150 m
	IEEE 802.11a	1999 年发布，工作在 5 GHz 频段，最大传输速率为 54 Mbit/s。在相同发射功率下，其有效覆盖范围比 802.11b 小，穿透力也较弱
	IEEE 802.11g	2003 年发布，工作于 2.4 GHz 频段，是 IEEE 802.11b 的升级版，其最大传输速率提高到 54 Mbit/s，能够比 IEEE 802.11a 覆盖更远的距离
	IEEE 802.11n（Wi-Fi 4）	2009 年发布，既可工作于 2.4 GHz 频段，又可工作于 5 GHz 频段，向下兼容 IEEE 802.11b 和 IEEE 802.11g。当工作于 2.4 GHz 频段时，其最大传输速率可达 450 Mbit/s；当工作于 5 GHz 频段时，其最大传输速率可达 600 Mbit/s
	IEEE 802.11ac（Wi-Fi 5）	2013 年发布，工作在 5 GHz 频段。数据传输速率高达 6.91 Gbit/s。从此，WLAN 传输速率正式迈入"千兆时代"
	IEEE 802.11ax（Wi-Fi 6）	2019 年发布，工作在 2.4 GHz 或者 5 GHz 频段。向下兼容 IEEE 802.11b 和 IEEE 802.11a/b/g/n/ac。在 2.4 GHz 频段，数据传输速率高达 1.15 Gbit/s；在 5 GHz 频段，数据传输速率最高可达 9.6 Gbit/s
HiperLAN 标准（由欧洲电信标准化协会的宽带无线电接入网络制定）	HiperLAN1	用于高速 WLAN 接入
	HiperLAN2	
	Hiper Link	用于室内无线主干系统
	Hiper Access	用于室外对有线通信设施提供固定接入
红外技术		红外局域网系统采用波长小于 1 μm 的红外线作为传输介质，该频谱在电磁光谱中仅次于可见光，不受无线电管理部门的限制。 红外信号要求视距传输，方向性强，对邻近区域的类似系统也不会产生干扰，窃听困难。实际应用中，由于红外线具有很高的背景噪声，受日光、环境照明等影响较大，一般要求的发射功率较高。 红外 WLAN 仍是目前"100 Mbit/s 以上、性能价格比高的网络"唯一可行的选择，主要用于设备的点对点通信
蓝牙技术		蓝牙技术是一种使用 2.45 GHz 的无线频带（ISM 频带）的通用无线接口技术，提供不同设备间的双向短程通信。 蓝牙技术面向移动设备间的小范围连接，它用来在较短距离内取代目前多种线缆连接方案。蓝牙技术克服了红外技术的缺陷，可穿透墙壁等障碍物，通过统一的短距离无线链路，在各种数字设备之间实现灵活、安全、低成本、小功耗的语音和数据通信。 其提供点对点和点对多点的无线连接。在任意一个有效通信范围内，其所有设备的地位都是平等的，更适合家庭组建无线局域网
HomeRF		工作在 2.4 GHz 频段，采用数字跳频扩频技术，速率为 50 跳/秒，有 75 个带宽为 1 MHz 的跳频信道

2. 常见标准的主要区别

常见标准的主要区别如表 5-8 所示。

表 5-8　常见标准的主要区别

技术	主要区别
红外技术	数据传输速率仅为 115.2 kbit/s，通信距离一般只有 1 m
蓝牙技术	数据传输速率为 1 Mbit/s，通信距离为 10 m 左右
802.11b/a/g	数据传输速率达到了 11 Mbit/s，有效距离长达 100 m，更具有"移动办公"的特点，可以满足用户运行大量占用带宽的网络操作需求，基本就像在有线局域网中一样。从成本来看，802.11b/a/g 比较廉价，适用于在办公室中构建无线网络

5.7.3　蓝牙技术

1. 蓝牙技术的由来

蓝牙（Bluetooth）技术是以公元 10 世纪统一丹麦和瑞典的斯堪的纳维亚国王的名字命名的。蓝牙计划由爱立信、IBM、诺基亚、英特尔和东芝 5 个公司发起，它的目标是提供一种通用的无线接口标准，用微波取代传统网络中错综复杂的电缆，在蓝牙设备间实现方便快捷、灵活安全、低成本且低功耗的数据和语音通信。

1998 年 5 月，这 5 个公司联合成立了蓝牙共同利益集团（Bluetooth Special Interest Group，Bluetooth SIG，现改称为蓝牙推广集团），目的是加速其开发、推广和应用。虽然蓝牙主要用来解决电话、数据终端等的连接组网问题，但是 SIG 也想将该技术应用到家电上去：家庭通过这种方式组成小型无线数据网，实现智能控制与管理。蓝牙技术的关键是很小的蓝牙芯片可以装在各种设备上，如手机、冰箱等。

此项无线通信技术公布后，迅速得到了包括摩托罗拉、3Com、朗讯、康柏、西门子等一大批公司的拥护，至今加盟 SIG 的公司已有 2000 多个，其中包括许多著名的计算机、通信及消费电子产品领域的企业，甚至包括汽车与照相机的制造商和生产厂家。

一项公开的技术规范能够得到工业界如此广泛的关注和支持，这说明基于此项技术的产品将具有广阔的应用前景和巨大的潜在市场。

2. 有关名词术语

（1）Piconet（微微网）：通过蓝牙技术连接在一起的所有设备被认为是一个 Piconet。

微微网的建立由两台设备（如便携式计算机和蜂窝电话）的连接开始，最多由 8 台设备构成。所有的蓝牙设备都是对等的，以同样的方式工作。

当一个微微网建立时，只有一台设备为主设备，其他设备均为从设备，并在一个微微网存在期间一直维持这一状况。

（2）Scatternet（分布式网络）：几个独立且不同步的 Piconet 组成一个 Scatternet。

（3）Master Unit：主单元，即在一个 Piconet 中，其时钟和跳频顺序被用来同步其他单元的设备。

（4）Slave Unit：从单元，即 Piconet 中不是主单元的所有其他设备。

（5）Mac Address：用来区分 Piconet 中各单元的长度为 3 位的地址。

（6）Parked Unit：暂停单元，即 Piconet 中与网络保持同步，但没有 Mac Address 的设备。

（7）Sniff and Hold Mode：呼吸与保持模式，与网络同步但进入睡眠状态以节省能源的一种工作模式。

3．蓝牙系统的组成

蓝牙系统由以下 4 部分组成。

（1）无线单元。

（2）链路控制单元。

（3）链路管理。

（4）软件功能定义。

4．蓝牙基带技术支持的两种连接类型

（1）同步的面向连接的链路类型。同步的面向连接的链路（Synchronous Connection-Oriented Link，SCO）类型为对称连接，主要用于传送语音，利用保留时隙传送数据包。连接建立后，Master Unit 和 Slave Unit 可以不被选中就发送 SCO 数据包。SCO 数据包既可以传送语音，又可以传送数据，但在传送数据时，只用于重发被损坏的那一部分的数据。

（2）异步无连接链路类型。异步无连接链路（Asynchronous Connectionless Link，ACL）类型主要用于传送数据包，即定向发送数据包，它既支持对称连接，又支持不对称连接。Master Unit 负责控制链路带宽，并决定 Piconet 中的每个 Slave Unit 可以占用多少带宽和连接的对称性。Slave Unit 只有被选中时才能传送数据。ACL 也支持接收 Master Unit 发送给 Piconet 中所有 Slave Unit 的广播消息。

同一个 Piconet 中不同的主从对可以使用不同的连接类型，且在一个阶段内可以任意改变连接类型。每个连接类型最多可以支持 16 种不同类型的数据包，其中包括 4 个控制分组，这一点对 SCO 和 ACL 来说都是相同的。这两种连接类型都使用时分双工（Time-Division Duplex，TDD）传输方案实现全双工传输。

5.7.4 实例分析

有两个公司需要进行信息交流，但它们之间有的地方地势险要，无法采用有线网络进行连接，只好采用无线网络连接来克服这个困难，弥补有线网络的不足。

无线网络组建一般采用两种模式：Ad-Hoc 模式与 Infrastructure 模式。Ad-Hoc 模式就是所谓的无中心结构，即无线对等网络，如图 5-20 所示；Infrastructure 模式就是有中心结构，如图 5-21 所示。

实例 5-2 组建图 5-22 所示的无线对等网。

图 5-20　无中心结构　　　　图 5-21　有中心结构　　　　图 5-22　无线对等网

（1）检查 PC1 的无线网卡是否支持无线 AP 功能。进入 PC1 的命令行界面，执行命令"netsh wlan show drivers"。如果输出中"支持的承载网络"显示为"是"，则说明 PC1 支持无线 AP 功能，如图 5-23 所示；如果为"否"，则说明不支持无线 AP 功能，可能需要更新无线网卡驱动程序。

```
C:\Windows\System32>netsh wlan show drivers

接口名称: WLAN

    驱动程序         : Qualcomm Atheros QCA9377 Wireless Network Adapter
    供应商           : Qualcomm Atheros Communications Inc.
    提供程序         : Qualcomm Atheros Communications Inc.
    日期             : 2021/7/12
    版本             : 12.0.0.1159
    INF 文件         : oem140.inf
    类型             : 固有 WLAN 驱动程序
    支持的无线电类型  : 802.11b 802.11a 802.11g 802.11n 802.11ac
    支持 FIPS 140-2 模式: 是
    支持 802.11w 管理帧保护 : 是
    支持的承载网络   : 是
```

图 5-23　检查 PC1 是否支持 AP 功能

（2）配置 PC1 无线网卡的 IP 地址和子网掩码，如图 5-24 所示。由于 PC1 和 PC2 处于同一网段，因此不用配置默认网关。

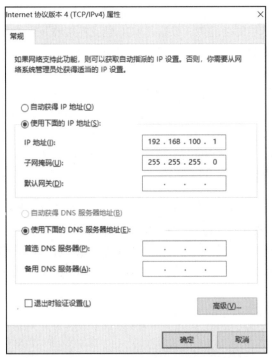

图 5-24　配置 PC1 无线网卡的 IP 地址和子网掩码

（3）在 PC1 的命令行中输入 netsh wlan set hostednetwork mode=allow ssid=hngy key= 00000000，创建 SSID 为 adhoc、密码为 hngy 的无线局域网，并执行命令"netsh wlan start hostednetwork"启动无线局域网，如图 5-25 所示。

图 5-25　在 PC1 上创建并启动 Ad-Hoc 无线局域网

（4）在 PC2 上搜索 adhoc 无线网络，并单击"连接"按钮，输入密码后单击"下一步"按钮，即可接入 adhoc 无线网络，如图 5-26 所示。

图 5-26　在 PC2 上连接 adhoc 无线网络

> **提示**　如果在客户机上没有搜索到可用的无线网络（即无线网络连接显示为断开状态），则可把两台计算机的位置调整在 **10 m** 以内。如果还不能搜索到该网络，则可以在系统托盘中单击无线网络连接图标，选择"网络和 **Internet** 设置"选项，单击"显示可用网络"按钮进行刷新，这样即可搜索并连接到可用网络。

（5）参照图 5-24 将 PC2 的 IP 地址设置为与 PC1 同网段的 192.168.100.2，子网掩码设置为 255.255.255.0。同时，在 PC1 上使用 ping 命令测试 PC1 和 PC2 的连通性，如图 5-27 所示。测试结果表明 PC1 和 PC2 之间网络互通，该 Ad-Hoc 网络组建成功。

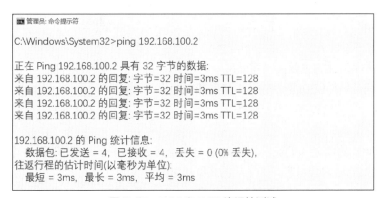

图 5-27　PC1 和 PC2 连通性测试

练习与思考

一、选择题

1. 下列关于 VLAN 的叙述中错误的是＿＿。
   A. VLAN 是由一些局域网网段构成的与物理位置无关的逻辑组
   B. 利用以太网交换机可以很方便地实现 VLAN
   C. 每一个 VLAN 的工作站可处在不同的局域网中
   D. 虚拟局域网是一种新型局域网

2. 在一个采用粗缆作为传输介质的以太网中，两个节点之间的距离超过 500m，那么最简单的方法是选用＿＿来扩大局域网的覆盖范围。
   A. 中继器　　　　　　B. 网桥　　　　　　C. 路由器　　　　　　D. 网关

3. 在局域网拓扑结构中，传输时间固定，＿＿拓扑适用于对数据传输实时性要求较高的局域网。
   A. 星形　　　　　　B. 总线　　　　　　C. 环状　　　　　　D. 树状

4. 关于无线局域网，下列叙述错误的是＿＿。
   A. 无线局域网可分为两大类，即有固定基础设施的和无固定基础设施的
   B. 无固定基础设施的无线局域网又叫作自组网络
   C. 有固定基础设施的无线局域网的 MAC 层不能使用 CSMA/CD 协议，而应使用 CSMA/CA 协议
   D. 移动自组网络和移动 IP 相同

5. 对于具有 CSMA/CD 媒体访问控制方法的错误叙述是＿＿。
   A. 信息帧在信道上以广播方式传播
   B. 只有检测到信道上没有其他节点发送的载波信号时，节点才能发送自己的信息帧
   C. 当两个节点同时检测到信道空闲后，同时发送自己的信息帧，肯定发生冲突
   D. 当两个节点先后检测到信道空闲后，先后发送自己的信息帧，肯定不发生冲突

6. 在局域网的层次结构中，可省略的层次是＿＿。
   A. 物理层　　　　B. 媒体访问控制层　　C. 逻辑链路控制层　　D. 网际层

7. 要把学校里行政楼和实验楼的局域网互连，可以通过＿＿实现。
   A. 交换机　　　　　　B. Modem　　　　　　C. 中继器　　　　　　D. 网卡

二、填空题

1. 决定局域网特性的主要技术要素是＿＿＿＿、＿＿＿＿和传输介质。

2. 局域网体系结构仅包含 OSI 参考模型的低两层，分别是＿＿＿＿层和＿＿＿＿层。

3. CSMA/CD 方式遵循"先听后发，＿＿＿＿，＿＿＿＿，随机重发"的原理控制数据包的发送。

4. 基于交换式的以太网要实现虚拟局域网主要有 3 种途径：基于端口的虚拟局域网、基于＿＿＿＿的虚拟局域网和基于＿＿＿＿的虚拟局域网。

5. 无线网络的组建一般可采用两种模式：Ad-Hoc 模式与＿＿＿＿模式。

6. 局域网参考模型可分为物理层、＿＿＿＿层和 LLC 层。

三、问答题

1. 什么是局域网？它有什么特点？

2. 网络的拓扑结构主要有哪些？

3. 在 CSMA/CD 中，什么情况下会发生信息冲突？怎样解决这个问题？简述其工作原理。

4. 简述令牌环的工作原理。

5. 什么是 VLAN？VLAN 有什么优点？

第6章
网络互连

06

本章导读

网络互连技术是计算机网络技术中的重要内容。本章主要讲解网络互连的基本概念、类型、层次、设备等。通过对本章的学习，应达成如下学习目标。

知识目标

1. 掌握网络互连的基本概念；
2. 了解网络互连的类型与层次；
3. 熟悉常见的网络互连设备，理解其工作原理。

技能目标

1. 能识别交换机、路由器等常见网络设备；
2. 能进行交换机、路由器等网络设备的相关配置。

素质目标

1. 通过了解国产网络设备厂商的快速崛起，树立科技报国、民族自信的理想信念；
2. 通过华为公司的发展史，学会正确面对困难和挫折，培养同困难斗争的决心和毅力。

6.1 网络互连的基本概念

 随着计算机技术、计算机网络技术和计算机通信技术的飞速发展，以及计算机网络的广泛应用，单一网络环境已经不能满足社会对信息网络的需求，通常需要将两个或多个计算机网络互连在一起，以实现更广泛的资源共享和信息交流。怎么实现多个网络的互连？什么是网络互连？

网络互连涉及的概念有很多。为了深刻理解网络互连的内涵和外延，下面对网络连接、网络互连、网络互通这 3 个概念进行解释。

V6-1　网络体系
结构

1. 网络连接

网络连接是指网络在应用级的互连。它是指一对同构或异构的端系统，通过由多个网络或中间系统所提供的接续通路来进行连接，目的是实现系统之间的端到端的通信。因此，网络连接是对连接于不同网络的各种系统之间的互连，它强调协议的接续能力，以保证完成端到端系统间的数据传递。

2. 网络互连

网络互连是指不同子网之间的互相连接，目的是解决子网之间的数据流通，以实现更大范围的数据通信和资源共享，但这种流通尚未扩展到系统与系统之间。这里把一个子网看作一条"链路"，把子网之间的连接（中间系统）看作交换节点，从而形成一个"超级网络"。

3. 网络互通

网络互通是指网络不依赖于其具体连接形式的一种能力。它不仅指两个端系统间的数据传输和转移，还表现出各自业务间相互作用的关系。网络连接和网络互连是解决数据的传输，而网络互通是各系统在连通的条件下，为支持应用间的相互作用而创建的协议环境。

> **提示**　如果仅仅把几个网络在物理上连接，则它们之间不能进行通信，这种"互连"是没有
> 意义的。通常说的网络互连应该包括网络连接、网络互连和网络互通这 3 个方面，也
> 就是说，满足这 3 方面连接的计算机才可以进行相互通信。

6.2　网络互连的类型

　　作为校园网，需要连接多个建筑物或者多个校区，还要接入Internet形成更大
规模的网络。这属于哪种网络互连的类型？

计算机网络从距离上可分为 WAN、MAN 和 LAN。因此，网络的互连涉及 LAN、MAN、WAN 之间的互连。网络互连类型主要有 LAN–LAN、LAN–WAN、WAN–WAN、LAN–WAN–LAN 等，如图 6-1 所示。

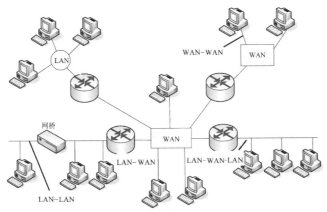

图 6-1　网络互连类型

1. LAN-LAN

一般来说，在局域网的建网初期，网络的节点较少，相应的数据通信量也较小。随着业务的发展，节点的数目会不断增加。当一个网段上的通信量达到极限时，网络的通信效率会急剧下降。为了解决这种问题，可以采取增设网段、划分子网的方法，但无论什么方法都会涉及两个或多个 LAN 的互连问题。

V6-2　网络互连设备——中继器、网桥

根据 LAN 使用的协议不同，LAN-LAN 互连可以分为以下两类。

（1）同构网的互连。同构网的互连是指协议相同的局域网之间的互连。例如，两个以太网之间的互连，两个令牌环网之间的互连。同构网的互连比较简单，常用的设备有中继器、集线器、交换机等。

（2）异构网的互连。异构网的互连是指协议不同的局域网的互连。例如，以太网和令牌环网的互连，以太网和令牌总线网的互连。异构网的互连必须实现协议转换，因此，连接使用的设备必须支持要进行互连的网络所使用的协议。异构网的互连可以使用交换机、路由器等设备。

2. LAN-WAN

LAN-LAN 互连是解决一个小区域范围内相邻几个楼层或楼群之间及在一个组织机构内部的网络互连，LAN-WAN 互连则扩大了数据通信网络的连通范围，可以使不同单位或机构的 LAN 接入范围更大的网络体系，其扩大的范围可以超越城市、国界或洲界，从而形成世界范围的数据通信网络。LAN-WAN 的互连设备主要包括网关和路由器，其中，路由器最为常用。

3. WAN-WAN

WAN 与 WAN 互连一般在政府的电信部门或国际组织间进行，它主要是将不同地区的网络互连起来以构成更大规模的网络。例如，全国范围内的公共电话交换网、数字数据网等。除此之外，WAN-WAN 互连还涉及网间互连，即将不同的广域网互连。

4. LAN-WAN-LAN

LAN-WAN-LAN 互连可以使分布在不同地理位置的两个局域网通过广域网实现互连，达到远程登录局域网的目的。

6.3　网络互连的层次与设备

　在校园网中，需要连接很多个节点，怎样利用网络设备使分布在不同地理位置的节点连接到一个统一的网络中？怎样使整个网络中的节点相互连通？

网络互连从通信协议的角度来看可以分成 4 个层次，如图 6-2 所示。

图 6-2　网络互连的层次

对局域网而言，所涉及的网络互连问题有网络距离延长、网段数量增加、不同局域网之间的互连及广域网互连等。网络互连中常用的设备有集线器、交换机、路由器、网关等，下面分别进行介绍。

6.3.1　物理层互连设备

物理层的互连如图 6-3 所示，主要用于在不同的电缆段间复制位信号。互连的主要设备是集线器。

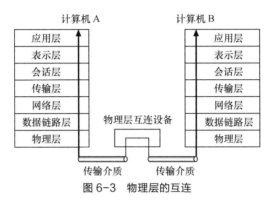

图 6-3　物理层的互连

1．集线器的标准

集线器工作在 OSI 参考模型的第一层，即物理层。物理层互连标准由 EIA、CCITT（现 ITU）及 IEEE 制定。

2．集线器的功能

集线器常用于网络节点之间物理信号的双向转发工作，连接两个（或多个）网段，对信号起中继放大作用，补偿信号衰减，支持远距离的通信。集线器主要完成物理层的功能，负责在节点的物理层上按位传递信息，完成信号的复制、调整和放大，以此延长网络的长度。集线器对所有送达的数据不加选择地予以传送。

以太网中通常利用集线器扩展总线的电缆长度，标准细缆以太网的每段长度最大为 185 m，最多可有 5 段，因此，增加集线器后，最大网络电缆长度可提高到 925 m。一般来说，集线器两端的网络部分是网段，而不是子网。

3．集线器连接的介质

一般情况下，集线器连接的是相同的介质，但有的集线器也可以完成不同介质的转接工作。有些品牌的集线器可以连接不同物理介质的电缆段，如细同轴电缆和光纤。

6.3.2　数据链路层互连设备

　在机房或者网吧等的局域网内，我们经常会看到有一个或多个机柜，每个机柜里面放有一组或多组网络设备，你认识这些网络设备吗？你知道常见的网络设备都有哪些吗？

数据链路层的互连如图 6-4 所示，主要用于在不同的网络间存储和转发数据帧。互连的主要

设备是交换机。

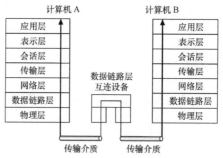

图 6-4　数据链路层的互连

1．交换机的标准

交换机工作在 OSI 参考模型的第二层，即数据链路层。交换机的标准由 IEEE 802 工程的各个子委员会开发。

2．交换机的功能

交换机的功能是完成数据帧的转发，主要目的是在连接的网络间提供透明的通信。数据帧转发的依据是数据帧中的源地址和目的地址，用来判断一个帧是否转发和转发到哪个端口。帧中的地址称为"MAC"地址或"硬件"地址，一般指网卡地址。

> **提示**　这里提到的"透明的通信"是指网络中的设备看不到交换机的存在，设备之间的通信就如同在一个网络中一样方便。

交换机还能起到隔离作用。当使用交换机连接图 6-5 所示的两个 LAN 时，若节点 A 有数据帧要发送给节点 B，交换机就检查目的地址为节点 B 的地址，而节点 A 与节点 B 都在 LAN1 中，交换机不会将帧转发到 LAN2，而是将其滤除。

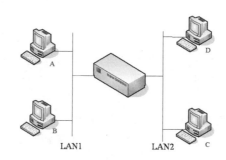

图 6-5　交换机连接的 LAN

若节点 A 有数据帧要发送给节点 D，则交换机会检查目的地址为节点 D 的地址，而节点 A 与节点 D 不在同一网段中，交换机会将它转发到 LAN2。

这表明，LAN1 和 LAN2 中各有一对用户在本网段中可以同时进行通信。由此可见，交换机在一定条件下具有增加网络带宽的作用。

3．交换机的特点

交换机的特点如表 6-1 所示。

表 6-1　交换机的特点

优点	缺点
易于扩展	比集线器时延长，因为要接收帧并进行缓冲
适用于连接使用不同 MAC 协议的 LAN	不提供流控功能
对高层协议完全透明	
有利于改善可靠性、可用性和安全性	

4．交换机的分类

（1）按照交换机的速率分类，基本上可以将交换机分为 100 Mbit/s、100/1000 Mbit/s 自适应和 1 Gbit/s 交换机。低档次的交换机一般只提供单一速率端口，高档次的交换机一般提供多种速率端口。另外，大多数交换机除基本端口以外，还提供 1 个或 2 个上连端口。

（2）按照是否可堆叠分类，可以将交换机分为单体交换机和可堆叠交换机。单体交换机可以通过级联方式扩大联网范围。可堆叠交换机通过堆叠接口使用专用堆叠线，可以把最多 5 台这样的交换机堆叠在一起，形成一个具有较多端口的交换机组。

（3）按照端口的可扩展性分类，可以将交换机分为固定端口交换机、可扩展端口交换机和箱体模块式交换机。

固定端口交换机的端口数和端口类型都是固定不变的，这类交换机一般是工作组级交换机，还提供 1000 Mbit/s 以上的上连端口。

可扩展端口交换机的配置比较灵活，除了基本端口外，还提供了一些扩展槽，如果需要，可以插入扩展卡。如果未插入扩展卡，则扩展槽装着空面板挡板。

箱体模块式交换机又称机架式交换机，主体结构是一个内置电源和多个插槽主板的机箱。除基本交换模块以外，在插槽中可以插入扩展的交换模块，还可以插入冗余电源模块、网管模块和多层交换模块等。箱体模块式交换机的优点是功能强大、可靠性高、配置灵活，可以提供一系列的扩展模块，包括吉比特以太网、FDDI、ATM、快速以太网、令牌环等模块，一般作为大型 LAN、园区网的核心交换机。

（4）按照交换机所处的位置，可以将交换机分为企业级交换机、部门级交换机和工作组级交换机。这种分类方法没有严格的依据，一般从应用规模来看，支持 500 个信息点以上的网络使用的交换机为企业级交换机；支持 100 个信息点以上、300 个信息点以下的网络使用的交换机为部门级交换机；支持 100 个信息点以下的网络使用的交换机为工作组级交换机。企业级交换机一般采用三层交换的箱体模块式交换机。按照交换机所处的位置，有时又把交换机分为核心层交换机、汇聚层交换机和接入层交换机，具有同一含义的另一种说法是主干交换机、楼宇交换机和边缘交换机。

6.3.3　网络层互连设备

　家庭上网中经常会用到路由器，如果路由器坏了，就无法接入 Internet，这是为什么？我们进行网络通信时，路由器起着什么样的作用？

网络层的互连如图 6-6 所示，主要用于在不同的网络间存储和转发分组。互连的主要设备是路由器。

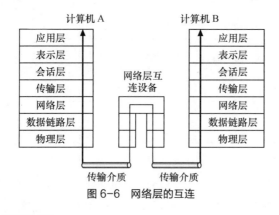

图 6-6　网络层的互连

V6-3　网络互连
设备——路由器、
网关

1. 路由器的功能

路由器是互联网的主要设备之一，它具有以下 3 个基本功能。

（1）连接功能。路由器不仅可以连接不同的 LAN，还可以连接不同的网络类型（如 LAN 或 WAN），以及不同速率的链路或子网接口。另外，通过路由器，可以在不同的网段之间定义网络的逻辑边界，从而将网络分成独立的广播域。因此，路由器可以用来做流量隔离，将网络中的广播通信量限定在某一局部，以免扩散到整个网络，并影响其他的网络。

（2）网络地址判断、最佳路由选择和数据处理功能。路由器为每一种网络层协议建立路由表，并对其加以维护。路由表可以是静态的，也可以是动态的。在路由表生成后，路由器根据每个帧的协议类型，取出网络层目的地址，并按指定协议的路由表中的数据来决定是否转发该数据。另外，路由器还根据链路速率、传输开销和链路拥塞等参数来确定数据包转发的最佳路径。在数据处理方面，路由器加密和优先级等处理功能有助于其有效地利用宽带网的带宽资源。特别是它的数据过滤功能，可限定对特定数据的转发。例如，可以不转发它不支持的协议数据包，不转发以未知网络为信宿的数据包，不转发广播信息，从而起到防火墙的作用，避免广播风暴的出现。

（3）设备管理功能。由于路由器工作在网络层，因此可以了解更多的高层信息，可以通过软件协议本身的流量控制功能控制数据转发的流量，以解决拥塞问题。路由器还可以提供对网络配置管理、容错管理和性能管理的支持。

路由器是一种智能设备，它的特点如下。

- 路由器在网络层上实现多个网络的互连；
- 路由器能找出数据传输的最佳路径；
- 路由器要求节点在网络层以上的各层中使用相同或兼容的协议。

2. 路由器的相关概念

（1）静态路由表。由系统管理员事先设置好的固定路由表称为静态（Static）路由表，一般是在系统安装时就根据网络的配置情况预先设定的，它不会随未来网络结构的改变而改变。

（2）动态路由表。动态（Dynamic）路由表是路由器根据网络系统的运行情况而自动调整形成的路由表。路由器根据路由选择协议提供的功能，自动学习和记忆网络运行情况，在需要时自动计算出数据传输的最佳路径。

3. 路由器的类型

路由器按照不同的划分标准有多种类型。路由器的分类如表 6-2 所示。

表 6-2　路由器的分类

从性能档次上分类	从结构上分类	从功能上分类
高档路由器：吞吐量大于 40 Gbit/s 的路由器	模块化路由器：模块化结构	接入级路由器：主要用于连接家庭或 ISP 内的小型企业客户群体
中档路由器：吞吐量为 25～40 Gbit/s 的路由器	非模块化路由器：提供固定的端口	企业级路由器：连接多终端系统
低档路由器：吞吐量低于 25 Gbit/s 的路由器		骨干级路由器：实现企业级网络互连

本小节只介绍接入级路由器、企业级路由器和骨干级路由器。

（1）接入级路由器。接入级路由器不但提供串行线路网际协议（Serial Line Interface Protocol，SLIP）或点到点协议（Point-to-Point Protocol，PPP）连接，还支持点到点隧道协议（Point-to-Point Tunneling Protocol，PPTP）和 IPSec 等虚拟专用网络协议。这些协议要能在每个端口上运行。例如，非对称数字用户线（Asymmetric Digital Subscriber Line，ADSL）等技术可以提高各家庭的可用带宽，这将进一步增加接入路由器的负担。

（2）企业级路由器。企业级路由器的主要目标是以尽量低的成本实现尽可能多的节点互连，并进一步要求支持不同的服务质量。有路由器参与的网络能够将计算机分成多个碰撞域，并因此能够控制一个网络的大小。路由器支持一定的服务等级，至少允许分成多个优先级别。但是路由器的端口造价要贵一些，并且在能够使用之前要进行大量的配置工作。因此，企业级路由器的成败在于是否提供大量端口且端口的造价很低，是否容易配置，是否支持服务质量。另外，还要求企业级路由器有效地支持广播和组播。企业网络要处理历史遗留的各种 LAN 技术，支持多种协议，包括 IP、IPX 等，要支持防火墙、包过滤及大量的管理和安全策略，并要支持 VLAN。

（3）骨干级路由器。对骨干级路由器的要求是速度和可靠性，代价处于次要地位。硬件可靠性可以采用电话交换网中使用的技术（如热备份、双电源、双数据通路等）来获得。骨干级路由器的主要性能瓶颈是在转发表中查找某个路由（即当收到一个包时，输入端口在转发表中查找该包的目的地址以确定其目的端口）所耗费的时间。

6.3.4　高层互连设备

传输层及以上各层协议不同的网络之间的互连属于高层互连，如图 6-7 所示。实现高层互连的主要设备是网关。

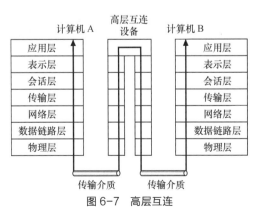

图 6-7　高层互连

1．网关的功能

网关也叫作网间协议变换器，它是比路由器更复杂的网络互连设备。网关可以实现采用不同协议的网络的互连（包括采用不同网络操作系统的网络的互连），也可以实现局域网与远程网的互连。

当两个完全不同的网络（不仅硬件不同，整体结构、数据类型和通信协议也可以完全不同）连接时，通常需要使用网关，如图6-8所示。

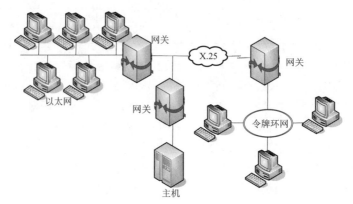

图6-8　网关连接的网络

2．网关的使用

网关用于以下几种场合的异构网络的互连。

（1）异构型局域网的互连，如互连专用交换网与遵循IEEE 802标准的局域网。

（2）局域网与广域网的互连。

（3）广域网与广域网的互连。

（4）局域网与主机的互连（当主机的操作系统与网络操作系统不兼容时，可以通过网关连接）。

3．网关的分类

按照不同的分类标准，网关可分为很多种。目前，网关主要有3种：协议网关、应用网关和安全网关。

协议网关：通常在使用不同协议的网络区域间完成协议转换。

应用网关：在使用不同格式的网络间翻译数据。

安全网关：各种技术的融合，具有重要且独特的保护作用，支持从协议级过滤到十分复杂的应用级过滤。

> **提示**　交换机是一种非常重要的网络互连设备。第5章中曾讲过根据OSI参考模型的分层结构，交换机可分为二层交换机、三层交换机、四层交换机，所以交换机设备既是数据链路层的互连设备，又是网络层、传输层及高层的互连设备，但某一具体的交换机仅工作在某一层。

6.4　实例分析

图6-9是一个中小型校园网的拓扑结构，请分析A、B、C、D、E、F处各适合采用什么样

的网络互连设备。

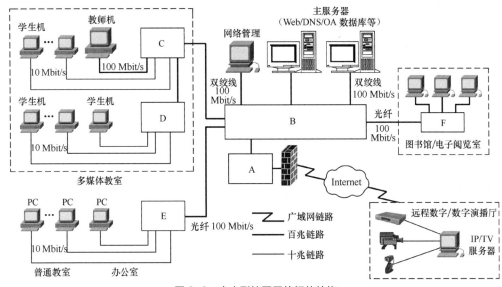

图6-9　中小型校园网的拓扑结构

分析如下。

A 设备在网络中心的顶层，它直接与 Internet 连接，同时内连校园网中的防火墙，故此处采用路由器比较适合。

B 设备连接着路由器和各建筑物的互连设备，这里适合采用交换机。为了方便管理，此处宜选用支持 VLAN 的三层路由交换机。

C、D、E、F 设备的作用是将各建筑内的计算机连接起来，所以只需根据每幢楼的计算机数量决定选择多少个端口的普通交换机即可。现在普通的交换机一般为 24 口，也有 48 口的交换机，如果一幢楼的计算机超过这个数量，则可以对交换机进行级联，也可以采用可堆叠的交换机进行堆叠。

【行业动态】

2023年4月25日，在中国国际金融展开幕式金融科技创新成果展示环节中，华为面向国内首次发布 CloudEngine16800-X 数据中心交换机。这是华为推出的首款面向AI时代的数据中心交换机，实现了超融合承载，总运营成本降低了36%；超加速网络，全场景应用性能提升了20%；提供10GE/25GE/40GE/100GE/200GE/400GE灵活端口选择，可向800GE端口平滑演进，最多支持288个800GE端口，提供3.5μs跨板转发时延，网络级负载均衡可实现90%高吞吐。

【慎思明辨】

早期国内交换机市场主要被思科、Arista等外资厂商占据，后以华为为代表的国产设备商快速崛起，使得国外交换机设备在我国的份额急剧减小，国产品牌竞争力持续提升。目前，华为不仅是我国最大的信息通信技术解决方案供应商，还是全球领先的电信设备制造商。在过去的几十年中，华为始终坚持自己的目标和理念，克服了重重困难，终于取得了令人瞩目的成就，不仅在我国市场占据主导地位，还在全球范围内获得了广泛认可。华为的成功故事不仅是一个企业的发展史，更是一个普通人追逐梦想、战胜困难的励志故事。通向成功的路上往往布满荆棘。作为个人，在我们的成长路上也会遇到各种困难和挫折，我们要有同困难斗争的决心和毅力。只有坚持不懈，才能克服困难，实现自己的目标和理想。

练习与思考

一、名词解释

用所给定义解释以下术语（请在每个术语前的下划线上标出正确定义的序号）。

_____1. 网关   _____2. 路由器   _____3. 交换机

_____4. 多协议路由器   _____5. 互操作   _____6. 互连

定义：

A. 数据链路层实现网络互连的设备

B. 将分布在不同地理位置的网络或设备相连构成更大规模的网络系统

C. 网络层实现网络互连的设备

D. 网络层互连设备，但互连的网络层协议不同

E. 在传输层及其以上高层实现网络互连的设备

F. 网络中不同计算机系统之间具有透明访问对方资源的能力

二、选择题

1. 交换机作为局域网中的互连设备，主要作用于____。

    A. 物理层   B. 数据链路层   C. 网络层   D. 高层

2. 在星形局域网结构中，连接文件服务器与工作站的设备是____。

    A. 调制解调器   B. 交换机   C. 路由器   D. 集线器

3. 对局域网来说，网络控制的核心是____。

    A. 工作站   B. 网卡   C. 网络服务器   D. 网络互连设备

4. 在中继系统中，集线器处于____。

    A. 物理层   B. 数据链路层   C. 网络层   D. 高层

5. 在网络互连的层次中，____是在数据链路层实现互连的设备。

    A. 网关   B. 集线器   C. 交换机   D. 路由器

6. 我们所说的高层互连是指____及其以上各层协议不同的网络之间的互连。

    A. 网络层   B. 表示层   C. 数据链路层   D. 传输层

7. 如果在一个采用粗缆作为传输介质的以太网中，两个节点之间的距离超过 500 m，那么最简单的方法是选用____来扩大区域覆盖的范围。

    A. 集线器   B. 网关   C. 路由器   D. 网桥

8. 如果在一个机关的办公室自动化局域网中，财务部门与人事部门已经分别组建了自己的部门以太网，并且网络操作系统都选用了 Windows NT Server，那么将这两个局域网互连起来最简单的方法是选用____。

    A．路由器   B．网关   C．集线器   D．交换机

9．如果有多个局域网需要互连，并且希望将局域网的广播信息很好地隔离开来，那么最简单的方法是采用____。

    A．集线器   B．交换机   C．路由器   D．网关

10．如果一台 NetWare 节点主机要与 SNA 网络中的一台大型机通信，那么用来互连 NetWare 与 SNA 的设备应该选择____。

    A．交换机   B．网关   C．路由器   D．多协议路由器

11．通过执行传输层及以上各层协议转换，或者实现不同体系结构的网络协议转换的互连部件称为____。

    A．集线器   B．路由器   C．交换机   D．网关

三、判断题

请判断下列描述是否正确（正确的在下划线上写 Y，错误的写 N）。

_____1．互连是指网络中不同计算机系统之间具有透明访问对方资源的能力。

_____2．如果在网络互连中使用的是交换机，那么路由选择工作由发送帧的源节点来完成。

_____3．如果互连的局域网高层采用了不同的协议，则使用普通的路由器就能实现网络互连。

_____4．如果网关使用网间信息格式实现协议转换，则当有 n 个网络需要互连时，需要为网关编写 $2n$ 个协议转换模块。

_____5．多协议路由器是一种在高层实现网络互连的设备。

_____6．网关通过广播方式解决节点位置不明确的问题，这样做有可能会引起广播风暴。

四、问答题

1．你认为"互联网络"与"因特网"是同一个概念吗？如果你认为两者是不同的，那么请说明它们的联系与区别。

2．网络互连类型有哪几类？请举出一个自己所了解的实际的互联网络的例子，并说明它属于哪种类型。

3．交换机在哪个层次上实现了不同网络的互连？它具有什么特征？

4．路由器在哪个层次上实现了不同网络的互连？它具有什么功能？

5．描述交换机如何被用于解决网络交通问题。

第7章
广域网技术

07

本章导读

随着办公管理、生产控制等信息量的增大和网点地理范围的扩大，网络间互连的需求越来越强烈。广域网是进行网络互连的桥梁。本章主要讲解广域网技术的基础知识，包括广域网概述、广域网的接入技术及虚拟专用网络等。通过对本章的学习，应达成如下学习目标。

知识目标

1. 理解广域网的组成；
2. 掌握广域网的定义及类型；
3. 熟悉各种广域网接入技术及其特点；
4. 了解虚拟专用网络的定义。

能力目标

1. 能根据实际应用场景，选择合适的广域网接入技术；
2. 能完成小型网络的无线接入配置。

素质目标

1. 从虚拟专用网络应用场景出发，培养网络安全意识，筑牢网络安全防线；
2. 在接入方式方案制定中，培养分析能力及自主学习能力。

7.1 广域网概述

 局域网通信覆盖范围有限，当我们要访问远距离的资源和服务时，通过什么网络可以实现呢？

1．广域网的定义

广域网是覆盖地理范围相对较广的数据通信网络。其覆盖的范围从几十千米到几千千米。它能连接多个城市或国家，或横跨几个大洲提供远距离通信，形成国际性的远程网络。

V7-1　广域网概述

广域网最根本的作用就是连接局域网，让不同的局域网设备之间可以相互通信，实现数据共享。与局域网相比，广域网覆盖范围大，距离长、中间节点相对较多，其传输信道通常由公共通信部门或大型电信公司来建设和管理。

2．广域网提供的服务及各自的特点

（1）广域网所提供的服务分为两大类，即无连接的网络服务和面向连接的网络服务。这两类服务的具体实现就是通常的数据报服务和虚电路服务。

（2）数据报服务是无连接服务，它不需要建立连接即可直接进行数据传输，也不需要拆除连接。主机只要想发送数据就可以随时发送。每个分组独立地选择路由。这样，先发送出去的分组不一定先到达目的站主机。也就是说，数据报不能保证按发送顺序交付给目的站。

虚电路服务是面向连接的服务，它的主要特点是具有建立连接、传输数据、拆除连接 3 个阶段。在虚电路建立后，就好像在两台主机之间建立了一对穿过网络的数字管道（收发各用一条）。所有发送的分组都按发送的前后顺序进入管道，然后按照先进先出的原则沿着管道传输到目的站主机。这样，到达目的站的分组不会因网络出现拥塞而丢失，而且这些分组到达目的站的顺序与发送时的顺序一致，因此虚电路对通信的服务质量有比较好的保证。

（3）虚电路与数据报的对比如表 7-1 所示。

表 7-1　虚电路与数据报的对比

比较的内容	虚电路	数据报
连接的建立	必须有	不需要
目的站的地址	仅在建立连接阶段使用，每个分组使用短的虚电路号	每个分组都有目的站的全地址
路由选择	在虚电路建立时进行路由选择，所有分组均按同一路由，只对呼叫请求分组进行路由选择	每个分组独立选择路由
当路由器出现故障时	所有通过出现故障的路由器的虚电路均不能工作	出现故障的路由器可能会丢失分组，一些路由可能会发生变化
分组的顺序	总是按发送顺序到达目的站	可能不按发送顺序到达目的站
端到端的差错处理	由通信子网负责	由主机负责
端到端的流量	由通信子网负责	由主机负责

3．广域网的基本组成与结构

广域网一般由主计算机（主机）、终端、通信处理机和通信设备等网络单元经通信线路连接组成。

（1）主机：计算机网络中承担数据处理任务的计算机系统。主机应具有完善的管理（实时或交互分时）能力的硬件和操作系统，并具有相应的接口。

（2）终端：网络中用量大、分布广的设备，直接面对用户，实现人机对话，并通过它与网络

进行联系。终端种类有很多，如打印机、扫描仪、摄像机、智能终端等。

（3）通信处理机：计算机和终端设备接入计算机网络的接口设备，包括路由器、交换机等，主要用于互连局域网和广域网，实现不同网络互相通信。

（4）通信设备：数据传输设备，包括集中器、信号变换器（调制解调器）和多路复用器等。集中器的作用是把若干个终端用低速线路先集中起来，连接到高速线路上，再经高速线路与通信处理机连接，用以提高通信效率，减少通信费用。在局域网中，集中器主要用于将多台工作站集中起来连接到主干线上；信号变换器提供不同信号之间的变换，不同传输介质采用不同类型的信号变换器。当用电话线作为传输线时，电话线只能传输模拟信号，但主计算机和终端输出的是数字信号，因此在通信线路与主计算机、通信处理机和终端之间均需接入模拟信号与数字信号相互转换的变换器。

（5）通信线路：用来连接上述组成部分。按数据信号的传输速率不同，通信线路分为高速、中低速和低速3种。一般终端与计算机、通信处理机及集中器之间采用低速通信线路。各计算机之间，包括主计算机与通信处理机之间及通信处理机之间采用高速通信线路。通信线路可采用电缆、光纤等有线通信线路，也可采用微波、通信卫星等无线通信线路。

4. 广域网的类型

常见的广域网从应用性质上可以划分为公用传输网络、专用传输网络和无线传输网络。

公用传输网络：一般是由政府电信部门组建、管理和控制的数据网络，用来提供公用的通信服务，可供任何部门和单位使用（或租用）的网络。例如，公共交换电话网络、综合业务数字网等公用通信网。

专用传输网络：由一个组织或团体自己建立、使用、控制和维护的私有通信网络。一个专用传输网络起码要拥有自己的通信和交换设备，它可以建立自己的线路服务，也可以向公用传输网络或其他专用传输网络租用。专用传输网络主要是数字数据网。

无线传输网络：主要是移动无线网，典型的有通用分组无线服务（General Packet Radio Service，GPRS）、3G、4G 等网络，以及我国拥有自主知识产权的 5G 网络。卫星通信网也是无线传输网络的范畴。无线传输网络最大的优点是支持移动设备，其发展前景不可限量。

提示 当主机之间或 LAN 之间的距离较远时，可以通过广域网接入技术来实现网络互连，从而满足它们之间的通信要求。

7.2 广域网的接入技术

伴随着通信的飞速发展和电话普及率的日益提高，无论是在人口密集的城市还是在地形复杂的山区、海岛或用户稀少、分散的农村地区，用户接入广域网的需求正在日益增加，那么不同地理位置的用户接入广域网的方式是否一样？广域网的接入技术究竟又有哪些呢？

广域网接入方式是指计算机通过某种方式接入互联网。按照接入的介质的不同，接入技术可以划分为有线接入技术和无线接入技术两大类。

7.2.1　有线接入技术

有线接入包括基于电话线铜缆改造的 ISDN 接入、ADSL 接入，基于有线电视网的 HFC 接入及光纤接入等。

1. ISDN 接入

综合业务数字网（Integrated Service Digital Network，ISDN）俗称"一线通"，是一种在数字电话网的基础上发展起来的通信网络，ISDN 能够支持多种业务（包括电话业务以及非电话业务）。ISDN 最重要的特征是能够支持端到端的数字连接，并且可实现传统话音业务和分组数据业务的综合，使数据和话音能够在同一网络中传递，其传输速率为 56～128 kbit/s。

ISDN 在 20 世纪 80 年代和 90 年代广泛应用于语音和数据传输领域。然而，随着宽带技术的发展和普及，受限于其传输速率，ISDN 的应用逐渐减少，目前已经相对较少使用，但一些老旧的设备和系统可能使用 ISDN 接口，因此特殊情况下，ISDN 仍然会被用作备用通信方式。

2. ADSL 接入

ADSL 利用现有电话线，采用先进的复用技术和调制技术，将数字数据和模拟电话业务在一根电话线上的不同频段同时进行传输。它在高速传输数字数据的同时，不影响现有的电话业务及质量。ADSL 分为上行和下行两个通道，在理论上，ADSL 能提供下行 2～8 Mbit/s，上行 64～640 kbit/s 的传输速度，下行通道的数据传输速率远远大于上行通道的数据传输速率，这就是所谓的"非对称"性。ADSL 不适合于远距离的数据传输，其本地回路的距离只能小于 5.5 km。

ADSL 技术在早期对于改造老旧小区的宽带业务发挥了重要作用，可以充分利用现有电话网中的用户线，无须重新铺设线缆，也无须改造现有网络，只需在一对铜质双绞线上添加相应设备，即可实现信号双向传输，从而减少资源浪费和对建筑物的损害。目前，尽管有更快的宽带接入方式可用，但 ADSL 技术仍然被广泛地应用在某些地区，特别是在农村和偏远地区，这些地区一般网络基础设施较差，铺设新线路的成本较高，ADSL 技术依然是非常重要的选择。

3. HFC 接入

混合光纤同轴电缆（Hybrid Fiber/Coax，HFC）接入网，是在传统的有线电视网络上进行改造而来的，是将新铺设的光纤和有线电视同轴电缆相结合的一种混合网络。

HFC 结合了光纤和同轴电缆，旨在为用户提供高速、稳定的宽带互联网接入服务。在 HFC 网络中，光纤主要负责将信号从中心节点传输至各个地区或社区节点。此后，同轴电缆将信号从节点传送至用户的家庭或商业建筑。光纤的使用可以提供更高的传输速度和更长的传输距离，而同轴电缆则能够将信号传送到具体的用户终端。

目前，我国已经基本实现了 HFC 网络电缆的全覆盖。

4. 光纤接入

随着视频会议、互动游戏和各种高清视频节目这些高数据量业务的不断增加，ADSL、HFC 这些宽带接入技术已经无法满足用户需求，加之这些技术覆盖范围小、维护成本高等，一种新的宽带接入技术——光纤接入技术应运而生。光纤接入是指局端设备与用户之间完全以光纤作为传输介质，光纤用于实现接入网的信息传送。与其他接入技术相比，光纤接入技术提供了前所未有的高速互联网接入。

光纤连接到 x 点（Fiber To The x，FTTx），即光纤接入网络技术。根据接入场景的不同，字母 x 表示终端设备所处位置不同，可以选择不同接入方案，主要有光纤到大楼（Fiber To The Building，FTTB）、光纤到路边（Fiber To The Curb，FTTC）、光纤到户（Fiber To The Home，FTTH）以及当前运营商力推的光纤到房间（Fiber To The Room，FTTR）这 4 种，如表 7-2 所示。

表 7-2　光纤主要接入方式

FTTB	FTTC	FTTH	FTTR
光网络单元设置在大楼内的配线箱处，为大中型企事业单位及商业用户服务，提供高速数据、电子商务、可视图文等宽带业务	为住宅用户提供服务，光网络单元设置在路边，从其中出来的电信号再传送到各个用户，一般用同轴电缆传送视频业务，用双绞线传送电话业务	光网络单元放置在用户住宅内，为家庭用户提供各种综合宽带业务	在 FTTB 和 FTTH 的基础上，将光纤布设进一步衍生到每一个房间，让每一个房间都可以达到千兆光纤网速，实现全屋千兆全覆盖的新型组网方案

根据网络结构中设备的不同，FTTx 网络又可分为有源光网络（Active Optical Network，AON）和无源光网络（Passive Optical Network，PON）两种。

有源光网络：中心局端和用户端之间部署了有源光纤传输设备（光电转换设备、有源光电器件以及光纤等）。它具有 155 Mbit/s 或 622 Mbit/s 的接入速率，而且在不加中继器的情况下传输距离可以达到 70 km。AON 采用点对点的连接方式，直接在每个用户和网络节点之间建立连接，这种连接方式需要大量光纤，因此成本相对较高。由于其直接和高效的特性，AON 常常被用于需要高带宽和低延迟的应用，如视频会议和在线游戏。

无源光网络：采用点对多点的连接方式，将用户连接到网络节点，然后通过一个无源光分路器将数据分发到多个用户。这种连接方式在光分支点只需要安装一个简单的光分路器即可，可以显著降低光纤的需求量，因此具有节省光缆资源、带宽资源共享、节省机房投资、建网速度快、综合建网成本低等优点。由于其共享带宽的性质，PON 更适合为多个用户提供相同级别的带宽。

【行业动态】

过去 10 多年间，我国宽带接入网取得长足发展，"光进铜退"等系列举措推动宽带接入网光纤化，目前已步入全光纤接入初期发展阶段。目前，我国 FTTx 用户占比已达 94%，百兆宽带占比超过 91%。10G-PON、FTTR 等高速接入技术为高清视频、VR/AR（虚拟现实/增强现实）提供了坚实的承载底座，宽带接入网络规模不断扩大，应用程度加速深化。

7.2.2　无线接入技术

1. 无线接入的定义及特点

所谓"无线接入"，是指从交换节点到用户终端，部分或全部采用了无线手段的一种接入方式。在遇到洪水、地震、台风等自然灾害时，无线接入系统还可作为有线通信网的临时应急系统，快速提供基本业务服务。

无线接入有以下特点。

① 无线接入不需要专门进行管道线路的铺设，为一些光纤或电缆无法铺设的区域提供了业务接入的可能，缩短了工程项目的时间，节约了管道线路的投资。

② 随着接入技术的发展，无线接入设备可以同时解决数据及语音等多种业务的接入。

③ 可根据区域的业务量的增减灵活调整带宽。

④ 可方便地进行业务迁移、扩容，在临时搭建业务点的应用中优势更加明显。

2. 典型的无线接入技术

根据不同的应用场景和技术特点，典型的无线接入技术包括如下几种。

① 移动通信：移动通信利用通信基站在一定范围的区域内提供无线信号覆盖，实现有线通信网络与无线终端之间的无线信号传输。

移动通信延续着每十年一代技术的发展规律，已历经 1G、2G、3G、4G、5G 的发展。每一次代际跃迁，每一次技术进步，都极大地促进了产业升级和经济社会发展。从 1G 到 2G，实现了模拟通信到数字通信的过渡，移动通信走进了千家万户；从 2G 到 3G、4G，实现了语音业务到数据业务的转变，传输速率成百倍提升，促进了移动互联网应用的普及和繁荣。当前，5G 作为一种新型移动通信网络，已经渗透到经济社会的各行业、各领域，不仅解决了人与人通信的问题，为用户提供 VR/AR、超高清视频等极致业务体验，更解决了人与物、物与物的通信问题，满足了移动医疗、车联网、智能家居、工业控制、环境监测等物联网应用需求。

② 无线局域网（WLAN）：WLAN 利用射频技术，使用电磁波在空中进行通信连接，实现无线终端的网络接入。WLAN 的实现协议有很多，其中最为著名也是应用最为广泛的当属无线保真技术——Wi-Fi。Wi-Fi 技术经过多年的发展，目前已成为无线终端接入互联网的主要方式之一，IEEE 802.11ax（Wi-Fi 6）的最高传输速率可达 9.6 Gbit/s。伴随着市场上的新兴应用层出不穷，如 4K/8K 高清视频、VR、视频会议等，这些应用对无线通信带宽有了更高的要求，2019年，Wi-Fi 7 工作组正式成立，目标是理想带宽达到 30 Gbit/s 以上，时延降低到 5 ms 以下。2024年 1 月，Wi-Fi 联盟正式发布了最新的 Wi-Fi 7 标准（IEEE 802.11be），并开始对设备进行认证。

③ 卫星通信：卫星通信利用地球轨道卫星作为中继站，实现广域覆盖的通信服务，广泛应用于远程通信、广播、电视传输、军事通信、应急救援等领域。华为公司自主研发的 Mate 60 Pro 是全球首款支持卫星通话的大众智能手机，实现这一技术的背后是我国自主研制建设的天通一号卫星系统的支持。随着 5G 等新一代通信技术的发展，卫星通信与地面通信的融合也将成为未来发展的重要趋势。通过卫星与地面通信的融合，可以实现更广泛、更灵活的覆盖，满足不同场景的通信需求，促进信息化、智能化的发展。

7.2.3 下一代接入技术

随着新型业务的发展，如扩展现实（Extended Reality，XR）、裸眼 3D、超高清机器视觉质检等应用场景，对网络超大容量、低时延、低抖动、高稳定等需求持续升级，接入技术还在继续演进。部分下一代接入技术介绍如下。

1. 高速光纤接入技术

光纤接入网目前正由 10G-PON 向 50G-PON 发展。50G-PON 能够提供高达 50 Gbit/s 的下行接入速率，以及至少 10 Gbit/s 的上行接入速率。2021 年发布了 50G PON 标准，2023 年发布了 G.9804.3 Amd1 增补标准，这标志着 50G PON 标准已趋于成熟，预计将在 2025 年逐步商用。业界也已就 50G-PON 作为下一代高速光纤接入技术达成共识。

2. 新型无线接入技术

移动终端设备接入还是离不开无线接入网，Wi-Fi 7 与可见光通信（Visible Light Communications，VLC）作为新型无线接入技术，将协同接入终端设备，满足不同场景下的业务传输需求，为未来新兴宽带应用提供超大带宽、超低时延的末端无线接入能力。

> **提示** 广域网的接入技术有很多，根据负荷、预算和需要覆盖的地理范围等的不同，采用的接入技术也不一样。例如，居民宽带可以通过 HFC 技术接入广域网；大、中型集团用户可以通过光纤接入等方式接入广域网；在地形复杂的山区、海岛或用户稀少、分散的农村地区，可采用无线接入的方式。

7.3 虚拟专用网络

出于保密及安全的需要，许多公司要求只能在内网访问内部服务器资源。但是在实际工作中，员工到外地出差时，又经常有访问内网资源的需求，应如何兼顾？

1. VPN 概念

虚拟专用网络（Virtual Private Network，VPN）可以让企业远程客户利用现有公用网络的物理链路在需要的时候安全地与企业内部网络进行互访。它是专用传输网络的延伸，可提供类似 Internet 的共享或公用网络连接功能。通过 VPN，两台计算机之间以模拟点对点专用连接的方式通过共享或公用网络发送数据。

由 VPN 组成的"线路"并不是真正存在的，而是通过技术手段模拟出来的，即"虚拟"的。但这种虚拟的专用网络技术可以在一条公用线路中为两台计算机建立一个逻辑上的专用"通道"，它具有良好的保密性和抗干扰性，使双方能进行自由而安全的点对点连接，因此被网络管理员广泛关注。

2. VPN 技术

为了构建 VPN，网络隧道（Tunneling）技术是关键技术。网络隧道技术指的是利用一种网络协议来传输另一种网络协议，它主要利用网络隧道协议来实现这种功能。网络隧道技术涉及了 3 种网络协议：网络隧道协议、隧道协议下面的承载协议和隧道协议所承载的被承载协议。

现有两种类型的隧道协议：一种是二层隧道协议，用于传输二层网络协议，它主要应用于构建 Access VPN；另一种是三层隧道协议，用于传输三层网络协议，它主要应用于构建 Intranet VPN 和 Extranet VPN。

（1）二层隧道协议。二层隧道协议主要有 3 种：一种是微软、Ascend 等公司支持的点到点隧道协议（Point-to-Point Tunneling Protocol，PPTP），在 Windows NT 4.0 以上版本中即有支持；另一种是思科、北方电信等公司支持的二层转发（Layer 2 Forwarding，L2F）协议，在思科路由器中有支持。而由 IETF 起草，微软、Ascend、思科等公司参与的二层隧道协议（Layer 2 Tunneling Protocol，L2TP）结合了上述两种协议的优点，将很快成为 IETF 有关二层隧道协议的工业标准。L2TP 作为更优更新的标准，已经得到了如思科、微软、Ascend 等公司的支持，以后还必将为更多的网络厂商所支持，将是使用十分广泛的 VPN 协议。此处重点介绍 L2TP。

L2TP 具有适用于 VPN 服务的以下几个特性。

① 灵活的身份验证机制及高度的安全性。L2TP 可以选择多种身份验证机制（CHAP、PAP 等），继承了 PPP 的所有安全特性；L2TP 可以对隧道端点进行验证，这使得通过 L2TP 所传输的数据更加难以被攻击。根据特定的网络安全要求，还可以方便地在 L2TP 之上采用隧道加密、端对端数据加密或应用层数据加密等方案来提高数据的安全性。

② 内部地址分配支持。L2TP 网络服务器（L2TP Network Server，LNS）可以放置于企业网的防火墙之后，可以对远端用户的地址进行动态分配和管理，可以支持 DHCP 和私有地址应用（RFC 1918）等方案。远端用户所分配的地址不是 Internet 地址而是企业内部的私有地址，这样方便了地址的管理并可以增加安全性。

③ 网络计费的灵活性。可以 L2TP 访问集中器（L2TP Access Concentrator，LAC）和 LNS 两处同时计费，即 ISP 处（用于产生账单）及企业处（用于付费及审计）。L2TP 能够提供数据传输的出入包数、字节数及连接的起始、结束时间等计费数据，根据这些数据可以方便地进行网络计费。

④ 可靠性。L2TP 支持备份 LNS，当一个主 LNS 不可达之后，LAC 可以重新与备份 LNS 建立连接，这样增加了 VPN 服务的可靠性和容错性。

（2）三层隧道协议。三层隧道协议并非一种很新的技术，早先出现的 RFC 1701 通用路由封装（Generic Routing Encapsulation，GRE）协议就是一个三层隧道协议，IETF 的 IP 层加密标准协议 IPSec 也是三层隧道协议。

IPSec 是一组开放协议的总称，它包括网络安全协议——认证头标（Authentication Header，AH）协议、封装安全净载（Encapsulating Security Payload，ESP）协议，密钥管理协议——网络密钥交换（Internet Key Exchange，IKE）协议和用于网络验证及加密的一些算法等。IPSec 规定了如何在对等层之间选择安全协议、确定安全算法和密钥交换，向上提供了访问控制、数据源验证、数据加密等网络安全服务。其在特定的通信方之间提供数据的私有性、完整性保护，并能对数据源进行验证。IPSec 使用 IKE 协议进行协议及算法的协商，并采用由 IKE 协议生成的密码来加密和验证。IPSec 用于保证数据包在 Internet 中传输时的私有性、完整性和真实性。IPSec 在 IP 层提供这些安全服务，对 IP 及所承载的数据提供保护。这些服务是通过安全协议 AH 和 ESP，以及加密等过程实现的。这些机制的实现不会对用户、主机或其他 Internet 组件造成影响。用户可以选择不同的加密算法，而不会对实现的其他部分造成影响。

IPSec 提供以下几种网络安全服务。

① 私有性：IPSec 在传输数据包之前将其加密，以保证数据的私有性。

② 完整性：IPSec 在目的地要验证数据包，以保证该数据包在传输过程中没有被替换。

③ 真实性：IPSec 端要验证所有受 IPSec 保护的数据包。

④ 反重复：IPSec 会防止数据包被捕捉并重新投放到网络中，即目的地会拒绝旧的或重复

的数据包，这将通过与 AH 或 ESP 一起工作的序列号实现。

IPSec 本身定义了如何在 IP 数据包中增加字段来保证 IP 数据包的完整性、私有性和真实性，这些协议还规定了如何加密数据包。使用 IPSec，数据就可以在公网上传输，而不必担心数据被监视、修改或伪造。IPSec 提供了两台主机之间、两个安全网关之间或主机和安全网关之间的保护。

【慎思明辨】

VPN技术能实现安全的远程访问，却也容易成为网络犯罪分子入侵内网以及内部系统的"敲门砖"。作为网络建设者，必须意识到VPN作为系统边界的重要性，要认真对待官方发出的漏洞预警并及时响应，守好"网络边界"，筑牢安全防线。

练习与思考

一、选择题

1. FTTx＋LAN 接入网采用的传输介质为＿＿＿。
   - A. 同轴电缆
   - B. 光纤
   - C. 5 类双绞线
   - D. 光纤和 5 类双绞线

2. 接入 Internet 的方式有多种，下列关于各种接入方式的描述不正确的是＿＿＿。
   - A. 以终端方式入网，不需要 IP 地址
   - B. 通过 PPPoE 拨号方式接入，需要有固定的 IP 地址
   - C. 通过代理服务器接入，多台主机可以共享 1 个 IP 地址
   - D. 通过局域网接入，可以有固定的 IP 地址，也可以使用动态分配的 IP 地址

3. 在 HFC 网络中，Cable Modem 的作用是＿＿＿。
   - A. 调制解调和拨号上网
   - B. 调制解调及作为以太网接口
   - C. 连接电话线和用户终端计算机
   - D. 连接 ISDN 接口和用户终端计算机

4. ADSL 是一种宽带接入技术，这种技术使用的传输介质是＿＿＿。
   - A. 电话线
   - B. CATV 电缆
   - C. 基带同轴电缆
   - D. 无线通信网

5. 下列有关虚电路服务的描述错误的是＿＿＿。
   - A. 虚电路必须有连接的建立
   - B. 总是按发送顺序到达目的站
   - C. 端到端的流量由通信子网负责
   - D. 端到端的差错处理由主机负责

二、填空题

1. 广域网一般由＿＿＿＿、＿＿＿＿、＿＿＿＿和＿＿＿＿等网络单元经通信线路连接组成。

2. 现有以太网接入技术主要的解决方案是＿＿＿＿和＿＿＿＿。

3. 数字数据网是以＿＿＿＿＿＿为核心技术，集合＿＿＿＿＿＿技术、＿＿＿＿＿技术和＿＿＿＿＿技术等，利用数字信道传输数据信号的一种数据接入业务网络。它的传输介质

有_____、_____及用户端可用的普通电缆和双绞线。

4．广域网所提供的服务可分为_____网络服务和_____网络服务两大类。

5．ADSL 采用的多路复用技术是_____，最大传输距离可达_____m。

三、问答题

1．什么是广域网？它有几种类型？

2．什么是光纤接入？它有何特点？

3．在位置偏远的山区安装电话时，铜线和双绞线的长度在 4～5 km 时出现高环阻问题，通信质量难以保证。应该采用什么样的接入方式呢？为什么？这种接入方式有何特点？

第8章
Internet基础与应用

08

本章导读

　　Internet已然进入我们学习、生活、工作、休闲娱乐的各个方面。本章主要讲解Internet的基本概念、Internet在我国的发展、Internet的应用及企业内联网Intranet的相关知识。通过对本章的学习，应达成如下学习目标。

知识目标

1. 了解Internet的发展过程；
2. 理解DNS及其工作过程；
3. 理解Web服务及其应用；
4. 掌握电子邮件协议、FTP和Telnet的工作原理；
5. 了解企业内联网Intranet的技术特点及其组成。

技能目标

1. 能使用DNS、WWW、邮件传输、FTP、Telnet等完成相关操作；
2. 能按要求进行DNS、WWW、邮件传输、FTP、Telnet等相关服务的配置。

素质目标

1. 通过行业动态数据，感受我国科技的飞速发展，培养科技报国的行动力，树立民族自信心和自豪感；
2. 在进行服务器配置的过程中，培养严谨细致、踏实认真的工作作风。

//// 8.1　Internet 基础

　　人们常说"上网"一词，那么，究竟"上网"指的是上哪个网？上网又可以做些什么呢？

8.1.1　Internet 概述

Internet 是由成千上万个不同类型、不同规模的计算机网络和计算机主机组成的覆盖世界范围的巨型网络，中文简称"因特网"，它是全球最大的、最有影响的计算机信息资源网。这些资源分布在世界各地的数百万台计算机中。与此同时，Internet 中开发了许多应用系统，供网络用户使用，网络用户可以方便地交换信息、共享资源。Internet 也可以被认为是由各种网络组成的网络，它是使用 TCP/IP 进行通信的数据网络集体。Internet 是一个无级网络，不专门为某个个人或组织所拥有及控制，人人都可以参与，人人都可以加入。

从通信的角度来看，Internet 是一个理想的信息交流媒体。利用 Internet 的 E-mail，能够快捷、安全、高效地传递文字、声音、图像及各种各样的信息；通过 Internet 可以打国际长途电话（IP 电话），甚至传送国际可视电话，召开在线视频会议。

从获得信息的角度来看，Internet 是一个庞大的信息资源库，网络中有成千上万个书库，遍布全球的几千家图书馆，近万种期刊，政府、学校和企业等机构的详细信息，以及各种学术全文数据库等。

从娱乐休闲的角度来看，Internet 是一个花样众多的娱乐厅，网络中有很多专门的视频站点和广播站点、比特流（Bit Torrent，BT）网站、音乐网站，人们可以尽情欣赏全球各地的风景名胜和风俗人情，即时通信软件更是大家聊天交流的好工具。

从经商的角度来看，Internet 是一个既能省钱又能赚钱的场所，在 Internet 中已经注册有几百万家公司，利用 Internet，足不出户就可以得到各种免费的经济信息。无论是股票证券行情，还是房地产、商品信息，Internet 都提供实时跟踪服务。通过网络还可以图、声、文并茂地召开订货会、新产品发布会，做广告搞推销等。

> **提示**　人们通常所说的"上网"指的是上"因特网"，即 Internet。许多人以为"上网"就是指浏览网页，浏览网页只是 Internet 提供的许多服务中的一种，人们还可以通过 Internet 收发邮件，可以通过 Internet 下载文件等。

8.1.2　Internet 的管理机构

Internet 不受某一政府或个人的控制，而是以自愿的方式组成了一个帮助和引导 Internet 发展的最高组织，即"Internet 协会"（Internet Society，ISOC）。该协会是非营利性的组织，成立于 1992 年，其成员包括与 Internet 相连的各组织与个人。Internet 协会本身并不经营 Internet，但它支持 Internet 架构委员会（Internet Architecture Board，IAB）开展工作，并通过 IAB 加以实施。

IAB 负责定义 Internet 的总体架构（框架和所有与其连接的网络）和技术上的管理，对 Internet 存在的技术问题及未来将会遇到的问题进行研究。IAB 下设 Internet 研究专门工作组（IRTF）、Internet 工程任务组（IETF）和 Internet 编号分配机构（IANA）。

Internet 研究专门工作组的主要任务是促进网络和新技术的开发与研究。

Internet 工程任务组的主要任务是解决 Internet 出现的问题，帮助和协调 Internet 的改革和技术操作，为 Internet 各组织之间的信息沟通提供条件。

Internet 编号分配机构的主要任务是对诸如注册 IP 地址和协议端口地址等 Internet 地址方案进行控制。

Internet 的运行管理可分为两部分：Internet 网络信息中心（InterNIC）和 Internet 网络操作中心（InterNOC）。

Internet 网络信息中心负责 IP 地址分配、域名注册、技术咨询、技术资料的维护与提供等。Internet 网络操作中心负责监控网络的运行情况及网络通信量的收集与统计等。

几乎所有关于 Internet 的文字资料都可以在 RFC 文档中找到。RFC 是 Internet 的工作文件，其除了包括对 TCP/IP 和相关文档的一系列注释及说明外，还包括政策研究报告、工作总结和网络使用指南等。

8.1.3 Internet 在我国的发展

我国于 1994 年接入 Internet。在数十年的时间里，Internet 已经给人们的生活带来了翻天覆地的改变。以"互联网"为对象，以其变化轨迹为依据，可以将互联网在我国的发展时期划分为 4 个阶段：Web 1.0 时代、Web 2.0 时代、移动互联时代、智能物联时代。

第一阶段：Web 1.0 时代（1994～2000 年）——门户与咨询是主体，关键词是市场。这是中国互联网萌芽破土的阶段。当时的中国互联网几乎是一片空白，普通人家里都没有计算机，网吧则开遍了全国。如今很多让人耳熟能详的企业家与"互联网大厂"，都是在这个阶段起步的。早期的互联网公司大多做门户网站起家，以搜索引擎和资讯服务为主，面向中国的第一批网民。这个阶段的红利，是刚开始发展的中国互联网以及这一望无垠又潜力无限的蓝海市场。

第二阶段：Web 2.0 时代（2001～2010 年）——搜索引擎与电子商务是主体，关键词是用户。在这个阶段，搜索引擎和电子商务成为中国互联网的重要发展方向。百度和阿里巴巴分别在 2000 年和 2003 年成立，成为中国互联网的重要代表。这个阶段的互联网公司在门户网站的基础上，开始注重用户需求和体验，通过提高服务质量和进行技术创新来吸引更多的用户，这段时间就是人们常说的社交网络服务（Social Networking Services，SNS）时代。

第三阶段：移动互联时代（2011～2018 年）——移动互联网与社交媒体成为主体，关键词是移动。随着智能手机和移动互联网的普及，中国互联网开始进入移动时代。微信、微博、抖音等社交媒体和移动应用成为人们沟通联络及获取信息的主要方式。这个阶段的互联网公司开始注重移动端的产品和服务开发，以及社交媒体的用户运营和内容创新。

第四阶段：智能物联时代（2019 年至今）——产业互联网与新基础设施成为主体，关键词是新基建。随着中国政府对互联网产业的大力支持和投资，以及云计算、大数据、人工智能、物联网等新技术的快速发展，中国互联网开始进入产业互联网和新基础设施的发展阶段。这个阶段的互联网公司开始注重技术研发和创新，以及与传统产业和新兴产业的融合发展，推动了中国互联网产业的升级和发展。

8.2 Internet 的应用

Internet现已遍及世界各地，它为人们提供的服务也是多种多样。那么，它究竟为人们提供了什么样的服务？是如何实现的呢？

今天，Internet 已在世界范围内得到了广泛的普及与应用，并正在迅速地改变人们的工作和生活方式。据统计，Internet 中的各种服务多达数万种，其中多数服务是免费的。随着 Internet 的发展，它所提供的服务将会进一步增加。其中，最基本、最常用的服务功能有电子邮件（E-mail）、远程登录、文件传输、WWW 和新闻组（NewsGroup）等。

8.2.1 域名系统

网络环境下，我们在浏览器地址栏中输入"www.baidu.com"并按Enter键就能访问百度的网页，输入"www.hunangy.com"并按Enter键就能访问湖南工业职业技术学院的官网。这些字符有什么含义？为什么通过这串字符就能访问相应的网页呢？

1. 什么是域名

IP 地址为 Internet 提供了统一的编址方式，直接使用 IP 地址就可以访问 Internet 中的主机。一般来说，用户很难记住 IP 地址，因此提出了域名的概念。域名系统（Domain Name System，DNS）是 Internet 中用于域名和 IP 地址之间相互映射的一种机制。

V8-1　DNS 服务

2. 域名系统的结构

域名采用分层次方法命名，每一层都有一个子域名。域名是由一串用小数点分隔的子域名组成的。

域名的一般格式如下。

计算机名.组织机构名.网络名.最高层域名

提示　**各部分间用小数点隔开。**

为了方便管理及确保网络中每台主机的域名绝对不会重复，整个 DNS 被设计为 4 层，分别是根域、顶层域、第二层域和主机。

（1）根域。这是 DNS 的最上层，当下层的任何一台 DNS 服务器都无法解析某个 DNS 名称时，便可以向根域的 DNS 寻求协助。理论上，只要所查找的主机按规定进行了注册，那么无论它位于何处，从根域的 DNS 服务器向下层查找，就一定可以解析出它的 IP 地址。

【行业动态】

　　在IPv4的体系内，全球共有13台DNS根服务器，唯一的主根服务器部署在美国，其余12台辅根服务器有9台部署在美国，2台部署在欧洲，1台部署在日本。

　　在IPv6的体系内，全球共有25台DNS根服务器，包括3台主根服务器和22台辅根服务器。其中我国一主三辅，美国一主二辅，日本一主，印度三辅，法国三辅，德国二辅，俄罗斯、意大利、西班牙、奥地利、瑞士、荷兰、智利、南非及澳大利亚分别架设一辅。

　　随着我国信息技术的蓬勃发展，我们已打破困境，牵头架设了4台IPv6根服务器，为推动中国互联网迈向全球领军地位奠定了坚实的基础。这不仅是科技的进步，更

是我国迈出"网络强国梦"的伟大一步。作为新时代的网络技术人才，我们应积极
参与科技发展，为国家和社会的进步贡献自己的力量。

（2）顶层域。域名系统将整个 Internet 划分为多个顶层域，并为每个顶层域规定了通用的顶层域名，其代码及类型如表 8-1 所示。

表 8-1　Internet 顶层域名的代码及类型

顶层域名的代码	顶层域名的类型
com	商业组织
edu	教育机构
gov	政府部门
int	国际组织
mil	军事部门
net	网络支持中心
org	各种非营利性组织
国家代码	各个国家和地区

这一层的命名方式有争议。在美国以外的国家，大多数依据 ISO 3116 来区分，例如，cn 为中国，jp 为日本等。但是在美国，虽然也有域名 us，但是很少将 us 当作顶层域名，反而以组织性质来区分。

（3）第二层域。第二层域可以说是整个 DNS 中最重要的部分，在这些域名之下都可以开放给所有人申请，名称则由申请者自己定义，如"pku.edu.cn"。

（4）主机。最后一层是主机，也就是隶属于第二层域的主机，这一层是由各个域的管理员自行建立的，不需要通过管理域名的机构。例如，可以在"pku.edu.cn"这个域下再建立"www.pku.edu.cn"等主机。

3. 域名系统的组成

域名系统由解析器和域名服务器组成。

（1）解析器。在域名系统中，解析器为客户端，它与应用程序连接，负责查询域名服务器、解释从域名服务器返回的应答及把信息传送给应用程序等。

（2）域名服务器。域名服务器用于保存域名信息，一部分域名信息组成一个区，域名服务器负责存储和管理一个或若干个区。为了提高系统的可靠性，每个区的域名信息至少由两台域名服务器来保存。

4. 域名系统的工作过程

一台域名服务器不可能存储 Internet 中所有的计算机名称和地址。一般来说，服务器上只存储一个公司或组织的计算机名称和地址。例如，当一个计算机用户需要访问域名地址为"www.qq.com"的计算机时，首先需要知道 WWW 这台主机的 IP 地址。为了获得 IP 地址，该应用程序就需要使用 Internet 的域名服务器，域名解析的过程如图 8-1 所示。

具体的解析步骤如下。

（1）客户端通过浏览器访问域名为 www.qq.com 的网站，向本地 DNS 服务器发起查询该域名所对应 IP 地址的 DNS 请求。

（2）当本地的域名服务器收到 DNS 请求后，先查询本地的缓存，如果有该记录项，则本地

的域名服务器直接把查询的结果返回。

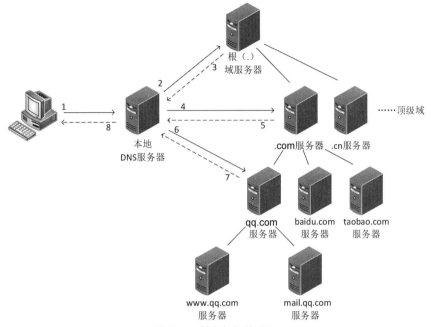

图 8-1 域名解析的过程

（3）如果本地的缓存中没有该记录项，则本地域名服务器直接把请求发给根域名服务器，然后根域名服务器再返回给本地域名服务器一个所查询域（根的子域）的主域名服务器的地址，即.com 服务器的地址。

（4）本地 DNS 服务器向.com 服务器发送 DNS 请求，请求域名 www.qq.com 对应的 IP 地址。

（5）.com 服务器收到 DNS 请求后，会返回下一级域名服务器的 IP 地址，即 qq.com 域名服务器的 IP 地址。

（6）本地 DNS 服务器向 qq.com 域名服务器发送 DNS 请求，请求域名 www.qq.com 对应的 IP 地址。

（7）qq.com 服务器收到 DNS 请求后，在自己的缓存表中查询该域名和 IP 地址的对应关系，并将相应的 IP 地址返回给本地 DNS 服务器。

（8）本地 DNS 服务器将获取到的与域名对应的 IP 地址返回给客户端，并将域名和 IP 地址的对应关系保存在缓存中，以备下次其他用户查询时使用。

整个过程看起来相当烦琐，但因为采用了高速缓存机制，所以查询过程非常快。由上述例子可以看出，本地域名服务器为了得到一个地址往往需要查找多个域名服务器。因此，在查询地址的同时，本地域名服务器就得到了许多其他域名服务器的信息，如 IP 地址、负责的区域等。本地域名服务器将这些信息连同最近查到的主机地址全部存放到高速缓存中，以便将来参考。

提示　我们通过 DNS 服务器实现了域名（URL 地址）和 IP 地址之间的解析，通过 IP 地址就能快速找到网络上相应的主机。

8.2.2 WWW 服务

1. WWW 简介

万维网（World Wide Web，WWW）是 Internet 中被广泛应用的一种信息服务，它建立在 C/S 模式之上，以 HTML 和 HTTP 为基础，能够提供面向各种 Internet 服务的、统一用户界面的信息浏览系统。WWW 服务器利用超文本链路来链接信息页，这些信息页既可放置在同一主机上，又可放置在不同地理位置的不同主机上。文本链路由 URL 维持，WWW 客户端软件（WWW 浏览器即 Web 浏览器）负责显示信息和向服务器发送请求。

V8-2　WWW 服务

WWW 服务的特点在于高度的集成性，它能把各种类型的信息（如文本、图像、声音、动画、录像等）和服务（如 News、FTP、Telnet、Gopher、Mail 等）无缝连接起来，提供生动的图形用户界面（Graphical User Interface，GUI）。WWW 为全世界的人们提供了查找和共享信息的手段，是人们进行动态多媒体交互的较佳方式。

提示　网络的计算模式主要有以下两种。

第一种是 C/S 模式，是软件系统体系结构，通过它可以充分利用两端硬件环境的优势，将任务合理分配到客户端和服务器端来实现，降低系统的通信开销。服务器通常采用高性能的 PC、工作站或小型机，并采用大型数据库系统，如 Oracle、Sybase、Informix 或 SQL Server。客户端需要安装专用的客户端软件。

第二种是浏览器/服务器（Browser/Server，B/S）模式。它是随着 Internet 技术的兴起，对 C/S 结构的一种变化或者改进的结构。在这种结构下，用户工作界面是通过 WWW 浏览器来实现的，极少部分事务逻辑在前端实现，但是主要事务逻辑在服务器端实现，形成三层（3-tier）结构。这大大简化了客户端的载荷，减少了系统维护与升级的成本和工作量，降低了用户的总体成本。

---

2. WWW 的相关概念

（1）超文本与超链接。对于文字信息的组织，通常采用有序的排列方法。例如，对于一本书，读者通常从书的第一页到最后一页顺序地查阅所需要了解的知识。随着计算机技术的发展，人们不断推出新的信息组织方式，以方便人们对各种信息的访问，超文本就是其中之一。

所谓"超文本"，就是指它的信息组织形式不是简单地按顺序排列的，而是用由指针链接的复杂的网状交叉索引方式，对不同来源的信息加以链接。可以链接的有文本、图像、动画、声音或影像等，而这种链接关系称为"超链接"。超文本与超链接如图 8-2 所示。

（2）超文本传送协议（Hyper Text Transfer Protocol，HTTP）。HTTP 是 Internet 可靠地传送文本、声音、图像等各种多媒体文件所使用的协议。HTTP 是 Web 操作的基础，它保证正确传输超文本文档，是一种最基本的 C/S 访问协议。它可以使浏览器更加高效，使网络传输流量减少。通常，它通过浏览器向服务器发送请求，而服务器则回应相应的网页。

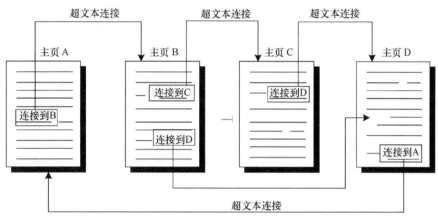

图 8-2　超文本与超链接

（3）统一资源定位符。网页位置、该位置的唯一名称及访问网页所需的协议，这 3 个要素共同定义了统一资源定位符。在万维网中使用 URL 来标识各种文档，并使每一个文档在整个 Internet 范围内具有唯一的标识符。URL 给网络资源的位置提供了一种抽象的识别方法，并用这种方法来给资源定位。

URL 的格式如下（URL 中的字母不区别大小写）。

<URL 的访问方法>：//<主机>：<端口>/<路径>

其中，<URL 的访问方法>表示要用来访问一个对象的方法名（一般是协议名），<主机>一项是必需的，<端口>和<路径>有时可省略。常用的 URL 访问方法如表 8-2 所示。

表 8-2　常用的 URL 访问方法

URL 的访问方法	说明
HTTP	使用 HTTP 提供超级文本信息服务的 WWW 信息资源空间
FTP	使用 FTP 提供文件传送服务的 FTP 资源空间
FILE	使用本地 HTTP 提供超级文本信息服务的 WWW 信息资源空间
Telnet	使用 Telnet 协议提供远程登录信息服务的 Telnet 信息资源空间

实例 8-1　URL 为 http://www.microsoft.com/，请分析它的含义。

分析：该 URL 表示用 HTTP 访问微软公司的服务器 http://www.microsoft.com/。这里没有指定文件名，所以访问的结果是把一个默认主页送至浏览器。

（4）主页。主页（Homepage）是指个人或机构的基本信息页面，用户通过主页可以访问有关的信息资源。主页通常是用户使用 WWW 浏览器访问 Internet 中的任何 WWW 服务器（即 Web 主机）所看到的第一个页面。通常主页的名称是固定的，例如，index.htm 或 index.html 等（扩展名.htm 和.html 均表示 HTML 文档）。

主页通常用来对运行 WWW 服务器的企事业单位进行全面介绍，同时是人们通过 Internet 了解学校、公司、企业、政府部门的重要手段。WWW 在商业上的重要作用就体现在这里，人们可以使用 WWW 介绍一个公司的概况、展示公司新产品的图片、介绍新产品的特性，或利用它来公开发行免费的软件等。

> **提示** 一个主页中可以有许多页面，通常把一系列逻辑上可以视为一个整体的页面叫作网站。
> 网站的概念是相对的，大到可以是"新浪网"这样的门户网站，页面多得无法计数，
> 而且位于多台服务器中；小到可以是一些个人网站，可能只有几个页面，仅在某台服
> 务器中占据很小的空间。

3. WWW 的基本工作原理

WWW 采用了 B/S 体系结构，主要由两部分组成：Web 服务器和客户端的浏览器。当访问 Internet 中的某个网站时，使用浏览器软件向网站的 Web 服务器发出访问请求。Web 服务器接受请求后，找到存放在服务器中的网页文件，并将文件通过 Internet 传送给浏览者的计算机，最后浏览器对文件进行处理，把文字、图片等信息显示在屏幕上。WWW 的工作原理如图 8-3 所示。

图 8-3　WWW 的工作原理

> **提示** **WWW 并不就是 Internet，它只是 Internet 提供的服务之一。但是有相当多的其他**
> **Internet 服务（如网上聊天、网上购物等）都是基于 WWW 服务的。人们平常所说**
> **的网上冲浪，其实就是利用 WWW 服务获得信息并进行网上交流。**

4. WWW 浏览器

WWW 的客户端程序被称为 WWW 浏览器，它是一种用于浏览 Internet 中的主页（Web 文档）的软件，可以说是 WWW 的窗口。WWW 浏览器为用户提供了寻找 Internet 中内容丰富、形式多样的信息资源的便捷途径，人们可以通过它浏览多姿多彩的 WWW 世界。

现在的浏览器功能非常强大，利用它可以访问 Internet 中的各类信息。更重要的是，目前的浏览器基本上都支持多媒体，可以通过浏览器来播放声音、动画与视频。

8.2.3　电子邮件服务

1. 电子邮件简介及其特点

电子邮件简称 E-mail（全称为 Electronic mail），它是利用计算机网络的通信功能实现电子信件传输的一种技术，是 Internet 中最早出现的服务之一，约 1971 年由 Ray Tomlinson 发明。与传统通信方式相比，电子邮件具有以下特点。

（1）与传统邮件相比，传递迅速，花费更少，可到达的范围广，且比较可靠。

（2）可以实现一对多的邮件传送，可以使一位用户向多人发送通知的过程变得容易。

（3）可以将文字、图像、语音等多种类型的信息集成在一封电子邮件中传送，因此，它成为多媒体信息传送的重要手段。

2. 邮件服务器

邮件服务器（Mail Server）是 Internet 邮件服务系统的核心，它在 Internet 中充当"邮局"角色，运行着邮件服务器软件。用户使用的电子邮箱建立在邮件服务器上，借助它提供的邮件发送、接收、转发等服务，用户的信件通过 Internet 被送到目的地。邮件服务器的主要功能如下。

（1）对有访问本邮件服务器电子邮箱要求的用户进行身份安全检查。

（2）接收本邮件服务器用户发送的邮件，并根据邮件地址转发给适当的邮件服务器。

（3）接收其他邮件服务器发来的电子邮件，检查电子邮件地址的用户名，把邮件发送到指定的用户邮箱。

（4）对因某种原因不能正确发送/转发的邮件，附上出错原因，退还给发信用户。

（5）允许用户将存储在邮件服务器用户信箱中的信件下载到自己的计算机上。

要想使用电子邮件服务，首先要拥有一个电子邮箱（Mail Box）。电子邮箱是由提供电子邮件服务的机构（一般是 ISP）为用户建立的。当用户向 ISP 申请 Internet 账号时，ISP 就会在它的邮件服务器中建立该用户的电子邮件账号，它包括用户名与用户密码。任何人都可以将电子邮件发送到某个电子邮箱中，但只有电子邮箱的拥有者输入正确的用户名和用户密码，才能查看到电子邮件内容或处理电子邮件。

3. 电子邮件地址

电子邮件与传统邮件一样，也需要一个地址。在 Internet 中，每一个使用电子邮件的用户都必须在各自的邮件服务器中建立一个邮箱，拥有一个全球唯一的电子邮件地址，即通常所说的邮箱地址。电子邮件地址采用基于 DNS 的分层命名的方法，其结构如下。

Username@Hostname.Domain-name

其中，Username 表示用户名，代表用户在邮箱中使用的账号；@表示 at（即中文"在"的意思）；Hostname 表示用户邮箱所在的邮件服务器的主机名；Domain-name 表示邮件服务器所在的域名。

实例 8-2　请分析 juan9615061@163.com 所代表的含义。

分析：该邮箱地址表示用户 juan9615061 在.com 域中名为 163 的主机上的邮箱地址。

4. 电子邮件的相关协议

在 Internet 的电子邮件服务系统中，各种服务协议在电子邮件客户端和邮件服务器间架起了一座桥梁，使得电子邮件系统得以正常运行。常用的电子邮件协议有 SMTP、POP3、IMAP4 和 MIME 等。

SMTP 主要负责服务器之间的邮件传送，它只规定电子邮件如何在 Internet 中通过发送方和接收方的 TCP/IP 连接传送，对于其他操作（如与用户的交互、邮件的存储、邮件系统发送邮件的时间间隔等）均不涉及。

POP3 的主要任务是在用户计算机与邮件服务器连通时，将邮件服务器的电子邮箱中的邮件直接传送到用户的计算机上，它类似于邮局暂时保存邮件，用户可以随时取走邮件。

因特网信息存取协议版本 4（Internet Message Access Protocol 4，IMAP4）与 POP3

类似，也提供面向用户的邮件收取服务。IMAP4 为用户提供了有选择的从邮件服务器接收邮件的功能、基于服务器的信息处理功能和共享信箱功能。

MIME 是因特网工程任务组 IETF 于 1993 年 9 月通过的一个电子邮件标准，它是为了使 Internet 用户能够传送二进制数据而制定的标准。MIME 是一种新型的邮件消息格式，它所规定的信息格式可以表示各种类型的消息（如汉字、多媒体等），并且可以对各种消息格式进行转换，它的应用很广泛。

5. 电子邮件系统的工作原理

电子邮件服务基于 C/S 结构，它通过"存储-转发"方式为用户传递信件。电子邮件系统的工作原理如图 8-4 所示。首先，发送方将写好的邮件发送给自己的邮件服务器；发送方的邮件服务器接收用户送来的邮件，并根据收件人地址发送到对方的邮件服务器中；接收方的邮件服务器接收到其他服务器发来的邮件，根据收件人地址分发到相应的电子邮箱中；最后，接收方可以在任何时间或地点从自己的邮件服务器中读取邮件，并对它们进行处理。发送方将电子邮件发出后，通过什么样的路径到达接收方，这个过程可能非常复杂，但是不需要用户介入，一切都是在 Internet 中自动完成的。

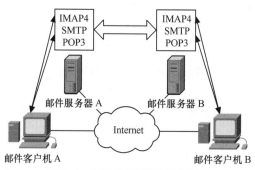

图 8-4　电子邮件系统的工作原理

> **提示**　**为什么有时发送电子邮件总是失败？**
> 可能的原因是 Internet 中某处的通信量特别大，于是路由器大量丢弃分组。即使 TCP 进行重传，但重传后的分组还是被丢弃，致使所发送的电子邮件分组无法到达接收方。

8.2.4　文件传输服务

互联网中除了有丰富的网页供用户浏览外，还有大量的共享软件、免费程序、学术文献、影像资料、图片、文字、动画等多种不同功能、不同展现形式、不同格式的文件供用户索取。利用文件传送协议（File Transfer Protocol，FTP），用户可以将远程主机上的这些文件下载（Download）到自己的计算机中，也可以将本机上的文件上传（Upload）到远程主机中。

1. FTP 的基本工作过程

FTP 服务系统是典型的 C/S 模式。提供 FTP 服务的计算机称为 FTP 服务器，用户的本地计算机称为客户机。FTP 的基本工作过程如图 8-5 所示。

图 8-5　FTP 的基本工作过程

FTP 是一种实时的联机服务，用户在访问 FTP 服务器之前必须进行登录，登录时要求用户给出其在 FTP 服务器中的合法账号和密码。只有成功登录的用户才能访问 FTP 服务器，并对授权的文件进行查阅和传输。FTP 的这种工作方式限制了 Internet 中一些公用文件及资源的发布。为此，多数 FTP 服务器提供匿名 FTP 服务。

2. 文件传送协议

在两个计算机系统间进行文件传输时，有多种文件传送协议可供选择，如 FTP、HTTP、NFS 等。其中，FTP 是 Internet 传输文件的通用协议。

FTP 是一种通用的、具有一定安全性的协议，它也是 TCP/IP 协议栈中的应用层协议。相对来说，FTP 相当复杂，在文件传输过程中，它要在客户程序和服务进程之间建立两个 TCP 连接：控制连接和数据连接。控制连接主要用于传输 FTP 命令及服务器的回送信息。一旦启动 FTP 服务程序，服务程序就将打开一个专用的 FTP 端口（21 号端口），等待客户程序的 FTP 连接。客户程序主动与服务程序建立端口号为 21 的 TCP 连接。在整个过程中，双方都处于控制连接状态。数据连接主要用于传输数据，即文件内容。当控制连接建立后，在客户程序和服务程序之间，一旦要传输文件就立即建立数据连接，而每传输一个文件就产生一个数据连接。在图 8-6 中，数据连接是双向的，表示 FTP 支持文件上传和文件下载，但必须是客户机主动访问服务器而不能是服务器访问客户机。

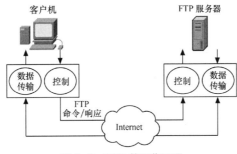

图 8-6　FTP 的工作原理

3. FTP 的主要功能

用户计算机与远端计算机建立 FTP 连接后即可进行文件传输。FTP 的主要功能如下。

（1）把本地计算机中的一个或多个文件传送到远程计算机中（上传），或从远程计算机中获取一个或多个文件（下载）。传送文件实质上是对文件进行复制，对源文件没有影响。

（2）能够传输多种类型、多种结构、多种格式的文件，如文本文件或二进制文件。此外，可以选择文件的格式控制及文件传输的模式等。用户可以根据通信双方所用的系统及要传输的文件，确定在文件传输时选择哪一种文件类型和结构。

（3）提供对本地计算机和远程计算机的目录操作功能，可在本地计算机或远程计算机中建立或者删除目录、改变当前工作目录及打印目录和文件的列表等。

（4）对文件进行重命名、删除、显示文件内容等操作。

可以完成 FTP 功能的客户端软件种类有很多，有字符界面的，也有图形用户界面的，通常用户可以使用的 FTP 客户端软件有如下几种。

① 操作系统命令行模式下的 FTP 实用程序。

② 各种 WWW 浏览器。

③ 使用其他客户端的 FTP 软件，如 IIS 服务器管理工具、FlashFXP、FileZilla、8uFTP、CuteFTP 等。

> **提示** 通过 WWW 浏览器程序进行文件传输时，一次只能传输一个文件。如果在下载过程中网络连接意外中断，那么下载完的部分文件将可能无法使用。使用 FTP 下载工具就可以解决这个问题，即通过断点续传功能可以继续进行文件剩余部分的传输。但专门的 FTP 客户端软件必须先安装、配置才能使用，其一次可以传输选定的全部文件。

4. 匿名 FTP

要想在 Internet 中连接 FTP 服务器，大多要经过一个登录（Login）的过程，要求输入用户在该主机中登记的账号和密码。为了方便用户，大部分主机提供了一种称为匿名（Anonymous）的 FTP 服务，用户不需要主机的账号和密码即可进入 FTP 服务器，任意浏览和下载文件。当使用匿名 FTP 时，只要以 Anonymous 或 Guest 作为登录的账号，输入用户的电子邮件地址作为密码即可进入服务器。如果用户使用 Anonymous 或 Guest 两个账号都无法进入 FTP 主机，则表示该主机不提供匿名 FTP 服务，必须有该主机的账号及密码才能登录服务器并下载其中的文件。使用匿名 FTP 进入服务器时，通常只能浏览及下载文件，不能上传文件或修改服务器中的文件。但也有的服务器会提供一些目录供用户上传文件使用。

> **提示** 匿名 FTP 服务并不适用于 Internet 中的所有主机，它只适用于提供了这项服务的主机。以匿名用户登录 FTP 服务器时，一般要求输入用户的电子邮件地址作为密码，该电子邮件地址包含"@"符号即可，并不要求是真实存在的电子邮件地址。

8.2.5 远程登录服务

1. 远程登录的概念及意义

远程登录（Telnet）是最主要的 Internet 应用之一，也是最早的 Internet 应用之一。

Telnet 允许 Internet 用户从其本地计算机登录到远程服务器，一旦建立连接并登录到远程服务器，用户就可以向其输入数据、运行软件，就像直接登录到该服务器一样，可以进行任意操作。Internet 远程登录服务的主要作用如下。

（1）允许用户与在远程计算机中运行的程序进行交互。

（2）可以执行远程计算机中的任何应用程序，并且能屏蔽不同型号计算机之间的差异。

（3）用户可以利用个人计算机去完成许多只有大型计算机才能完成的任务。

2. Telnet 基本工作原理

与其他 Internet 服务一样，Telnet 服务系统也采用了 C/S 模式，主要由 Telnet 服务器、Telnet 客户机和 Telnet 通信协议组成。在用户要登录的远程主机上，必须运行 Telnet 服务软件；在用户的本地计算机上需要运行 Telnet 客户软件，用户只能通过 Telnet 客户软件进行远程访问。Telnet 服务软件与客户软件协同工作，在 Telnet 通信协议的协调指挥下，完成远程登录功能。Telnet 的工作原理如图 8-7 所示。

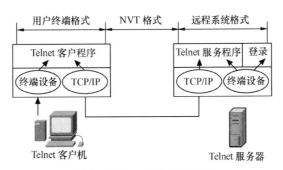

图 8-7 Telnet 的工作原理

为了适应不同计算机和操作系统，Telnet 定义了网络虚拟终端（Network Virtual Terminal，NVT）。在进行远程登录时，用户通过本地计算机的终端与 Telnet 客户软件交互。Telnet 客户软件把客户系统格式的用户按键和命令转换为 NVT 格式，并通过 TCP 连接传送给远程的服务器。Telnet 服务软件把收到的数据和命令从 NVT 格式转换为远程系统所需的格式。向用户返回数据时，Telnet 服务将远程服务器系统格式转换为 NVT 格式，本地客户接收到信息后，再把 NVT 格式转换为本地系统所需的格式并在屏幕上显示出来。因此，Telnet 客户软件和 Telnet 服务软件都必须支持 TCP 连接，即必须支持 TCP/IP。事实上，远程登录所用到的 Telnet 协议就是 TCP/IP 的应用层协议，而其他层次的功能是由 TCP/IP 对应层次实现的。

3. Telnet 的使用

使用 Telnet 的条件是用户本身的计算机或向用户提供 Internet 访问的计算机是否支持 Internet 命令。用户进行远程登录时，在远程计算机中应该具有自己的用户账户，包括用户名与用户密码。

远程计算机提供公共的用户账户，供没有账户的用户使用。

用户在使用 Telnet 命令进行远程登录时，首先应在 Telnet 命令中给出对方计算机的主机名或 IP 地址（如 Telnet 192.168.1.254），然后根据对方系统的询问正确输入自己的用户名或用户密码，有时还要根据对方要求回答自己所使用的仿真终端的类型。

Internet 有很多信息服务机构提供开放式的远程登录服务。登录到这样的计算机时，不需要事先设置用户账户，使用公开的用户名就可以进入系统。这样，用户就可以使用 Telnet 命令，使自己的计算机暂时成为远程计算机的一个仿真终端。一旦用户成功地实现了远程登录，用户就可以像使用远程主机的本地终端一样进行工作，并可以使用远程主机对外开放的全部资源，如硬件、操作系统、应用软件及信息资料等。

8.3 企业内联网 Intranet

Internet提供的服务虽然很多，但是由于Internet应用范围广、资源共享程度高等，存在管理费用高、安全性低等缺点。对企业来讲，如何充分利用Internet的优势，又尽量弥补它的缺点呢？

8.3.1 Intranet 的概念

Internet 的浪潮冲击着人们生活的每一个环节，促使人类社会进入了网络时代。同样，Internet 的浪潮也冲击着企业的计算机应用。人们发现 TCP/IP、HTML 及 Web 等技术也可以用于企业内部信息网的建设，由此便引发了 Intranet 应用的高潮。

Intranet 按字面直译是"内部网"的意思，为了与互联网对应，通常将之译成"内联网"，表示这是一组在特定机构范围内使用的互联网络。这个机构的范围大可到一个跨国企业集团，小可到一个部门或小组，它们的地理分布不一定集中或只限定在特定的区域内。所谓"内部"，只是就机构职能而言的一个逻辑概念。Intranet 的核心技术是基于 Web 的计算，其基本思想如下：在内部网络中采用 TCP/IP 作为通信协议，利用 Internet 的 Web 模型作为标准信息平台，同时建立防火墙把内部网和 Internet 分开。当然，Intranet 并非一定要和 Internet 连接在一起，它完全可以自成一体，作为一个独立的网络使用。

Intranet 技术一问世就受到了各类机构组织和企业的极大欢迎，其推广速度与 Internet 相比有过之而无不及。现在全球几乎 80%的 Web 服务器都与 Intranet 应用有关，可以说 Intranet 已成为当前机构和企业计算机网络的新热点。Intranet 在企业中的应用非常广泛，通过 Intranet 可以实现企业主页的发布，协助企业销售工作，还可以改善企业通信和技术支持工作，协同企业工作环境等。

Intranet 是在 Internet 技术上发展起来的，它们虽然有着许多共同点，但也有一定的差别。其异同点主要表现如下。

Intranet 是一种企业内部的计算机信息网络，而 Internet 是一种向全世界用户开放的公共信息网络，这是二者在功能上的主要区别之一。

Intranet 是一种利用 Internet 技术、开放的计算机信息网络，它所使用的 Internet 技术主要有 WWW、电子邮件、FTP 与 Telnet 等，这是 Internet 与 Intranet 二者的共同之处。

Intranet 采用了统一的 WWW 浏览器技术去开发客户端软件，对 Intranet 用户来说，其所面对的用户界面与普通 Internet 用户界面是相同的，因此，企业网内部用户可以很方便地访问 Internet 和使用各种 Internet 服务，同时 Internet 用户能够方便地访问 Intranet。

8.3.2 Intranet 的技术特点

Intranet 的核心技术之一是 WWW。WWW 是一种以图形用户界面和超文本链接方式来组织信息页面的先进技术，它的 3 个关键组成部分是 URL、HTTP 与 HTML。将 Internet 技术引入企业 Intranet，使得企业内部信息网络的组建方法发生了重大的变化。Intranet 具有以下几个明显的特点。

1. Intranet 为用户提供了友好且统一的浏览器界面

在传统的企业网中，用户一般只能使用专门为他们设计的客户端应用软件。这类应用软件的用户界面通常是以菜单方式工作的。由于 Intranet 使用了 WWW 技术，用户可以使用浏览器方便地访问企业内部网的 Web Server 或者外部 Internet 中的 Web Server，这将给企业内部网的用户带来很大的方便。

2. Intranet 可以简化用户培训过程

由于 Intranet 采用了友好和统一的用户界面，用户在访问不同的信息系统时不需要进行专门的培训。这样既可以减少用户培训的时间，又可以减少培训的费用。

3. Intranet 可以改善用户的通信环境

Intranet 中采用了 WWW、E-mail、FTP 与 Telnet 等标准的 Internet 服务，因此 Intranet 用户可以方便地与企业内部网用户或 Internet 用户通信，实现信件发送、通知发送、资料查询、软件与硬件共享等功能。

4. Intranet 可以为企业最终实现无纸化办公创造条件

Intranet 用户不但能发送 E-mail，而且可以利用 WWW 发布和阅读文档。文档的作者可以随时修改文档内容和文档之间的链接，且不需要打印就可以在各地用户之间传送与修改文档、查询文件。企业管理者可以通过 Intranet 实现网络会议和网上联合办公。企业产品的开发者可以使用协同操作方式，并通过 Intranet 实现网上联合设计。这些功能都为企业最终实现办公自动化和无纸化创造了有利条件。

8.3.3　Intranet 网络的组成

企业 Intranet 是将 Internet 的技术和服务应用到企业内部网络（一般是局域网）环境中，它通过使用标准的网络协议 TCP/IP 和更简单的客户程序提供信息发布、电子邮件等信息服务。从技术上来说，Intranet 可以实现企业内部多种硬件平台、多种操作平台、多种应用平台的统一，实现异种机的网络互连。对于新建的企业网络环境，完整的企业内部网主要由网络硬件系统和网络服务系统组成。

Intranet 是使用 Internet 技术组建的企业内部网，Intranet 要与 Internet 互连才能发挥作用；Intranet 是企业内部网，而 Internet 是公共信息网；Internet 允许任何人从任何一个站点访问它的资源，而 Intranet 中的内部信息必须严格加以保护，它必须通过防火墙与 Internet 连接起来。

Intranet 主要由服务器端、客户端、物理网与防火墙 4 部分组成，如图 8-8 所示。

Intranet 基本服务器主要包括 WWW 服务器、数据库服务器与电子邮件服务器。数据库服务器（Database Server）是 Intranet 的重要组成部分，WWW 服务器通过开放数据库连接（Open-DataBase-Connectivity，ODBC）

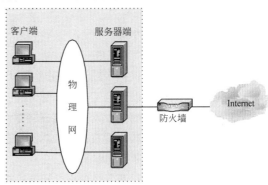

图 8-8　Intranet 的基本结构

与数据库连接。网页设计者通常会在生成网页的脚本程序中嵌入 SQL 语句，使得用户可以通过脚本程序去访问数据库中的信息，以便生成用于浏览的网页。图 8-9 所示为一个实际的 Intranet 结构。

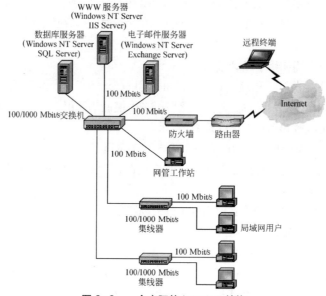

图 8-9　一个实际的 Intranet 结构

目前，Intranet 正在以惊人的速度发展。因为具有开放的网络标准与良好的浏览器用户界面，使得阻碍企业办公人员多人协同工作的技术障碍已经消除，所以 Intranet 在实现企业办公自动化中将会发挥更大的作用。

练习与思考

一、名词解释

用所给定义解释以下术语（请在每个术语前的下划线上标出正确定义的序号）。

_____1. Internet　　　　　　_____5. 网络新闻组

_____2. Intranet　　　　　　_____6. 浏览器

_____3. 电子邮件　　　　　　_____7. 搜索引擎

_____4. 文件传输　　　　　　_____8. 电子商务

定义：

A. 利用 Internet 进行专题讨论的国际论坛

B. 利用 Internet 发送与接收电子邮件的 Internet 基本服务功能

C. 用来浏览 Internet 上网页的客户端软件

D. 利用 Internet 技术建立的企业内部信息网络

E. 贸易活动各个环节的电子化

F. 利用 Internet 在两台计算机之间传输文件的 Internet 基本服务功能

G. 全球性、最具有影响力的计算机互联网络

H. 在 Internet 中主动搜索其他 WWW 服务器中的信息，并对其进行自动索引，将索引内容存储在可供查询的大型数据库的 WWW 服务器中

二、选择题

1. Internet 的主要传输协议是＿＿＿。
   A. TCP/IP   B. IPC   C. POP3   D. NetBIOS

2. 中国教育和科研计算机网的缩写为＿＿＿。
   A. ChinaNet   B. CERNET   C. CNNIC   D. ChinaPAC

3. 教育部门的域名是＿＿＿。
   A. com   B. org   C. edu   D. net

4. WWW 主要使用的语言是＿＿＿。
   A. C   B. Pascal   C. HTML   D. Java

5. Telnet 使用的端口号是＿＿＿。
   A. 20   B. 21   C. 23   D. 25

6. 网络中的计算机可以借助通信线路相互传递信息，共享软件、硬件与＿＿＿。
   A. 打印机   B. 数据   C. 磁盘   D. 复印机

7. 在我国，Internet 又称为＿＿＿。
   A. 邮电通信网   B. 数据通信网   C. 企业网   D. 因特网

8. Internet 是全球最具有影响力的计算机互联网络，也是全世界范围内重要的＿＿＿。
   A. 信息资源库   B. 多媒体网   C. 因特网   D. 销售网

9. 接入 Internet 的主机既可以是信息资源及服务的使用者，又可以是信息资源及服务的＿＿＿。
   A. 多媒体信息   B. 信息   C. 提供者   D. 语音信息

10. TCP/IP 是 Internet 中计算机之间通信所必须共同遵循的一种＿＿＿。
    A. 通信规则   B. 信息资源   C. 软件   D. 硬件

11. www.nankai.edu.cn 不是 IP 地址，而是＿＿＿。
    A. 硬件编号   B. 域名   C. 密码   D. 软件编号

12. WWW 服务是 Internet 中非常方便且受用户欢迎的＿＿＿。
    A. 数据库计算机方法   B. 信息服务类型   C. 数据库   D. 计费方法

13. WWW 浏览器用来浏览 Internet 中网页的＿＿＿。
    A. 数据   B. 信息   C. 硬件   D. 软件

14. ABCD@nankai.edu.cn 是一种典型的用户＿＿＿。
    A. 数据   B. 信息   C. 电子邮件地址   D. WWW 地址

15. 文件从 FTP 服务器传输到客户机的过程称为＿＿＿。
    A. 下载   B. 浏览   C. 上传   D. 邮寄

16. Internet 中的域名（如 www.bupt.edu.cn/）依次表示的含义是＿＿＿。
    A. 用户名，主机名，机构名，最高层域名
    B. 用户名，单位名，机构名，最高层域名
    C. 主机名，网络名，机构名，最高层域名
    D. 网络名，主机名，机构名，最高层域名

17. 电子邮件由用户在计算机上使用电子邮件软件包____。

    A. 直接发送到接收者计算机的指定磁盘目录中

    B. 直接发送到接收者注册的 POP3 服务器指定的电子邮箱中

    C. 通过 SMTP 服务器发送到接收者计算机指定的磁盘目录中

    D. 通过 SMTP 服务器发送到接收者注册的 POP3 服务器指定的电子邮箱中

18. 电子邮箱地址的基本结构为用户名@____。

    A. SMTP 服务器 IP 地址   B. POP3 服务器 IP 地址

    C. SMTP 服务器域名   D. POP3 服务器域名

19. 在电子邮件中，用户____。

    A. 可以同时传送声音文本和其他多媒体信息   B. 只可以传送文本信息

    C. 在邮件上不能附加任何文件   D. 不可以传送声音文件

20. 要在浏览器中查看某个公司的主页，必须知道____。

    A. 该公司的 E-mail 地址   B. 该公司的主机名

    C. 该公司主机的 ISP 地址   D. 该公司的 WWW 地址

21. 域名服务器上存放有 Internet 主机的____。

    A. 域名   B. IP 地址   C. 域名和 IP 地址   D. E-mail 地址

22. Internet 网关的作用是____。

    A. 将 Internet 上的网络互连并把分组从一个网络传递到另一个网络

    B. 防止黑客进入 Internet

    C. 保证网络安全

    D. 监控网络状态并管理网络运行

三、填空题

1. 电子邮件地址采用基于 DNS 所用的分层命名方法，其结构如下：用户名_____计算机名._____._____. 最高层域名。

2. Internet 上的文件服务器有_____和_____。

3. 万维网上的文档称为_____或_____，它是用_____语言编写的。

4. 如果要下载的文件在网页上，则可以使用两种方式下载：_____和_____。

5. Telnet 允许 Internet 用户从_____登录到_____上，一旦建立连接并登录成功，用户就可以向其_____和_____。

四、判断题

请判断下列描述是否正确（正确的在下划线上写 Y，错误的写 N）。

_____1. 在按组织模式划分的域名中，"edu"表示政府机构。

_____2. 电子邮件程序从邮件服务器中读取邮件时，需要使用简单邮件传输协议。

_____3. 在用户访问匿名 FTP 服务器时，一般不需要输入用户名与用户密码。

_____4. 当通过局域网接入 Internet 时，并不需要使用通信线路连接到 ISP 主机上。

_____5. Intranet 中的内部信息必须严格加以保护，它必须通过防火墙与 Internet 连接起来。

_____6. 通常所说的 B/C 模式，指的是企业与企业之间的电子商务。

_____7. Internet 上使用的协议是 TCP/IP。

_____8. 世界上两个不同国家的 Internet 主机的 IP 地址可以重复。

_____9. 在 Internet 的基本服务功能中，文件传输所使用的命令是 telnet。

_____10. 如果不知道某一网站的 URL，则不能访问该站点。

五、问答题

1. Internet 的基本组成部分是什么？

2. WWW 提供的基本服务有哪些？

3. Internet 的基本服务功能有哪几种？

4. 简述电子邮件服务器的基本工作原理。

5. 简述文件传输服务的基本工作原理。

6. Internet 的接入方式有哪几种？它们各有什么特点？

7. Intranet 的技术特点有哪些？它的基本结构是什么？

8. 下载文件有哪几种常用的方法？

9. 访问 FTP 服务器有哪几种方式？

10. A、B 两地相距很远，A 地的用户怎样才能够方便地使用位于 B 地的计算机中的资源？

11. 电子邮件传送的是什么信号？可以用来传送什么？可以用来传送实物吗？

12. WWW 的全称是什么？它和 Internet 是什么关系？

13. 实例操作：浏览人民邮电出版社的 Web 站点（http://www.ptpress.com.cn/），并将其添加到收藏夹中，同时将其设置为起始页。

14. 实例操作：先从人民邮电出版社的网页上直接下载文件，再利用 CuteFTP 从 FTP 站点上下载文件。

第9章
常见网络故障的排除

09

本章导读

　　随着计算机网络技术的不断发展，网络的维护和管理变得越来越复杂。本章主要讲解网络故障的概念、常见网络故障排查过程、网络故障检测工具、网络故障类型等基本知识，列举和分析常见的网络故障。通过对本章的学习，应达成如下学习目标。

知识目标

1. 了解网络故障的分类；
2. 熟悉基本的网络故障排查过程；
3. 掌握常见网络故障检测工具的使用；
4. 掌握各种网络故障类型。

技能目标

1. 能使用网线测试仪、ping命令等分析、诊断网络故障；
2. 能快速、准确地排查常见网络故障。

素质目标

1. 在网络故障的分析诊断过程中，培养逻辑分析能力；
2. 在排查网络故障的过程中，培养严谨缜密、细致耐心、精益求精的工作态度。

///// 9.1 网络故障概述

　　我们在使用网络时经常会出现"莫名其妙"的问题，如网络不通、速度变慢、网络时好时坏等，该如何查找原因呢？怎样才能够使系统恢复正常呢？

　　随着计算机网络技术的飞速发展，网络的规模不断扩大，网络的维护变得越来越复杂。网络在使用中易出现各式各样的故障，这些故障不仅会造成使用问题，还会大大影响网络的安全。一名优秀的网络管理员要能利用多种技能、技术和技巧来保障网络的正常运行。而作为网络中的用户，掌握基本的网络故障排除方法，将极大地方便自己的工作、学习和生活。

9.1.1　网络故障产生的主要原因

引起网络故障的原因有很多，且分布很广，但总体来说可以分为软件故障和硬件故障两个方面，细化后可分为网络连接故障、软件属性设置故障和网络协议故障 3 个方面。

1. 网络连接故障

网络连接故障应该是发生故障之后首先应当考虑的，通常网络连接故障会涉及网卡、网线、集线器、交换机、路由器等设备，如果其中一个出现问题，则必然会导致网络故障。

网络是否处于连接状态可进行测试。在当前计算机不能浏览网页的时候，第一反应应该是测试网络连接是否正常。这时，可以通过使用 ping 命令 ping 同一网段的计算机能否正常连接、打开"网上邻居"窗口能否看到其他计算机、其他网络软件能否正常使用等方法，来判断网络连接的正常性，只要其中有一项处于正常状态，那么可能就不存在网络连接的故障。

2. 软件属性设置故障

计算机的配置选项、应用程序的参数设置不正确，也有可能导致网络故障的发生。例如，服务器权限设置不当，将导致资源无法共享；计算机网卡配置不当，将导致无法连接网络；IE 设置不当，将无法浏览网页。所以在排除了硬件故障之后，重点应放在软件属性设置方面。

3. 网络协议故障

没有网络协议就没有计算机网络，如果缺少合适的网络协议，那么局域网中的网络设备和计算机之间就无法建立通信连接。所以网络协议在网络中处于举足轻重的地位，决定着网络能否正常运行。网络协议非常多，不仅包括常见的 TCP/IP，还包括文件、打印及共享等服务方面的协议。如果配置不当，则会导致网络瘫痪，或出现服务被终止的情况。

9.1.2　常见故障排查过程

在排查局域网中的故障时，首先要认真考虑出现故障的原因，以及应当从哪里着手一步一步地进行分析和排除，甚至要在纸上画出流程图来帮助排查网络中的故障。

在开始排除故障之前，建议准备纸和笔，将故障现象认真记录下来。这样不仅有助于分析故障产生的原因，还可以根据记录的故障向他人请教，日后如果再次遇到类似的问题就可以通过这些记录材料迅速解决。需要注意的是，在记录故障的时候千万要重视细节，因为很多时候是一些看似不起眼的小问题造成了网络故障。

1. 识别故障的现象

在进行故障排除之前，必须确切地知道网络到底出现了什么问题：是无法共享网络、不能浏览网页，还是在"网上邻居"窗口中查找不到对方的计算机。知道出现了什么问题并能够及时对其定位，是成功排除网络故障的首要条件。所以，在排查网络故障时一定要找到问题的出发点。

为了与故障现象进行对比，必须非常清楚网络的正常运行状态。例如，了解网络设备、网络服务、网络软件、网络资源在正常情况下的工作状态，了解网络拓扑结构、网络协议，熟悉操作系统和自己所使用的应用程序等，这些都是在排除故障过程中不可缺少的。

总体来说，在识别网络故障的时候要注意以下几个方面。

（1）当网络发生故障的时候，正在运行哪些程序。

（2）这些程序以前是否成功运行过。

（3）如果成功运行过，则最后一次运行是在什么时候。

（4）第一次发生故障之前对系统配置、软件配置及硬件设备配置曾做过哪些更改。

2. 故障现象的描述

在处理网络故障时，对故障的描述显得格外重要。例如，无法浏览网页时，仅凭这个信息能判断出究竟是哪里出现问题了吗？所以需要注意此时的错误信息。例如，使用 IE 浏览器上网的时候，无论试图访问哪一个网页的地址都会出现"该页无法显示"的错误信息，或者是通过 ping 命令查看与其他计算机连接状况的时候始终显示超时连接的信息，这些错误信息都有助于缩小问题的范围。

3. 列举故障出现的可能原因

在得知了详细的网络故障之后，就要从多方面来列举有可能导致故障的原因。例如，无法浏览网页的时候，到底是网络硬件故障、网络连接故障、网络协议设置不当，还是 IE 浏览器的参数设置有误。这时不可能一下子找出问题的根源所在，只能根据出错的可能性将所有导致故障的原因逐一列举出来，不要忽略其中的任何一个故障产生的原因。

4. 缩小搜索范围

在排查网络故障时，要借助一些软件工具或者硬件设备从各种有可能导致故障的原因中剔除非故障因素。这时需要对有可能导致故障的原因逐一进行测试，而且不要根据一次测试的结果断定某部分的网络运行正常或者不正常，要尽量使用各种方法来测试所有导致网络故障的可能性。

5. 排除故障

在经过上面的测试、基本确定网络故障产生的根源后，就要对症下药。属于计算机故障的就要检查网络协议配置、应用程序的参数是否正确；属于网卡、网线等方面的硬件故障的，可以通过替换方法来排除网络故障。因为已经对所发生的网络故障有了充分了解，所以排除起来会更容易。

6. 故障分析

故障分析的主要目的是制定相应的对策来防止此类问题的再次发生。例如，如果网络故障是由系统或者应用程序参数变更所导致的，就要在以后的使用中注意，尽量不要擅自修改这些参数。

对一些简单的网络故障来说，上述的 6 个方面似乎有些烦琐了，但是遇到复杂的网络故障时应尽量遵循这些步骤来进行排查，否则即使解决了问题，但不知故障产生的原因，一旦再遇到同样的问题还是难以解决。

9.2　网络故障检测工具

　　医生在给病人看病的时候，通常会借助先进的医疗检测仪器，从而迅速、准确地诊断出病症所在。当网络出现故障的时候，使用什么工具可以迅速、准确地诊断出网络的故障呢？

网络故障检测的方法和手段因检测的目的不同而不同，所采用的工具也各不相同。用于网络故障检测的工具有很多，针对不同的检测内容，有专门的检测工具，也有综合性的检测工具；既有专业化的检测仪器，又有免费的软件检测工具；很多系统本身也集成了简单的网络检测工具。

总的来说，网络故障检测的工具分为网络故障检测的硬件工具和网络故障检测的软件工具两大类。

V9-1 网络故障
检测工具

9.2.1 网络故障检测的硬件工具

网络故障检测的硬件工具有许多，如数字万用表、时域反射仪、网线测试仪、示波器、协议分析仪等。这里重点介绍时域反射仪和网线测试仪。

1．时域反射仪

时域反射仪是一种用于测试和定位电缆、导线或其他传输线上故障的先进仪器。它在电信、网络和电力领域具有广泛的应用。通过发送脉冲信号并分析返回的时间和信号波形，时域反射仪能够精准测量出故障点距离、电缆长度及故障类型等信息，帮助工程师快速诊断和解决线路问题。

2．网线测试仪

网线测试仪是一种非常实用的网络测试工具，用来测试网线的连通性、速度和错误等。它适用于各种类型的网络，包括家庭或办公网络、大型企业网络、数据中心网络等。网线测试仪使用简单，将测试网线的两端分别插入测试仪两边，通过对仪器上 LED 灯的显示分析，来诊断是否存在网线松动、损坏或连接不正确等问题，即可帮助管理员提高网络性能、加速问题排查和优化维护。

9.2.2 网络故障检测的软件工具

在 Windows、UNIX、Linux 等操作系统中，都附带有一些小巧但很实用的网络诊断工具，如 ping、ipconfig/ifconfig、tracert/traceroute、netstat 等。灵活地运用这些工具，可以帮助用户快速、准确地确定网络中的故障。

> **提示** 相同命令在不同的操作系统中参数的作用略有不同，如无特别指出，以下命令均指的是在 **Windows** 操作系统中的使用方式。如果对某条命令的使用不太清楚，则可在命令提示符窗口中执行"命令名 /?"获得该命令的使用帮助信息。

1．ping 命令

（1）作用。ping 命令是网络中使用最频繁的命令之一，主要用来确定网络的连通性问题。ping 是 Windows、UNIX、Linux 等操作系统集成的 TCP/IP 命令之一。可以在"开始"→"运行"中直接使用 ping 命令，也可以在"开始"→"运行"中执行命令"cmd"，打开命令提示符窗口后再使用 ping 命令。

V9-2 ping 命令

> **提示** 只有在安装 TCP/IP 之后才能使用 ping 命令。

（2）其语法格式及参数如下。

ping　IP 地址或主机名 参数

ping 命令的参数如下所示。

- −t：表示 ping 指定的计算机直到中断。
- −a：表示将地址解析为计算机名。
- −f：在数据包中发送"不要分段"标志，数据包就不会被路由上的网关分段。
- −n：发送 count 指定的 ECHO 数据包数，默认值为 4。
- −w：指定超时间隔，单位为 ms。

在命令提示符窗口中输入命令"ping 192.168.1.2"，按 Enter 键后的结果如图 9-1 所示。其中，"字节"表示数据包的大小，"时间"表示数据包的延迟时间，"TTL"表示数据包的生存期。图 9-1 所示统计数据如下：总共发送了 4 个数据包，实际接收 4 个数据包，丢失率为 0，最短、最长和平均传输时延均为 0 ms（这个时延是数据包的往返时间）。

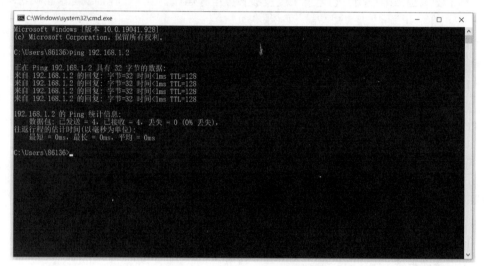

图 9-1　ping 命令的使用结果

 提示 在 ping 命令后面加上"−t"参数，可以不间断地测试源主机与目的主机之间的链路是否连通。按 **Ctrl+C** 组合键可中断测试，按 **Ctrl+Break** 组合键可查看统计结果。

（3）应用。

- ping 127.0.0.1。这个 ping 命令被送到本地计算机的 IP 软件，如果 ping 不通，则表示 TCP/IP 的安装或运行存在基本的问题。
- ping 本机 IP 地址。这个命令被送到用户计算机所配置的 IP 地址上，用户的计算机始终都应该对该 ping 命令做出应答，如果没有，则表示本地配置或安装存在问题。出现此问题时，局域网用户应断开网络物理连接，并重新执行该命令。如果网络断开后该命令正确，则表示另一台计算机可能配置了相同的 IP 地址。
- ping 局域网内其他 IP 地址。这个命令离开用户的计算机，经过网卡及网络传输介质到达其他计算机后再返回。如果收到回送应答，则表明本地网络中的网卡和载体运行正确。但如果收到 0 个回送应答，则表示子网掩码（进行子网分割时，将 IP 地址的网络部分与主机部分分开的代码）不正确、网卡配置错误或传输系统有问题。

- ping 网关 IP 地址。这个命令如果应答正确，则表示局域网中的网关正在运行，并能够做出应答。

- ping 远程 IP 地址。如果收到应答，则表示成功地使用了默认网关。对于拨号上网的用户，其表示能够成功地访问 Internet（但不排除 ISP 的 DNS 会有问题）。

- ping localhost。localhost 是操作系统的网络保留名，它是 127.0.0.1 的别名，每台计算机都应该能够将该名称转换成相应地址。如果没有做到这一点，则表示主机文件（/Windows/host）存在问题。

- ping 域名。对域名执行 ping 命令，用户的计算机必须先将域名转换成 IP 地址，通常是通过 DNS 服务器转换。如果这里出现故障，则表示 DNS 服务器的 IP 地址配置不正确或 DNS 服务器有故障（对拨号上网用户而言，某些 ISP 已经不需要设置 DNS 服务器了）。

> **提示** 如果上面所列出的所有 ping 命令都能正常运行，那么用户基本上可以对使用自己的计算机进行本地和远程通信放心了。但是这些命令的成功运行并不表示用户所有的网络配置都没有问题，例如，子网掩码错误就可能无法用这些方法测试到。ping 命令运行成功只能保证当前主机与目的主机间存在一条连通的物理路径。

（4）ping 命令的出错信息说明。如果 ping 命令失败了，则可注意 ping 命令显示的出错信息，这种出错信息通常分为以下 3 种情况。

- unknown host（不知名主机）。这种出错信息的意思是该台计算机的名称不能被 DNS 服务器转换成 IP 地址。这表明可能 DNS 服务器有故障，或者其名称不正确，或者服务器与客户机之间的通信线路出现了故障。

- network unreachable（网络不能到达）。这表示用户计算机没有到达服务器的路由，可使用 netstat -rn 命令检查路由表来确定路由配置情况。

- no answer（无响应）。这种出错信息表示服务器没有响应。出现这种故障说明用户计算机有一条到达服务器的路由，但是接收不到它发送给服务器的任何信息。出现这种故障的原因可能是服务器没有工作，或者用户计算机、服务器网络配置不正确。

> **提示** 如果执行 ping 命令不成功，则可以预测故障出现在以下几个方面：网线是否连通，网络适配器配置是否正确，IP 地址是否可用等。如果执行 ping 命令成功而网络仍无法使用，那么问题很可能出在网络系统的软件配置方面。

2. IP 配置查询命令 ipconfig

（1）作用。此命令用于显示 IP 的具体配置信息，如显示网卡的物理地址、主机的 IP 地址、子网掩码和默认网关等，还可用以查看主机名、DNS 服务器、节点类型等相关信息。

（2）其语法格式及参数如下。

ipconfig/参数

ipconfig 命令的参数如下所示。

V9-3　ipconfig
命令

- /?：显示所有可用参数信息。
- /all：显示所有有关 IP 地址的配置信息。
- /batch [file]：将命令结果写入指定文件。
- /release_all：释放所有网络适配器。
- /renew_ all：重试所有网络适配器。

在命令提示符窗口中输入命令 ipconfig/all，按 Enter 键后的结果如图 9-2 所示。可以从运行结果中查看网络适配器的物理地址、主机的 IP 地址、子网掩码、默认网关、主机名、DNS 服务器、节点类型等信息。其中，网络适配器的物理地址在检测网络错误时非常有用。

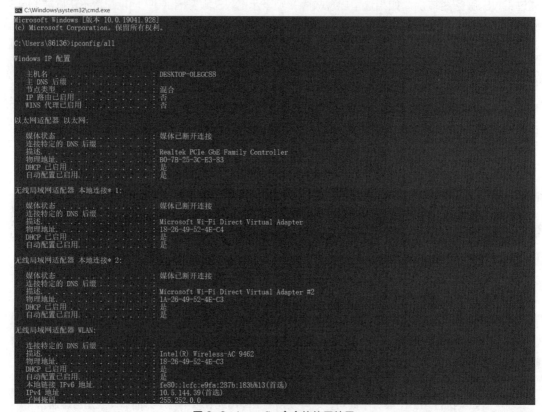

图 9-2　ipconfig 命令的使用结果

（3）应用。

查看动态获取的 IP 地址。使用 ipconfig 命令可以让用户很方便地了解到所用主机 IP 地址的实际配置情况，当用户设置的是利用网络中的 DHCP 服务器动态获取 IP 地址时，此命令非常有用，使用它可以清楚地知道本机分配的 IP 地址情况。

提示　在 Windows 95/98 操作系统中，IP 配置查询命令是 winipcfg；在 Linux 操作系统中，IP 配置查询命令是 ifconfig。

3. 网络状态查询命令 netstat

（1）作用。此命令用于显示当前正在活动的网络连接的详细信息，统计目前有哪些网络连接正在运行，如显示 TCP/IP、UDP 等的使用状态，选择特定的协议并查看其具体信息，显示所有主机的端口号及当前主机的详细路由信息等。

（2）其语法格式及参数如下。

netstat 参数

netstat 命令的参数如下所示。

V9-4　netstat
命令

- −r：显示本机路由表的内容。
- −s：显示每个协议的使用状态。
- −n：以数字表格形式显示地址和端口。
- −a：显示所有主机的端口号。

（3）应用。

- 显示本地或与之相连的远程计算机的连接状态，包括 TCP、IP、UDP、ICMP 的使用情况，了解本地主机开放的端口情况。
- 检查网络接口是否已正确安装，如果在使用 netstat 命令后不能显示某些网络接口的信息，则说明这个网络接口没有正确连接，需要重新查找原因。
- 通过加入"−r"参数查询与本机相连的路由器地址分配情况。
- 检查一些常见的木马等黑客程序，因为任何黑客程序都需要通过打开一个端口来达到与其服务器进行通信的目的。但这首先要使用用户的计算机接入 Internet，否则这些端口是不可能打开的，黑客程序也不会起到入侵的目的。
- 如果用户的应用程序（如 Web 浏览器）运行速度比较慢，或者不能显示 Web 页，那么可以使用 netstat −s 命令查看所显示的信息，找到出错的关键字，进而确定问题所在。

4. 路由表管理命令 route

（1）作用。route 命令的作用是查看并编辑计算机的 IP 路由表。大多数主机一般安装在路由器的网段上。如果只有一台路由器，则不存在使用哪一台路由器将数据报发送到远程计算机中的问题，该路由器的 IP 地址可作为该网段上所有计算机的默认网关来输入。但是，当网络中拥有两台或多台路由器时，用户就不一定只依赖默认网关了。用户可以让某些远程 IP 地址通过某台特定的路由器来传递，而其他的远程 IP 地址通过另一台路由器来传递。在这种情况下，用户需要相应的路由信息，这些信息存储在路由表中，每台主机和每台路由器都配有自己独一无二的路由表。大多数路由器使用专门的路由协议来交换和动态更新路由器之间的路由表。但在有些情况下，必须手动将项目添加到路由器和主机的路由表中。route 命令的作用是显示、手动添加和修改路由表项目。

（2）其语法格式及参数如下。

route 参数[Command][Destination] [mask Netmask] [Gateway] [metric Metric] [if Interface]

route 命令的参数和选项的作用如下。

- −f：清除所有网关入口的路由表。如果该参数与某个命令组合使用，则路由表将在运行命令前清除。
- −p：与 add 命令一起使用时，使路由具有永久性。默认情况下，系统重新启动时不保留路由。其与 print 命令一起使用时，将显示已注册的持久路由列表。
- Command：指定用户想运行的命令（add/change/delete/print）。

- Destination：指定该路由的网络目标。
- mask Netmask：指定与网络目标相关的网络掩码（即子网掩码）。如果没有指定，则将使用 255.255.255.255。
- Gateway：指定网络目标定义的地址集和子网掩码可以到达的前进或下一跃点的 IP 地址。
- metric Metric：为路由指定一个整数成本指标（从 1 至 9999），当在路由表（与转发的数据包目的地址最匹配）的多个路由中进行选择时可以使用。
- if Interface：为可以访问目标的接口指定接口索引。也就是说，发往甲的数据使用接口 A，发往乙的数据使用接口 B。这一条在一个网卡捆绑了多个同网段的 IP 地址时应用非常有效。例如，捆绑了*.1 和*.2 两个地址，可以指定某一条主机路由使用*.1 发送，某一条使用*.2 发送。否则，默认情况下，发往同一子网都使用一个 IP 地址。

（3）应用。

- 显示 IP 路由表的全部内容：route print。
- 显示以 10.起始的 IP 路由表中的路由：route print 10.*。
- 添加带有 192.168.12.1 默认网关地址的默认路由：route add 0.0.0.0 mask 0.0.0.0 192.168.12.1。
- 向带有 255.255.0.0 子网掩码和 10.27.0.1 下一跃点地址的 10.41.0.0 目标中添加一个路由：route add 10.41.0.0 mask 255.255.0.0 10.27.0.1。
- 向带有 255.255.0.0 子网掩码和 10.27.0.1 下一跃点地址的 10.41.0.0 目标中添加一个永久路由：route –p add 10.41.0.0 mask 255.255.0.0 10.27.0.1。
- 向带有 255.255.0.0 子网掩码、10.27.0.1 下一跃点地址且其成本指标为 7 的 10.41.0.0 目标中添加一个路由：route add 10.41.0.0 mask 255.255.0.0 10.27.0.1 metric 7。
- 向带有 255.255.0.0 子网掩码、10.27.0.1 下一跃点地址且使用 0x3 接口索引的 10.41.0.0 目标中添加一个路由：route add 10.41.0.0 mask 255.255.0.0 10.27.0.1 if 0x3。
- 删除到带有 255.255.0.0 子网掩码的 10.41.0.0 目标的路由：route delete 10.41.0.0 mask 255.255.0.0。
- 删除以 10. 起始的 IP 路由表中的所有路由：route delete 10.*。
- 将带有 10.41.0.0 目标和 255.255.0.0 子网掩码的下一跃点地址从 10.27.0.1 修改为 10.27.0.25：route change 10.41.0.0 mask 255.255.0.0 10.27.0.25。

5. 路由分析诊断命令 tracert

（1）作用。tracert 命令用来显示数据包到达目的主机所经过的路径，并显示到达每个节点的时间。其功能与 ping 命令类似，但测试的内容比 ping 命令更详细。它把数据包所走的全部路径、节点的 IP 地址及花费的时间都显示出来。该命令适用于大型网络。

（2）其语法格式及参数如下。

tracert　IP 地址或主机名　参数

tracert 命令的参数如下所示。

- –d：不解析目的主机的名称。
- –h maximum hops：指定搜索到目的地址的最大跳跃数。
- –j host list：按照主机列表中的地址释放源路由。

- -w timeout：指定超时时间间隔，单位为毫秒。

（3）应用。

- 了解自己的计算机与目的主机 www.bupt.edu.cn 之间的详细的传输路径信息：tracert www.bupt.edu.cn。

- 如果在 tracert 命令后面加上一些参数，则可以测试到更详细的信息，例如，使用参数-d 可以指定程序在跟踪主机的路径信息时解析目的主机的域名。

 提示 Linux 操作系统中的路由分析诊断命令是 traceroute。

9.3 网络故障类型

 正如每一种疾病都有它特定的病理特征与病理表现一样，网络故障也有自己的表现形式。医生利用医学理论知识和自己的实际经验根据病人的病情对症下药，计算机用户可以利用积累的经验，采用正确的方法对网络故障进行诊断与排除。

9.3.1 连通性故障

1. 连通性故障的表现形式

（1）计算机无法登录到服务器。

（2）计算机无法通过局域网接入 Internet。

（3）计算机在"网上邻居"窗口中只能看到自己，而看不到其他计算机，从而无法使用其他计算机的共享资源和共享打印机。

（4）计算机无法在网络内访问其他计算机中的资源。

（5）网络中的部分计算机运行速度十分缓慢。

2. 连通性故障产生的主要原因

（1）网线、信息插座故障。

（2）Hub 电源未打开，Hub 硬件故障，或 Hub 端口硬件故障。

（3）网络协议未安装正确。

（4）网卡驱动未安装或安装不正确及网卡硬件故障。

（5）UPS（不间断电源）故障。

3. 连通性故障的基本排除方法

（1）确认连通性故障。当出现网络应用故障，如无法接入 Internet 时，首先尝试使用其他网络应用查找网络中的其他计算机，或在局域网中进行 Web 浏览等。如果其他网络应用可正常使用，即使无法接入 Internet，只要能够在"网上邻居"窗口中找到其他计算机，或可 ping 通其他计算机，就可以排除连通性故障原因。

（2）利用指示灯判断网卡故障。查看网卡的指示灯是否正常。正常情况下，在不传送数据时，网卡指示灯闪烁较慢；传送数据时，网卡指示灯闪烁较快。无论网卡的指示灯是不亮还是常亮不灭，都表明网卡有故障存在。如果网卡的指示灯不正常，则需要关掉计算机电源，更换网卡。

（3）使用 ping 命令排除网卡故障。使用 ping 命令 ping 本地的 IP 地址（如 127.0.0.1）或计算机名（如 User01），检查网卡和 TCP/IP 是否安装完好。如果能 ping 通，则说明该计算机的网卡和网络协议设置都没有问题，问题出在计算机与网络的连接上，应当检查网线和 Hub 及 Hub 的接口状态。如果不能 ping 通，则说明 TCP/IP 有问题，这时可以在计算机"控制面板"的"系统"窗口中，查看网卡是否出错。如果在"系统"的硬件列表中没有发现网络适配器，或适配器前有一个黄色的"！"，则说明网卡没有安装正确，需将未知设备和带有黄色"！"的网络适配器删除，刷新后，重新安装网卡。随之为该网卡正确安装驱动程序和配置网络协议，并进行应用测试。如果网卡无法正确安装，则说明网卡可能损坏，必须换一块网卡重试。如果网卡安装正确，则可能原因是协议未安装。

（4）在确定网卡和协议都正确的情况下，网络还是不通，可以初步断定是 Hub 或双绞线有问题。为了进一步进行确认，可以换一台计算机按同样的方法进行判断。如果其他计算机与本机连接正常，则故障一定出现在先前那台计算机或者 Hub 的接口上。

（5）如果确定 Hub 有故障，则应先检查 Hub 的指示灯是否正常。因为凡是插有网线的端口，指示灯都会亮。这些指示灯的作用只能指示该端口连接有终端设备，不能显示通信状态。如果先前那台计算机 Hub 接口的指示灯不亮，则说明该 Hub 的接口有故障。

（6）如果 Hub 没有问题，则应检查先前那台计算机到 Hub 的那一段双绞线或所安装的网卡是否有故障。判断双绞线是否有问题可以通过网线测试仪实现。

9.3.2 网络协议故障

1. 协议故障的表现形式

（1）计算机无法登录到服务器。

（2）计算机无法通过局域网接入 Internet。

（3）计算机在"网上邻居"窗口中既看不到自己，又无法在网络中访问其他计算机。

（4）计算机在"网上邻居"窗口中能看到自己和其他成员，但无法访问其他计算机。

2. 协议故障产生的主要原因

（1）网卡安装错误。

（2）协议未安装：实现局域网通信时，需安装 NetBEUI 协议。

（3）协议配置不正确：TCP/IP 涉及的基本参数有 4 个，包括 IP 地址、子网掩码、DNS、网关，任何一个设置出现错误，都会导致故障发生。

（4）网络中存在重名的计算机。

3. 协议故障的基本排除方法

（1）使用 ping 命令 ping 本地的 IP 地址，检查网卡和 IP 是否安装完好。如果无法 ping通，则说明 TCP/IP 有问题。这时可以在计算机"控制面板"的"系统"窗口中，查看网卡是否已经安装或是否出错。如果在系统的硬件列表中没有发现网络适配器，或网络适配器前方有一个黄色的"！"，则说明网卡未安装正确。需将未知设备或带有黄色的"！"网络适配器删除，刷新后，重新安装网卡，并为该网卡正确安装驱动程序和配置网络协议，再进行应用测试。如果网卡无法正确安装，则说明网卡可能损坏，必须换一块网卡重试。如果网卡安装正确，则可能原因是协议未安装或未安装正确，可在"控制面板"的"网络"属性中对网卡的 TCP/IP 进行重新安装及配置。

（2）检查计算机是否安装了 TCP/IP 和 NetBEUI 协议，如果没有，则建议安装这两个协议，并把 TCP/IP 参数配置好，重新启动计算机并再次进行测试。

（3）在"控制面板"的"网络"属性中，单击"文件及打印共享"按钮，在弹出的"文件及打印共享"对话框中进行检查，看是否选中了"允许其他用户访问我的文件"或"允许其他计算机使用我的打印机"复选框。如果没有，则全部选中或选中其中一个复选框，否则将无法使用共享文件夹。系统重新启动后，双击"网上邻居"图标，将显示网络中的其他计算机和共享资源。如果仍看不到其他计算机，则可以使用"查找"命令，只要能找到其他计算机，就表示一切正常了。

（4）在"网络"属性的"标识"中，重新为该计算机命名，使其在网络中具有唯一性。

9.3.3 网络配置故障

1. 网络配置故障的表现形式

配置错误也是导致故障发生的重要原因之一。计算机的使用者（特别是初学者）对计算机设置的修改可能会产生一些令人意想不到的访问错误。常见的网络配置故障有如下几种表现。

（1）只能 ping 通本机。

（2）计算机只能与某些计算机而不是全部计算机进行通信。

（3）ping 命令运行正常，但无法上网浏览，无法访问任何其他设备。

2. 网络配置故障的基本排除方法

（1）在"控制面板"的"网络"属性中，查看 TCP/IP 的配置，指定 IP 地址必须配置在以太网网卡的 TCP/IP 上，拨号网络适配器的 IP 地址应是自动获取的。配置完成后重新启动计算机，测试网络运行状态。

（2）在命令提示符窗口中使用 ipconfig 命令查看网关设置是否正确。

（3）在命令提示符窗口中使用 ipconfig 命令查看 DNS 设置是否正确。

测试系统内的其他计算机是否有类似的故障，如果有同样的故障，则说明问题出现在网络设备上，如 Hub；若没有，则检查提供服务的被访问计算机是否存在类似故障。

9.4 网络故障排除实例

9.4.1 故障描述

小明是湖南工业职业技术学院计算机网络技术专业大一新生，今天的课上，老师布置了一个任务：请大家通过 Internet 查找、收集区块链的相关知识。其他同学都在很认真地查找，可是他的计算机却无法连接到 Internet。

平时在实训室上课时，遇到相关的网络问题时同学们都会找老师寻求帮助。但前不久，在

"计算机网络基础"课程上，老师正好讲解了网络故障的排除方法，小明准备利用自己所学的知识，尝试排除故障。

9.4.2 故障分析

实训室里面有多台计算机，但是只有他这一台无法通过浏览器上网，其余计算机均可正常上网，所以可以排除全网性网络故障，确定这是一个单点性网络故障。网络故障可以定位到故障计算机本身或者故障计算机与上层设备连接问题。故障定位成功之后，可以按照 OSI 参考模型，按物理连接、链路连接、网络配置、应用配置的顺序从底层到顶层逐层进行故障排除。

9.4.3 排除步骤

（1）检查物理连接：通过观察计算机水晶头、网卡指示灯闪烁情况，利用网线测试仪检测交换机与计算机的连接，排除了网线连接问题。

（2）查看本机 IP 地址、默认网关的配置，可发现这些配置均正确，并且能够 ping 通网关地址（见图 9-3），说明数据能正常到达网关。

图 9-3　网络配置正确

（3）测试到公网 IP 地址的连通情况。选用 IP 地址 114.114.114.114 进行测试（114.114.114.114 是全国通用 DNS 地址，也是一个公网 IP 地址），同时选用 ping 和 tracert 命令进行测试，如图 9-4 所示。

ping 命令可以测试网络连通情况；tracert -d 命令可以跟踪数据从本地到公网所经过的每一个路由节点，进一步判断局域网与公网通信的情况。

```
C:\Users\Administrator>ping 114.114.114.114

正在 Ping 114.114.114.114 具有 32 字节的数据:
来自 114.114.114.114 的回复: 字节=32 时间=22ms TTL=67
来自 114.114.114.114 的回复: 字节=32 时间=22ms TTL=94
来自 114.114.114.114 的回复: 字节=32 时间=22ms TTL=96
来自 114.114.114.114 的回复: 字节=32 时间=22ms TTL=77
```

```
C:\Users\Administrator>tracert 114.114.114.114

通过最多 30 个跃点跟踪
到 public1.114dns.com [114.114.114.114] 的路由:

  1    <1 毫秒   <1 毫秒   <1 毫秒  SKY-20170325PTZ [192.168.2.1]
  2     3 ms      6 ms      6 ms   100.64.0.1
  3     *         *         *      61.187.22.49
  4    21 ms     23 ms      *      61.137.4.61
  5
  6    23 ms     23 ms             202.97.50.21
  7     *         *         *      218.2.127.22
  8    22 ms     22 ms     22 ms   public1.114dns.com [114.114.114.114]
```

图 9-4　测试到公网 IP 地址的连通情况

通过结果发现，ping 命令发送的测试数据包能正常连接到 IP 地址为 114.114.114.114 的主机，并且 tracert -d 也跟踪到了数据包从源主机到目的主机的路径。通过数据的走向情况，判断本地局域网与外网（公网）之间的通信没有问题。

提示：进行这一步时，需要注意访问数据有没有被防火墙过滤掉。

（4）通过域名访问外网不能正常通信，而通过公网 IP 地址却能正常访问，初步判断很有可能是 DNS 服务器故障，导致域名和 IP 地址之间不能正常解析，尝试重新配置一个能够提供域名解析服务的 DNS 服务器地址：114.114.114.114。

（5）打开当前网络连接属性对话框，选择"Internet 协议版本 4(TCP/IPv4)"选项，单击"属性"按钮，将"自动获得 DNS 服务器地址"修改为"使用下面的 DNS 服务器地址"，并将首选 DNS 服务器设为 114.114.114.114，如图 9-5 所示，单击"确定"按钮。

图 9-5　设置首选 DNS 服务器

（6）使用 nslookup 命令确定 DNS 服务器是否正常连接，如图 9-6 所示。

```
C:\Users\lxt>nslookup www.baidu.com
服务器:  public1.114dns.com
Address:  114.114.114.114

非权威应答:
名称:     www.a.shifen.com
Addresses:  240e:ff:e020:966:0:ff:b042:f296
          240e:ff:e020:9ae:0:ff:b014:8e8b
          183.2.172.42
          183.2.172.185
Aliases:  www.baidu.com
```

图 9-6　使用 nslookup 命令

结果显示 www.baidu.com 域名正确解析到了百度服务器 IP 地址为 183.2.172.42，DNS
服务器正常工作。随后通过浏览器也能正常访问网络，问题得到解决。

这次导致小明的计算机无法通过浏览器连接外网的原因确定为自动获得的 DNS 服务器未正
常工作，使得域名解析不成功。

9.4.4　排故总结

排除故障时，首先要确定故障范围，然后按照从底层到顶层的逻辑逐层排查。排查的基本步
骤如下。

（1）检查物理链路是否有问题。

（2）查看本机 IP 地址、路由、DNS 的设置是否有问题。

（3）测试到公网 IP 地址的连通情况。

（4）测试 DNS 服务器是否正常工作。

提示　网络故障的排除思路一般为由近及远，先硬件后软件。

114.114.114.114 是国内第一个、全球第三个开放的 DNS 服务地址，是以多个基
础电信运营商自用的 DNS 系统为基础，通过扩展而建成的、专业的第三方高可靠
DNS 服务平台，国内用户使用较多，速度比较快且很稳定。

【慎思明辨】

网络故障的表现形式多种多样，导致故障的原因也不是唯一的。在进行网络
排故的时候，首先要有扎实的理论基础、清晰的排故思路，方能制定科学合理的
排除故障的策略；其次，在排除故障的过程中，要有严谨缜密、细致耐心、精益
求精的工作态度。两者兼具，就可以避免走弯路，从而提高工作效率。

练习与思考

一、选择题

1. 如果可以 ping 到一个 IP 地址但不能远程登录，可能是因为____。

    A. IP 地址不对　　　　　　　　　　　　B. 网络接口出错

    C. 上层功能未起作用　　　　　　　　　　D. 子网配置出错

2. 为了观察数据包从数据源到目的地的路径和网络瓶颈，需要使用____命令。

    A. ping　　　　　　B. ipconfig　　　　　　C. traceroute　　　　　D. displayroute

3. 找出受到网络问题影响的用户数目主要是为了____。

    A. 确定这个问题是和用户有关还是和网络有关　　B. 确定这个问题的范围

    C. 弄清楚哪些电缆需要检查　　　　　　　　　　D. 确定需要多少技术人员

4. 在下列给出的解决问题的方法中，需要深刻理解 OSI 参考模型的是____。

    A. 实例对照法　　　　B. 分层法　　　　　　C. 试错法　　　　　　D. 替换法

5. 如果要查看 Windows 2000 操作系统中的 TCP/IP 配置，应该使用____。

    A. 控制面板   B. winipcfg 命令   C. ipconfig 命令   D. ping 命令

6. 当网卡和集线器正确连接以后，通常可以发现网卡和集线器上的____指示灯点亮。

    A. 冲突   B. 衰减   C. 连接   D. MDI

7. 过量的广播信息产生，导致网速严重下降或网络中断的现象称为____。

    A. 冲突域   B. 广播风暴   C. 多播风暴   D. 单播风暴

8. 一个 MAC 地址是____位的十六进制数。

    A. 32   B. 48   C. 64   D. 128

9. 引起计算机硬件故障的原因可能为____。

    A. 显示器、键盘、鼠标、CPU、RAM、硬盘驱动器、网卡、交换机和路由器等出现故障

    B. 软件有缺陷，造成系统出现故障

    C. 网络操作系统有缺陷，造成系统失效

    D. 使用者突破网络赋予的权限，操作其他用户的数据资料

二、问答题

1. 简述网络故障的诊断方法及常见的排错过程。

2. 简述使用 ping 命令诊断网络故障的步骤。

3. 举例说明如何进行计算机网络故障的查找和排除。

4. 现在有一台计算机不能访问 Internet 上的 Web 服务器，使用 ping 命令操作并找出故障所在的位置。

第10章
网络安全技术

本章导读

随着信息技术的不断发展和网络应用的日益增多，网络安全威胁日益严重。本章主要讲解与安全相关的基础知识，主要包括网络安全的定义及关键技术、防火墙技术、杀毒软件的应用等。通过学习本章，读者应能掌握基本安全技术的使用，保证网络的安全，并达成如下学习目标。

知识目标

1. 认识网络存在的安全风险，了解基本的安全防范措施；
2. 掌握网络安全关键技术；
3. 熟悉网络安全新政策；
4. 掌握防火墙的工作原理；
5. 熟悉常用的杀毒软件。

技能目标

1. 能按要求进行Windows Defender防火墙配置；
2. 能使用360杀毒软件进行病毒查杀。

素质目标

1. 通过分析行业典型安全事件，树立网络安全无小事的观念；
2. 强化担当精神、责任意识，锤炼技能报国之志。

10.1 网络安全概述

大家在建筑物中能看到类似"消防箱""避雷针"之类的设备。它们是建筑装饰吗？当然不是，它们是为了安全而设立的安全设施。设立安全系统或安全设施的目的是，当出现安全故障时，它们能及时派上用场；当一切正常时，它们不会影响正常生活。那么，计算机网络世界中的"安全"是指什么？又能通过什么措施来增强计算机网络的安全性呢？

众所周知，信息是社会发展的重要战略资源。国际上围绕着信息的获取、使用和控制的斗争愈演愈烈，信息安全成为维护国家安全、经济安全和社会稳定的一个焦点，网络安全从本质上说就是网络中信息的安全。

V10-1　网络安全概述

10.1.1　网络面临的安全威胁

在日益网络化的社会，网络安全问题也不断涌现。网络安全面临的威胁主要表现为以下几个方面。

- 敏感信息为未授权用户所获取。
- 网络服务不能或不正常运行，甚至使合法用户无法进入计算机网络系统。
- 黑客攻击。
- 硬件或软件方面存在漏洞。
- 利用网络传播病毒。

1. 网络安全的概念

网络安全是指网络系统的硬件、软件及其系统中的数据受到保护，不受偶然的因素或恶意的攻击而遭到破坏、更改、泄露，系统能连续可靠正常运行，网络服务不中断。

网络安全具备以下 4 个特性。

（1）保密性。保密性是指信息不泄露给未授权用户、实体或过程，或供其利用的特性，即敏感数据在传播或存储介质中不会被有意或无意泄露。

（2）完整性。完整性是指数据未经授权不能被改变的特性，即信息在存储或传输过程中，保持不被修改、不被破坏和不被丢失的特性。

（3）可用性。可用性是指信息可被授权实体访问并按需求使用的特性，即当需要时能允许存取所需的信息。例如，网络环境下拒绝服务、破坏网络和有关系统的正常运行等都属于对可用性的攻击。

（4）可控性。可控性是指对信息的传播及内容具有控制能力的特性。

随着网络的逐步普及，网络安全已成为当今网络技术的一个重要课题，网络安全技术也不断出现。网络安全技术主要有防病毒技术、防火墙技术、加密技术、数字签名技术等。

2. 网络安全威胁

威胁是指对安全性的潜在破坏。网络安全威胁是指对网络信息的潜在危害，分为人为和自然两种，人为又分为有意和无意两类。另外，网络安全威胁与网络的管理和用户使用时对安全的重视程度有很大关系，管理的疏忽会导致更严重的安全威胁。

自然威胁因素主要是指自然灾害造成的不安全因素，如因地震、水灾、火灾等造成网络的中断、系统的破坏、数据的丢失等，可以通过对软硬件系统的选择、机房的选址与设计、双机热备份、数据备份等方法解决自然威胁。

常见的安全威胁主要有以下几类。

（1）信息泄露。信息泄露是指信息被泄露给未授权的实体。常见的信息泄露有如下几种。

- 网络监听：指信息在网络中传播时，攻击者利用工具和设备，收集或捕获在网络中传输的信息。
- 业务流分析：指通过对业务流模式进行观察，导致信息被泄露给未授权的实体。
- 电磁、射频截获：指信息从电子或机电设备所发出的无线射频或其他电磁场辐射中被分析、提取出来。

- 人员有意或无意破坏：指授权用户在金钱或利益的驱动下，或者在无意的情况下，将信息泄露给未授权用户。

- 媒体清理：指信息从废弃的光盘、磁盘或打印过的媒体等中获得。例如，当计算机出现故障时，硬盘中的数据在修理过程中可能会被泄露。

- 漏洞利用：指攻击者利用网络设备和系统存在的漏洞进行未授权的访问。由于管理者没有对设备和软件进行合理设置，留下了安全漏洞，这可能被未授权的用户利用。

- 授权侵犯：指用户本身是授权用户，但是其所做的操作是权限许可之外的。

- 物理侵入：指用户绕过物理控制措施，获得对系统的访问权限。

- 病毒、木马、后门、流氓软件：病毒、木马、后门、流氓软件如果被攻击者利用，则能绕过安全防护，实现对数据的未授权访问。

- 网络钓鱼：指攻击者通过假冒银行网站、电子商务网站、网络游戏网站，利用木马或病毒，或诱使用户输入机密的信息，致使用户的机密信息泄露。

（2）完整性破坏。可以通过漏洞利用、物理侵入、授权侵入、病毒、木马等方式来实现。

（3）拒绝服务攻击。对信息或资源合法的访问进行拒绝或者推迟等与时间密切相关的操作。

（4）网络滥用。合法的用户滥用网络，引入不必要的安全威胁，主要包括如下几类。

- 非法外联：即绕过安全措施（如防火墙）通过无线或 Modem 上网。

- 非法内联：即未授权的用户非法接入网络。

- 设备滥用：如随意拔插网络和主机上的设备，造成硬件资产的流失。

- 业务滥用：用户访问与业务无关的资源，进行与业务无关的活动，如上班时间在网上聊天、玩游戏，或访问不健康网站等。

【拓展阅读】

（1）Apache Log4j 2远程代码执行漏洞：Apache Log4j 2是一种流行的Java日志框架。2021年12月，Apache Log4j 2官方发布安全公告，Apache Log4j 2组件中存在一个远程代码执行漏洞（编号为CVE-2021-44832），攻击者可以利用该漏洞在受害者服务器上执行任意代码，导致服务器被入侵。Apache Log4j 2广泛地应用在中间件、开发框架、Web应用中，该漏洞危害性高，涉及用户量较大，导致影响力巨大。目前，开发者已经推出了相应的修复补丁，建议尽快升级版本，以保障服务器安全。

（2）美国最大燃油管道商惨遭勒索软件攻击：2021年5月，美国最大燃油管道运营商Colonial Pipeline遭遇勒索软件攻击，导致其关闭了5000英里（8046.72千米）长的燃油管道，对美国东部地区的能源供应造成重大影响，引发了社会的广泛关注。该事件凸显了勒索软件对企业网络安全的重大威胁，企业需要加强网络安全管理和应急响应能力，以防范和应对威胁。

（3）西北工业大学遭网络攻击事件：2021年12月，我国西北工业大学遭受了网络攻击，数据泄露，受影响的师生达数万人。经过调查，该攻击源头系位于美国的"特定入侵行动办公室"，该单位隶属于美国国家安全局，是负责对外实施网络攻击和间谍活动的组织之一。该事件表明网络攻击也可以是跨国界的，在网络安全问题上，国际合作和交流是不可避免的。

（4）蔚来汽车数据泄露事件：2022年12月，我国"造车新势力"蔚来汽车披露了一起数据安全事件，部分数据被盗取。该事件再次提醒企业和用户应加强数据安全保护，加强数据加密、备份和应急处理能力，防范数据泄露和勒索攻击。

【慎思明辨】

网络安全无小事。网络安全事关人类共同利益，事关世界和平与发展，事关各国国家安全。作为新时代的接班人，我们在使用网络的过程中，应加强个人隐私数据保护，养成备份重要数据的良好习惯，学会维护个人计算机安全。"星星之火，可以燎原"，我们要意识到个人计算机的安全风险可能会危害到整个学校、整个公司等集体的网络安全。作为计算机行业的从业者，我们更应该了解网络安全规范，学习网络安全知识，掌握网络安全关键技术，能使用防火墙、杀毒软件等专业工具保护网络安全，养成良好的网络安全防范意识。

10.1.2　网络安全的内容

计算机网络安全是涉及计算机科学、网络、通信、密码、信息安全、应用数学、数论、信息论等多种学科的综合学科，它包括网络管理、数据安全及数据传输安全等很多方面。

网络安全主要是指网络中的信息安全，包括物理安全、逻辑安全、操作系统安全、网络传输安全等。

1. 物理安全

物理安全是指用来保护计算机硬件和存储介质的装置及工作程序。物理安全包括防盗、防火、防静电、防雷击和防电磁泄漏等内容。

（1）防盗：如果计算机被盗，尤其是硬盘被窃，则信息丢失所造成的损失可能远远超过计算机硬件本身的价值，防盗是物理安全的重要一环。

（2）防火：由于电气设备和线路过载、短路、接触不良等原因引起的电打火而导致火灾；操作人员乱扔烟头、操作不慎可导致火灾；人为故意纵火或者外部火灾蔓延可导致机房火灾等。

（3）防静电：静电是由物体间相互摩擦接触产生的，静电产生后，如未能释放而留在电路内部，则可能在不知不觉中使大规模电路损坏，保持适当的湿度有助于防静电。

（4）防雷击：主要是根据电气、微电子设备的不同功能及不同受保护程序和所属保护层，确定防护要点，进行分类保护；也可根据雷电和操作瞬间过电压危害的可能通道，从电源线到数据通信线路做多级层保护。

（5）防电磁泄漏：有效措施是采取屏蔽，屏蔽主要有电屏蔽、磁屏蔽和电磁屏蔽3种类型。

2. 逻辑安全

计算机的逻辑安全主要用密码、文件许可、加密、检查日志等方法来实现。防止黑客入侵主要依赖于计算机的逻辑安全。

逻辑安全可以通过以下措施来加强。

（1）限制登录的次数，对试探操作加上时间限制。

（2）对重要的文档、程序和文件进行加密。

（3）限制存取非本地用户自己的文件，除非得到明确的授权。

（4）跟踪可疑的、未授权的存取企图。

3. 操作系统安全

操作系统是计算机中非常基本、非常重要的软件。同一台计算机可以安装几种不同的操作系统。如果计算机系统需要提供给许多人使用，则操作系统必须能区分用户，防止各用户之间相互干扰。一些安全性高、功能较强的操作系统可以为计算机的每个用户分配账户。不同账户有不同的权限。

操作系统分为网络操作系统和个人操作系统，其面临的安全威胁主要包括如下几个方面。

（1）系统本身的漏洞。

（2）内部和外部用户的安全威胁。

（3）通信协议本身的安全性。

（4）病毒感染。

4. 网络传输安全

网络传输安全是指信息在传播过程中出现丢失、泄露、受到破坏等情况。其主要内容如下。

（1）访问控制服务：用来保护计算机和联网资源不被未授权使用。

（2）通信安全服务：用来认证数据的保密性和完整性，以及各通信的可信赖性。

10.1.3　网络安全的关键技术

1. 数据加密技术

信息加密是保障信息安全非常基本、非常核心的技术措施和理论基础，信息加密也是现代密码学的主要组成部分。信息加密过程由形形色色的加密算法来具体实施，它以很小的代价提供很大的安全保护。在多数情况下，信息加密是保证信息机密性的唯一方法。现有的加密算法有很多，如果按照收发双方密钥是否相同来分类，可以将这些加密算法分为对称加密算法（私钥密码体系）和非对称加密算法（公钥密码体系）。

在私钥密码中，收信方和发信方使用相同的密钥，即加密密钥和解密密钥是相同或等价的。在众多的常规密码中，影响较大的是数据加密标准（Data Encryption Standard，DES）密码。

在公钥密码中，收信方和发信方使用的密钥互不相同，而且几乎不可能由加密密钥推导出解密密钥。较有影响的公钥加密算法是 RSA 算法，它能够抵抗到目前为止已知的几乎所有密码攻击。

2. 信息确认技术

信息确认技术通过严格限定信息的共享范围来防止信息被非法伪造、篡改和假冒。一个安全的信息确认方案应该具有如下功能。

- 合法的接收者能够验证其收到的消息是否真实。
- 发信者无法抵赖自己发出的消息。
- 除合法发信者外，别人无法伪造消息。
- 发生争执时可由第三人仲裁。

按照其具体目的，信息确认系统可分为消息确认、身份确认和数字签名。消息确认使约定的接收者能够证实消息是否为约定发信者送出的，且在通信过程中未被篡改过。身份确认使得用户的身份能够被正确判定。简单但常用的身份确认方法有个人识别号、口令、个人特征（如指纹）等。数字签名与日常生活中的手写签名效果一样，它不但能使消息接收者确认消息是否来自合法方，而且可以为仲裁者提供发信者对消息签名的证据。

用于消息确认的常用算法有 ElGamal 签名、数字签名标准、One-time 签名、Undeniable 签名、Fail-stop 签名、Schnorr 确认方案、Okamoto 确认方案、Guillou-Quisquater 确认方

案、Snefru、Nhash、MD4、MD5 等算法，其中较为著名的算法是数字签名标准算法。

3. 防火墙技术

尽管近年来各种网络安全技术在不断涌现，但到目前为止防火墙仍是网络系统安全保护中十分常用的技术。

防火墙系统是一种网络安全部件，它可以是硬件，也可以是软件，还可能是硬件和软件的结合。这种安全部件处于被保护网络和其他网络的边界，接收进出被保护网络的数据流，并根据防火墙所配置的访问控制策略进行过滤或做出其他操作。防火墙系统不仅能够保护网络资源不受外部的侵入，还能够拦截从被保护网络向外传送的有价值的信息。防火墙系统可以用于内部网络与 Internet 之间的隔离，也可用于内部网络不同网段的隔离，后者通常称为 Intranet 防火墙。

目前的防火墙系统根据其实现方式大致可分为两种，即包过滤防火墙和应用层网关。包过滤防火墙的主要功能是接收被保护网络和外部网络之间的数据包，根据防火墙的访问控制策略对数据包进行过滤，只准许授权的数据包通行。应用层网关位于 TCP/IP 的应用层，实现对用户身份的验证，接收被保护网络和外部之间的数据流并对之进行检查。

防火墙虽然可以通过对内部网络的访问控制及其他安全策略来降低内部网络的安全风险，保护内部网络的安全，但防火墙自身的特点使其无法避免某些安全风险。例如，网络内部的攻击，内部网络与 Internet 的直接连接等。防火墙处于被保护网络和外部网络的交界处，网络内部的攻击并不通过防火墙，因而防火墙对这种攻击无能为力；而网络内部和外部网络的直接连接，如内部用户直接拨号连接到外部网络，也能越过防火墙而使防火墙失效。

4. 网络安全扫描技术

网络安全扫描技术是为使系统管理员能够及时了解系统中存在的安全漏洞，并采取相应防范措施，从而降低系统安全风险而发展起来的一种安全技术。利用安全扫描技术，可以对局域网、Web 站点、主机操作系统、系统服务及防火墙系统的安全漏洞进行扫描，系统管理员可以了解运行的网络系统中存在的不安全的网络服务，操作系统中存在的可能导致遭受缓冲区溢出攻击或者拒绝服务攻击的安全漏洞，还可以检测主机系统中是否被安装了窃听程序，防火墙系统是否存在安全漏洞和配置错误。网络安全扫描技术主要有网络远程安全扫描、防火墙系统扫描、Web 网站扫描、系统安全扫描等。

5. 网络入侵检测技术

网络入侵检测技术也叫作网络实时监控技术，它通过硬件或软件对网络中的数据流进行实时检查，并与系统中的入侵特征数据库进行比较，一旦发现有被攻击的迹象，立刻根据用户所定义的动作做出反应，如切断网络连接，或通知防火墙系统对访问控制策略进行调整以将入侵的数据包过滤掉等。

利用网络入侵检测技术可以实现网络安全监测和实时攻击识别，但它只能作为网络安全的一个重要的安全组件，网络系统的实际安全实现应该结合使用防火墙等技术来组成一个完整的网络安全解决方案。其原因在于网络入侵检测技术虽然也能对网络攻击进行识别并做出反应，但其侧重点还是在于发现，而不能代替防火墙系统执行整个网络的访问控制策略。防火墙系统能够将一些预期的网络攻击阻挡于网络外面，而网络入侵检测技术除了减小网络系统的安全风险之外，还能对一些非预期的攻击进行识别并做出反应，切断攻击连接或通知防火墙系统修改控制准则，将下一次的类似攻击阻挡于网络外部。因此，通过网络安全监测技术和防火墙系统结合，可以实现一个完整的网络安全解决方案。

6. 黑客诱骗技术

黑客诱骗技术是指通过一个由网络安全专家精心设置的特殊系统来引诱黑客，并对黑客进行跟踪和记录。这种黑客诱骗系统通常也称为蜜罐（Honeypot）系统，其最重要的是提供了一种特殊设置，用来对系统中的所有操作进行监视和记录。网络安全专家通过精心的伪装使得黑客在进入目标系统后，仍不知晓自己所有的行为已处于系统的监视之中。为了吸引黑客，网络安全专家通常会在蜜罐系统中故意留下一些安全后门，或者放置一些网络攻击者希望得到的敏感信息，当然，这些信息都是虚假的。这样，当黑客正为攻入目标系统而沾沾自喜的时候，其在目标系统中的所有行为，包括输入的字符、执行的操作都已经为蜜罐系统所记录。有些蜜罐系统甚至可以对黑客网上聊天的内容进行记录。蜜罐系统管理人员通过研究和分析这些记录，可以知道黑客采用的攻击工具、攻击手段、攻击目的和攻击水平。通过分析黑客的网上聊天内容，还可以获得黑客的活动范围及下一步的攻击目标。根据这些信息，管理人员可以提前对系统进行保护。在蜜罐系统中记录下的信息，还可以作为对黑客进行起诉的证据。

10.1.4　网络安全的新政策

1.《中华人民共和国国民经济和社会发展第十四个五年规划和 2035 年远景目标纲要》提出加强网络安全保护

2021 年 3 月 11 日，第十三届全国人大四次会议通过《中华人民共和国国民经济和社会发展第十四个五年规划和 2035 年远景目标纲要》（以下简称"十四五"规划）。"十四五"规划中提及"网络安全"14 次、"数据安全"4 次，涉及数字经济、数字生态、国家安全、能源资源安全四大领域。"十四五"规划中提到：健全国家网络安全法律法规和制度标准，加强重要领域数据资源、重要网络和信息系统安全保障。建立健全关键信息基础设施保护体系，提升安全防护和维护政治安全能力。加强网络安全风险评估和审查。加强网络安全基础设施建设，强化跨领域网络安全信息共享和工作协同，提升网络安全威胁发现、监测预警、应急指挥、攻击溯源能力。加强网络安全关键技术研发，加快人工智能安全技术创新，提升网络安全产业综合竞争力。加强网络安全宣传教育和人才培养。

2.《网络安全审查办法》

《网络安全审查办法》是为了确保关键信息基础设施供应链安全，保障网络安全和数据安全，维护国家安全，根据《中华人民共和国国家安全法》《中华人民共和国网络安全法》《中华人民共和国数据安全法》《关键信息基础设施安全保护条例》制定而成的。

《网络安全审查办法》已经于 2021 年 11 月 16 日由国家互联网信息办公室 2021 年第 20 次室务会议审议通过，并经国家发展和改革委员会、工业和信息化部、公安部、国家安全部、财政部、商务部、中国人民银行、国家市场监督管理总局、国家广播电视总局、中国证券监督管理委员会、国家保密局、国家密码管理局同意，予以公布，自 2022 年 2 月 15 日起施行。

3.《数字中国建设整体布局规划》

2023 年，中共中央、国务院印发《数字中国建设整体布局规划》，将"筑牢可信可控的数字安全屏障"列为强化数字中国的关键能力之一，并做出系统部署，为我国数字安全工作指明实践路径。

《数字中国建设整体布局规划》指出，要强化数字中国关键能力，一是构筑自立自强的数字技术创新体系，健全社会主义市场经济条件下关键核心技术攻关新型举国体制，加强企业主导的产学研深度融合，强化企业科技创新主体地位，发挥科技型骨干企业引领支撑作用，加强知识产权保护，健全知识产权转化收益分配机制；二是筑牢可信可控的数字安全屏障，切实维护网络安全，完善网络安全法律法规和政策体系，增强数据安全保障能力，建立数据分类分级保护基础制度，健全网络数据监测预警和应急处置工作体系。

提示 在实际网络系统的安全实施中，可以根据系统的安全需求，配合使用各种安全技术来实现完整的网络安全解决方案。本章重点介绍防火墙技术。

10.2 防火墙技术

 现实生活中，安全防范措施随处可见，如在高档的现代化小区，常常设置了人脸识别、安保人员识别、入户门禁识别等多重安全防范措施，以检测保护业主的人身和财产安全。那么，在网络中，当网络信息从外网进入内网时，我们又是如何进行安全监测，以保护网络数据安全的呢？

防火墙是一种网络安全保障手段，是一种有效的网络安全机制，是保证主机和网络安全必不可少的工具。其主要目标是通过控制进出网络的资源权限，迫使所有的连接都经过该工具的检查，防止需要保护的网络遭受外界因素的干扰和破坏。

防火墙是网络之间一种特殊的访问控制设施，用于在 Internet 与内部网络之间设置一道屏障，防止黑客进入内部网，以确定哪些内部资源允许外部访问、哪些内部网络可以访问外部网络。

V10-2 防火墙

防火墙在网络中的位置如图 10-1 所示。

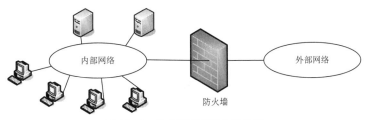

图 10-1 防火墙在网络中的位置

10.2.1 防火墙概述

1. 防火墙的定义

防火墙是置于不同网络安全域之间的一系列部件的组合，它是不同网络安全域间通信流的唯一通道，能根据企业有关的安全政策（允许、拒绝、监视、记录）控制进出网络的访问行为。

防火墙本身具有较强的抗攻击能力，是提供信息安全服务、实现网络和信息安全的基础设施。在逻辑上，防火墙是一个分离器、限制器，也是一个分析器，它能够有效地监控内部网和 Internet 之间的任何活动，保证内部网络的安全。

> **提示**　防火墙本身不是一个单独的计算机程序或设备，而是能提高安全策略及其实现方式的完整系统。

2. 防火墙的分类

（1）按形态分类。按形态可将防火墙分为软件防火墙和硬件防火墙，其比较如表10-1所示。

表10-1　软件防火墙和硬件防火墙的比较

比较项目	软件防火墙	硬件防火墙
使用环境	只有防火墙软件，需要额外的操作系统	硬件和软件的集合，不需要额外的操作系统
安全依赖性	依赖底层操作系统	依赖于专用的操作系统
网络适应性	弱	强
稳定性	高	较高
软件升级	方便灵活	不太灵活

（2）按保护对象分类。按保护对象可将防火墙分为单机防火墙和网络防火墙，其比较如表10-2所示。

表10-2　单机防火墙和网络防火墙的比较

比较项目	单机防火墙	网络防火墙
产品形态	软件	硬件或软件
安装点	单台主机	网络边界
安全策略	分散在各安全点	对整个网络有效
保护范围	单台主机	一个网段
管理方式	分散管理	集中管理
功能	单一	复杂多样
安全措施	单点	全局

（3）按使用的核心技术分类。按使用的核心技术可将防火墙分为包过滤防火墙（根据流经防火墙的数据包头信息，决定是否允许该数据包通过）、状态检测防火墙、应用代理防火墙和复合型防火墙。

3. 防火墙的特性

一个好的防火墙系统应具有以下3个方面的特性。

（1）所有在内部网络和外部网络之间传输的数据必须通过防火墙。

（2）只有被授权的合法数据，即防火墙系统中安全策略允许的数据可以通过防火墙。

（3）防火墙本身不易受各种攻击的影响。

4. 防火墙的局限性

防火墙能过滤进出网络的数据包，能管理进出网络的访问行为。但防火墙不是万能的，还存在一定程度的局限性，具体表现如下。

- 防火墙不能防范不经过防火墙的攻击，如拨号访问攻击、内部攻击等。
- 防火墙不能防范利用电子邮件夹带的病毒等恶性程序。

- 防火墙不能解决来自内部网络的攻击和安全问题。
- 防火墙不能应对策略配置不当或错误配置引起的安全威胁。
- 防火墙不能防范利用标准网络协议中的缺陷进行的攻击。
- 防火墙不能防范利用服务器系统漏洞所进行的攻击。
- 防火墙不能防范数据驱动式的攻击，有些表面看来无害的数据邮寄或复制到内部网络的主机上并被执行时，可能会发生数据驱动式的攻击。
- 防火墙不能防止本身安全漏洞的威胁。

5．常用的防火墙实现策略

（1）允许所有除明确拒绝之外的通信或服务。很少考虑这种策略，因为这样的防火墙可能带来许多风险和安全问题。攻击者完全可以使用一种拒绝策略中没有定义的服务而被允许并攻击网络。

（2）拒绝所有除明确允许之外的通信或服务。通常使用这种策略，但操作困难，并有可能拒绝网络用户的正常需求与合法服务。

V10-3　防火墙
技术

 提示　防火墙就是内部网络的一扇门，通过防火墙策略，可以实现允许哪些流量进出网络，阻断哪些具有危害性的流量通行。

10.2.2　网络防火墙

防火墙通过检查所有进出内部网络的数据包，检查数据包的合法性，判断是否会对网络安全构成威胁，为内部网络建立一条安全边界（Security Perimeter）。

防火墙系统由两个基本部件构成：一是包过滤防火墙（Packet Filtering Router），二是应用级网关（Application Gateway）。简单的防火墙由一个包过滤防火墙组成，而复杂的防火墙系统由包过滤防火墙和应用级网关组合而成。根据组合方式的不同，防火墙系统的结构也有多种形式。

1．包过滤防火墙

（1）结构。包过滤防火墙的结构如图 10-2 所示。

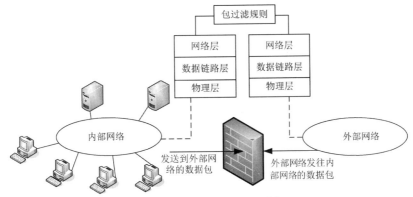

图 10-2　包过滤防火墙的结构

（2）工作流程。包过滤防火墙的工作流程如图 10-3 所示。

195

> **提示**　包过滤防火墙是防火墙的初级产品，其顺序检查规则表中的每一条规则，如规则与包过滤规则中的相符，则发送数据包，如不相符，则检查下一条规则，依次向下检查，直到最后一条规则，如仍然不能匹配，则丢弃该数据包。

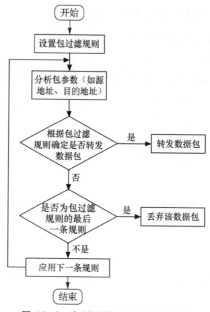

图 10-3　包过滤防火墙的工作流程

（3）性能分析。

- 优点：价格低廉，易于使用。
- 缺点：过滤规则的创建非常重要，如果配置错误，则不但不会阻挡威胁，甚至会出现允许某些威胁通过的缺陷；不隐藏内部网络配置，任何被允许访问的用户都可看到网络的布局和结构；对网络的监视和日志功能较弱。

2. 应用级网关

（1）概念。应用级网关是在每台需要保护的主机上放置的高度专用的应用软件，实现协议过滤和转发功能。

（2）结构。应用级网关的结构如图 10-4 所示。

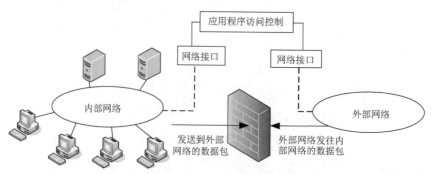

图 10-4　应用级网关的结构

（3）性能分析。应用级网关也通过特定的逻辑来判断是否允许数据包通过，允许内外网络的计算机建立直接联系，外部网络用户能直接了解内部网络的结构，这给黑客的入侵和攻击提供了机会。

3. 双宿堡垒主机防火墙

（1）堡垒主机。堡垒主机是处于防火墙关键部位、运行应用级网关软件的计算机系统。堡垒主机上装有两块网卡，一块连接内部网络，另一块连接外部网络。

（2）结构。双宿堡垒主机防火墙的结构如图 10-5 所示。

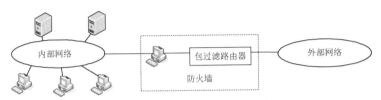

图 10-5　双宿堡垒主机防火墙的结构

（3）数据传输过程。双宿堡垒主机防火墙的数据传输过程如图 10-6 所示。

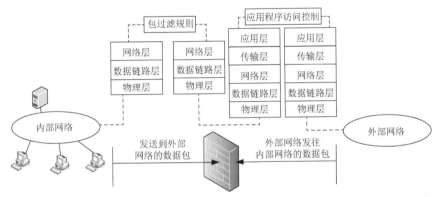

图 10-6　双宿堡垒主机防火墙的数据传输过程

（4）性能分析。双宿堡垒主机有两个网络接口，强行让进出内部网络的数据通过堡垒主机，避免了黑客绕过堡垒主机而直接进入内部网络的可能，即使受到攻击，也只有堡垒主机遭到破坏，堡垒主机会记录日志，有利于问题的查找和系统的维护。

4. DMZ 防火墙

（1）概念。非军事区（Demilitarized Zone，DMZ）防火墙也称为屏蔽子网（Screened Subnet）防火墙，是在内部网络和外部网络之间建立的一个被隔离的子网。例如，将内部网络中需要向外部网络提供服务的服务器（WWW、FTP、SMTP、DNS 等），放在处于外部网络与内部网络间的一个单独的网段中，该网段或子网就叫作 DMZ。

（2）结构。DMZ 防火墙的结构如图 10-7 所示。

● 外部网络进入内部网络的信息。外包过滤防火墙防范外部网络中的攻击，并管理外部网络到 DMZ 的访问，只允许外部网络访问堡垒主机和信息服务器。内包过滤防火墙则只接收源于堡垒主机的数据包，管理 DMZ 到内部网络的访问。

● 内部网络通向外部网络的信息。内包过滤防火墙管理内部网络到 DMZ 的访问，只允许内部网络访问堡垒主机和信息服务器。

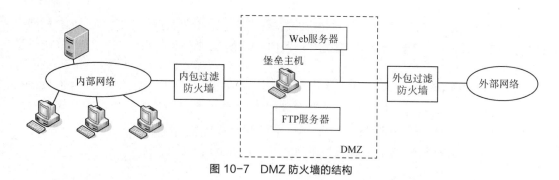

图 10-7 DMZ 防火墙的结构

（3）性能分析。

- 安全性高。该防火墙包括 3 种不同的设备，如果入侵者想要入侵内部网络，则必须不被内包过滤防火墙、堡垒主机、外包过滤防火墙这 3 种设备发现才有可能实现。

- 隐藏内部结构。其内部网络对外部网络而言是不可见的。因为 DMZ 相当于隔离带，所有发出的数据包都只能送到 DMZ，不能直接发送到外部网络，所以黑客很难了解内部网络结构。

5. 下一代防火墙

（1）概念。下一代防火墙（Next Generation Firewall，NGFW）是一种可以全面应对应用层威胁的高性能防火墙。通过深入洞察网络流量中的用户、应用和内容，并借助全新的高性能单路径异构并行处理引擎，NGFW 能够为用户提供有效的应用层一体化安全防护，帮助用户安全地开展业务并简化用户的网络安全架构。

（2）性能分析。与传统防火墙相比，下一代防火墙更加智能、细致和人性化，能对更多的网络威胁和攻击进行有效的检测和防御。NGFW 主要具有以下特点。

- 应用智能识别：下一代防火墙能够识别和控制来自每个应用程序的流量，而不仅仅是基于端口和协议进行检测。

- 用户智能识别：下一代防火墙可以对特定用户或组进行登录认证，并针对不同的用户或组进行流量控制和策略制定，保障网络安全。

- 实时流量检测：下一代防火墙可以在流传输过程中实时检测，若发现异常则立即阻断。

- 综合威胁防御：下一代防火墙不仅可以对传统网络攻击进行检测和防御，还可以对Botnet、Apt、Ransomware 等更加高级的恶意软件发起的攻击进行检测和防御。

- 可视化控制台：下一代防火墙拥有可视化的控制界面，可集中管理多个安全策略和规则，方便管理员进行配置、监控和调整。

下一代防火墙通过智能应用程序控制、内容分析和内置动态定制策略等功能，可提供更加方便、灵活和智能的网络安全保护，提高应对网络攻击的能力，为企业在网络安全领域提供更加全面和强大的解决方案。

10.2.3 单机防火墙

1. Windows Defender 防火墙

Windows Defender 防火墙是 Windows 操作系统内置的一种网络安全功能，它可以监视网络流量、保护计算机免受网络攻击和恶意软件的威胁。Windows Defender 防火墙允许用户定义网络访问规则，以控制计算机与公共网络和互联网的通信。Windows Defender 防火墙可以通过 Windows Defender 安全中心进行配置和管理，也可以使用 PowerShell 命令行和 Group Policy 策略进行管理。Windows Defender 防火墙还可以与其他安全软件和网络安全服务（如云防火墙和威胁情报）集成，以提高计算机的安全性和保护能力。

2. Linux Firewalld 防火墙

Linux Firewalld 防火墙是 Linux 操作系统中的一种网络安全功能，它可以控制、监视和过滤网络数据包，以保护服务器免受未经授权的访问和网络攻击。Linux Firewalld 支持动态配置，可以根据应用程序或服务（如 HTTP、SSH、MySQL 等）的需要开启或关闭端口，也可以限制特定协议的访问，同时支持基于 IP 地址、服务和端口号的过滤及控制访问规则，以保护计算机免受流量攻击和拒绝服务攻击。Linux Firewalld 可以通过命令行进行配置和管理，也可以使用 Web 界面和安全套接字层（Secure Socket Layer，SSL）进行管理。经过适当的配置和管理，Linux Firewalld 可以为服务器提供可靠的保护和防御能力。

10.2.4 实例分析

实例 10-1 配置 Windows 11 防火墙允许腾讯 QQ 通过。

小王在自己的 Windows 11 操作系统中安装好了腾讯 QQ 软件，以便和同学们聊天。在他登录 QQ 的过程中却被防火墙阻止了。通过对防火墙进行设置后，小王能和同学们愉快地聊天了。

（1）在 Windows 11 中打开"所有控制面板项"窗口，如图 10-8 所示，选择"Windows Defender 防火墙"选项，打开"Windows Defender 防火墙"窗口。

图 10-8 "所有控制面板项"窗口

（2）在打开的"Windows Defender 防火墙"窗口中选择左侧的"允许应用或功能通过 Windows Defender 防火墙"选项，如图 10-9 所示。

（3）在打开的"允许的应用"窗口中找到腾讯 QQ 并选中对应的复选框，单击"确定"按钮即可，如图 10-10 所示。

199

图 10-9 "Windows Defender 防火墙"窗口

图 10-10 "允许的应用"窗口

10.3 杀毒软件的应用

　　刚刚还能正常使用的计算机，在运行了从Internet中下载的一个程序后，系统变得运行缓慢，不停重启，无法正常使用，这是为什么呢？

10.3.1 杀毒软件介绍

1. 常用杀毒软件

某些人利用计算机软硬件所固有的脆弱性，编制了具有特殊功能的程序代码，这就是计算机病毒。如果把这些病毒放在网络中，借助网络进行广泛传播，就使之成为网络病毒。网络病毒具有很强的传染性和破坏性，如果没有适当的防御措施，则很可能导致网络瘫痪、程序不可使用、系统崩溃、信息被窃取等，给人们的工作、生活、学习带来很大的阻碍和麻烦。

为了抵御病毒的侵袭和破坏，人们根据病毒的特征编制了删除和防范病毒的程序，这就是杀毒软件。目前流行的杀毒软件种类有很多，功能也各有差异，常见的杀毒软件如表 10-3 所示。

表 10-3　常见的杀毒软件

名称	公司	主要技术	主要功能
金山毒霸	金山	嵌入式反病毒技术	对即时通信工具进行嵌入挂接
KILL	CA&金辰	病毒检测	保护桌面系统
KV3000	江民	—	查毒和硬盘救护
瑞星	瑞星	病毒行为分析判断	实时监控、实时升级、智能安装
卡巴斯基	卡巴斯基实验室	启发式病毒分析和脚本分析	防御常见的网络威胁，卡巴斯基实验室结合 3 项保护技术防御病毒、木马和蠕虫病毒、Keyloggers、Rootkits 及其他威胁
360	360	木马云查杀引擎	查杀恶意软件、诊断与修复系统、清理使用痕迹、防御木马
诺顿	赛门铁克公司（Nasdaq SYMC）	启发式行为检测技术	自动防护、自动实时清除、自动更新、智能主动防御

提示　常见的病毒表现形式：计算机不能正常启动，计算机运行速度降低，磁盘空间迅速变小，文件内容和大小有所改变，外围设备工作异常，经常出现"死机"现象等。如果计算机出现了以上某一种现象，则应该考虑是不是计算机感染了病毒，可以用专用的杀毒软件进行查杀。

2. 使用杀毒软件的几个误区

几乎每个使用过计算机的人都遇到过计算机病毒，也使用过杀毒软件。但是许多人对病毒和杀毒软件的认识还存在误区。

误区一：好的杀毒软件可以查杀所有的病毒。

许多人认为杀毒软件可以查杀所有的已知和未知病毒，这是不正确的。对于一种病毒，杀毒软件厂商首先要将其截获，然后进行分析，提取病毒特征，进行测试，最后才升级杀毒软件给用户使用。虽然目前许多杀毒软件厂商在不断努力查杀未知病毒，有些厂商甚至宣称可以 100%查杀未知病毒，但是经过专家论证这是不可能的。杀毒软件厂商只能尽可能地去发现更多的未知病毒，但还远远达不到 100%的标准。而对于一些已知病毒，如覆盖型病毒，因为病毒本身就将原有的系统文件覆盖了，所以即使杀毒软件将病毒杀死也无法使操作系统正常运行。

误区二：杀毒软件是专门查杀病毒的，木马专杀软件才是专门查杀木马的。

计算机病毒在《中华人民共和国计算机信息系统安全保护条例》中被明确定义，病毒是指"编制或者在计算机程序中插入的破坏计算机功能或者毁坏数据，影响计算机使用并能自我复制的一组计算机指令或者程序代码"。

随着技术的不断发展，计算机病毒的定义已经被广义化，它大致包含引导区病毒、文件型病毒、宏病毒、蠕虫病毒、特洛伊木马、后门程序、恶意脚本、恶意程序、键盘记录器、黑客工具等。可以看出木马是病毒的一个子集，杀毒软件完全可以将其查杀。从杀毒软件的角度讲，清除木马和清除蠕虫病毒没有本质的区别，甚至查杀木马比清除文件型病毒更简单。因此，没有必要单独安装木马查杀软件。

误区三：计算机中没有重要数据，有病毒时重装系统即可，不需要使用杀毒软件。

许多计算机用户，特别是一些网络游戏玩家，认为自己的计算机中没有重要的文件，计算机感染病毒后，直接格式化磁盘并重新安装操作系统即可，不用安装杀毒软件。这种观点是不正确的。最初，病毒编写者撰写病毒往往主要是为了寻找乐趣或是证明自己。这些病毒往往采用了高超的编写技术，有着明显的发作特征（如某月某日发作以删除所有文件等）。

但是现在的病毒已经发生了巨大的变化，病毒编写者往往以获取经济利益为目的。病毒没有明显的特征，不会删除用户计算机中的数据。它们会在后台悄悄运行，盗取游戏玩家的账号信息、QQ 密码甚至是银行卡的账号。这些病毒可以直接给用户带来经济损失，因此对个人用户来说，它的危害性比传统的病毒更大。对于此种病毒，当发现感染病毒时，用户的账号信息就已经被盗用了。即使格式化计算机重新安装系统，被盗账号所带来的经济损失也找不回来了。

误区四：查毒速度快的杀毒软件才好。

不少人认为，查毒速度快的杀毒软件才是最好的，甚至不少媒体进行杀毒软件评测时将查杀速度作为重要指标之一。不可否认，目前各个杀毒软件厂商在不断努力改进杀毒软件引擎，以达到更高的查杀速度，但仅仅以查毒速度快慢来评价杀毒软件的好坏是片面的。

杀毒软件查毒速度的快慢主要与引擎和病毒特征有关。例如，一款杀毒软件可以查杀 10 万个病毒，另一款杀毒软件只能查杀 100 个病毒。杀毒软件查杀时需要对每一条记录进行匹配，因此查杀 100 个病毒的杀毒软件速度肯定会更快一些。

一个好的杀毒软件引擎需要对文件进行分析、脱壳甚至虚拟执行，这些操作都需要耗费一定的时间。而有些杀毒软件的引擎比较简单，对文件不做过多的分析，只进行特征匹配。这种杀毒软件的查毒速度很快，但它可能会漏查比较多的病毒。由此可见，虽然提高查杀速度是各个厂商不断努力奋斗的目标，但仅从查杀速度快慢来衡量杀毒软件的好坏是不科学的。

误区五：不管是正版还是盗版，随便装一款能用的杀毒软件就行。

某些用户在计算机中安装盗版的杀毒软件，其认为只要安装好杀毒软件就万无一失了，这种观点是不正确的。杀毒软件需要不断升级才能够查杀新的、流行的病毒。此外，大多数盗版杀毒软件在破解过程中或多或少地损坏了一些数据，造成某些关键功能无法使用，系统不稳定或杀毒软件对某些病毒漏查漏杀等。更有一些居心不良的破解者，直接在破解的杀毒软件中捆绑了病毒、木马或者后门程序等，给用户带来了麻烦。

购买杀毒软件买的是服务，只有购买正版的杀毒软件，才能得到持续升级和售后服务。盗版软件用户在真的遇到无法解决的问题时，不能享受和正版软件用户一样的售后服务，使用盗版软件看似占了便宜，实际得不偿失。

误区六：根据任务管理器中的内存占用判断杀毒软件的资源占用。

很多人，包括一些媒体进行杀毒软件评测时，都会用 Windows 自带的任务管理器来查看杀毒软件的内存占用情况，进而判断一款杀毒软件的资源占用情况，这是值得商榷的。

不同杀毒软件的功能不尽相同，如一款优秀的杀毒软件有注册表、漏洞攻击、邮件发送、接收、网页、引导区、内存等监控系统，比起只有文件监控的杀毒软件，其内存占用肯定会更多，但是它提供了更全面的安全防护。也有一小部分杀毒软件厂商为了对付评测，故意在程序中限定杀毒软件可占用内存的大小，使这些数值看上去很小，一般在 100 千字节甚至几十千字节。实际上，内存占用虽然小了，但杀毒软件要频繁地进行硬盘读写，反而降低了软件的运行效率。

误区七：只要不用移动存储设备，不乱下载东西就不会中毒。

目前，计算机病毒的传播有很多途径，可以通过 U 盘、移动硬盘、局域网、文件，甚至是系统漏洞等传播。一台存在漏洞的计算机，只要接入 Internet，即使不做任何操作，都可能会被病毒感染。因此，仅仅从使用计算机的习惯上来防范计算机病毒难度很大，一定要配合杀毒软件进行整体防护。

误区八：应该至少安装 3 款杀毒软件才能保障系统安全。

尽管杀毒软件的开发厂商不同，宣称使用的技术不同，但它们的实现原理却可能是相似或相同的，同时开启多个杀毒软件的实时监控程序很可能会产生冲突。例如，多个病毒防火墙可能会同时争抢一个文件进行扫描。安装了多款杀毒软件的计算机往往运行速度缓慢并且很不稳定，因此，并不推荐一般用户安装多款杀毒软件，即使真的要安装多款杀毒软件，也不应同时开启它们的实时监控程序（如病毒防火墙）。

误区九：杀毒软件和个人防火墙只需安装其中一个即可。

许多人认为杀毒软件的实时监控程序是防火墙，确实有一些杀毒软件将实时监控程序称为"病毒防火墙"。实际上，一般杀毒软件的实时监控程序和个人防火墙是两种完全不同的产品。

通俗地说，杀毒软件是防病毒的软件，而个人防火墙是防黑客的软件，二者功能不同，缺一不可。建议用户同时安装这两种软件，对计算机进行整体防御。

误区十：专杀工具比杀毒软件好，有病毒先找专杀。

不少人认为杀毒软件厂商推出专杀工具是因为杀毒软件存在问题，杀不干净此类病毒，事实上并非如此。针对一些具有严重破坏能力的病毒，以及传播较为迅速的病毒，杀毒软件厂商会推出针对该病毒的免费专杀工具，但这并不意味着杀毒软件本身无法查杀此类病毒。如果计算机安装有杀毒软件，则一般完全没有必要再去使用专杀工具。

专杀工具只是在用户的计算机已经感染了病毒后进行清除的一种小工具。与完整的杀毒软件相比，它不具备实时监控功能。专杀工具的引擎一般比较简单，不会查杀压缩文件、邮件中的病毒，且一般不会对文件进行脱壳检查。

【慎思明辨】

"网络安全始于心，安全网络践于行"，使用杀毒软件保护个人计算机就是践行网络安全的良好表现。杀毒软件是一类查杀网络病毒、保护计算机和移动终端安全的软件。我们应安装杀毒软件实时保护操作系统，定时使用杀毒软件排查系统安全隐患，养成良好的安全防护意识，提升安全防护技能。

10.3.2　实例分析

实例 10-2　安装并设置 360 杀毒软件。

1. 360 杀毒软件的安装

360 杀毒软件是 360 安全中心出品的一款免费的云安全杀毒软件，它具有查杀率高、资源占用少、升级迅速，可以与其他杀毒软件共存等特点。360 杀毒软件无缝整合了国际知名的 BitDefender 病毒查杀引擎，以及 360 安全中心潜心研发的木马云查杀引擎。双引擎的机制使得 360 杀毒软件拥有完善的病毒防护体系，不但查杀能力出色，而且能够第一时间对新产生的病毒和木马进行防御，是一个理想的杀毒备选方案，是一款一次性通过 VB100 认证的国产杀毒软件。

（1）通过 360 杀毒软件官方网站或其他正规软件下载网站下载最新版本的 360 杀毒软件安装程序，下载完成后，运行安装程序，进入欢迎界面。

（2）进入安装路径选择界面，如图 10-11 所示。可以选择将 360 杀毒软件安装到指定目录下，建议保持默认设置即可，也可以单击"更改目录"按钮选择安装目录。

（3）选中"阅读并同意许可使用协议和隐私保护说明"复选框，单击"立即安装"按钮，安装程序会开始复制文件。

（4）文件复制完成后，进入安装完成界面，单击"完成"按钮，360 杀毒软件就已经成功安装到计算机中了。

图 10-11　安装路径选择界面

> **提示**　安装 360 杀毒软件前，请先卸载以前的版本，并重新启动计算机。360 杀毒软件可以与其他杀毒软件同时安装在同一台计算机的同一个操作系统中。

2. 360 杀毒软件的卸载

选择"开始"→"所有应用"→"360 安全中心"→"360 杀毒"→"卸载 360 杀毒"选项，如图 10-12 所示。

图 10-12　卸载 360 杀毒软件

360 杀毒软件会询问用户是否要卸载程序，单击"是"按钮，开始进行杀毒软件的卸载。卸载程序会开始删除程序文件。在卸载过程中，卸载程序会询问是否删除文件恢复区中的文件。如果准备重装 360 杀毒软件，则建议单击"否"按钮，保留文件恢复区中的文件，否则应单击"是"按钮，删除文件。

此时会提示重启系统，可根据实际情况选择是否立即重启。重启之后，360 杀毒软件卸载完成。

3. 360 杀毒软件的病毒查杀

360 杀毒软件具有实时病毒防护和手动病毒扫描功能，为计算机系统提供全面的安全防护。实时防护功能在文件被访问时对文件进行扫描，及时拦截活动的病毒，并在发现病毒时通过提示窗口警告用户。

360 杀毒软件提供了 4 种手动病毒扫描方式：快速扫描、全盘扫描、自定义扫描及右键扫描，如图 10-13 所示。

图 10-13　手动病毒扫描方式

快速扫描指扫描 Windows 操作系统目录及 Program Files 目录；全盘扫描指扫描所有磁盘；自定义扫描指扫描用户指定的目录；右键扫描集成在右键菜单中，当用户在文件或文件夹上右键单击时，可以在弹出的快捷菜单中选择"使用 360 杀毒扫描"选项，对选中的文件或文件夹进行扫描，如图 10-14 所示。

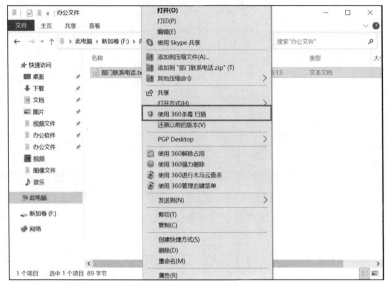

图 10-14　右键扫描

　　其中，前 3 种扫描方式都已经在 360 杀毒软件主界面中作为快捷任务列出，只需选择相关方式即可开始扫描。启动扫描之后，会打开扫描进度窗口，在这个窗口中可以看到正在扫描的文件、总体进度，以及发现问题的文件等。

　　如果希望 360 杀毒软件在扫描完计算机后自动关闭计算机，则应选中"扫描完成后自动处理并关机"复选框，如图 10-15 所示。

提示　只有在将发现病毒的处理方式设置为"由 360 杀毒自动处理"时，"扫描完成后自动处理并关机"复选框才有效。如果用户选择了其他病毒处理方式，则扫描完成后不会自动关闭计算机。

图 10-15　"扫描完成后自动处理并关机"复选框

4．360 杀毒软件的设置

运行 360 杀毒软件，在"360 杀毒-设置"对话框中，有常规设置、升级设置、多引擎设置、病毒扫描设置、实时防护设置、文件白名单等，如图 10-16 所示。这里只对其中的部分设置进行说明。

图 10-16 "360 杀毒-设置"对话框

（1）多引擎设置。360 杀毒软件内含多个查杀引擎，用户可以根据自己的计算机配置及查杀需求进行相关设置，如图 10-17 所示。依托 360 安全大脑，360 杀毒软件创新性地整合了五大领先防杀引擎，分别是云查杀引擎、QVMⅡ人工智能引擎、系统修复引擎、Behavioral 脚本引擎和 KP（鲲鹏）常规查杀引擎。通过对这 5 个引擎的智能调度，为用户提供全时全面的病毒防护，不但查杀能力出色，而且能第一时间防御新出现的病毒。

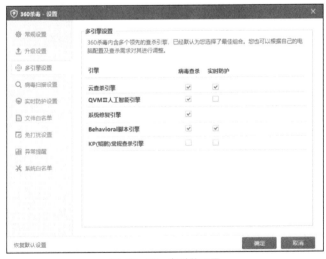

图 10-17 多引擎设置

（2）病毒扫描设置。在病毒扫描设置中，用户可以对需要扫描的文件类型、发现病毒时的处理方式及其他扫描选项等进行设置，如图 10-18 所示。

图 10-18　病毒扫描设置

发现病毒时的处理方式对用户来说是非常重要的，当选中"由 360 杀毒自动处理"单选按钮时，在计算机扫描出病毒的同时，360 杀毒软件会自行清除该病毒；当选中"由用户选择处理"单选按钮时，在计算机扫描出病毒后，360 杀毒软件会提示信息以让用户选择怎样处理病毒。

系统内存和引导扇区中也会有病毒侵入，其比在硬盘中的病毒更危险。如果选中"其他扫描选项"选项组中的"扫描磁盘引导扇区"复选框，则可以实现对内存和引导扇区的病毒扫描。

Rootkit 是隐藏型病毒，计算机病毒、间谍软件等常使用 Rootkit 来隐藏踪迹，因此 Rootkit 已被大多数的杀毒软件归类为具有危害性的恶意软件。选中"扫描 Rootkit 病毒"复选框，可以实现对此类软件的扫描与识别。

（3）实时防护设置。在实时防护设置中，可以对防护级别、监控的文件类型、发现病毒时的处理方式及其他防护选项进行设置，如图 10-19 所示。

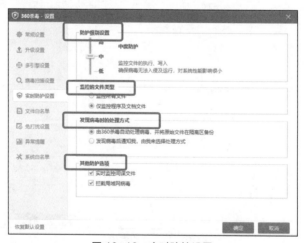

图 10-19　实时防护设置

① 防护级别设置：用户可以根据实际情况选择不同的防护级别。防护级别设为"低"时，可以实现对文件的轻巧防护，对系统性能几乎没有影响；防护级别设为"中"时，可以实现中度防护，将监控文件的写入及执行，对系统性能影响很小；防护级别设为"高"时，可以实现严格防护，监控对文件的任何访问，对系统性能有一定影响。

② 监控的文件类型：让用户决定是监控所有文件还是监控程序及文档文件。如果选择监控所有文件，则可能会占用比较大的内存空间。若选择仅监控程序及文档文件，则只在程序运行时对其进行监控或者只在文档文件打开时进行监控。

③ 发现病毒时的处理方式：不管用户选中哪个单选按钮，360 杀毒软件发现病毒时都会尝试自动清除，如果清除失败，则可以通过设置选择是删除文件或是禁止访问被感染文件。

（4）文件白名单。在文件白名单中，可以把指定的文件及目录加入白名单，也可以设置文件扩展名白名单，如图 10-20 所示。

图 10-20　文件白名单

① 设置文件及目录白名单：如果确定文件或目录没有病毒，则可以将文件或目录加入白名单。加入白名单的文件及目录在病毒扫描和实时防护时将被跳过。如果在加入白名单后，文件的大小或日期发生改变，则该设置将会失效。

② 设置文件扩展名白名单：带有白名单扩展名的文件在病毒扫描和实时防护时将被跳过，有些用户自己开发的软件的文件扩展名被杀毒软件误认为病毒，可以使用此设置避免文件被当作病毒清除。

5. 360 杀毒软件的升级

360 杀毒软件具有自动升级功能，如果开启了自动升级功能，则 360 杀毒软件会在有升级版本可用时自动下载并安装。自动升级完成后，会通过气泡窗口提示用户，如图 10-21 所示。

实例 10-3　360 安全卫士的使用

（1）双击桌面上的 360 安全卫士快捷方式。

（2）首次运行 360 安全卫士时，会进行第一次系统全面检测。

图 10-21　360 杀毒软件自动升级完成

（3）360 安全卫士集"木马查杀""电脑清理""系统修复""优化加速""功能大全""软件管家"等多种功能于一身，如图 10-22 所示，并独创了"木马防火墙""360 保镖"等功能，还具备开机加速、安全桌面等多种系统优化功能，可大大加快计算机运行速度。其内含的"软件管家"功能还可帮助用户轻松下载、升级和强力卸载各种应用软件，并提供多种实用工具，以帮助用户解决计算机问题和保护系统安全。

图 10-22　360 安全卫士

"木马查杀"利用先进的启发式引擎，具有智能查杀未知木马和云安全引擎的功能，如果在使用常规扫描后感觉计算机仍然存在问题，则可尝试使用 360 强力查杀模式。

"电脑清理"可以全面清理计算机中的垃圾、痕迹和插件，节省磁盘空间，让系统运行更流畅、更有效。

"系统修复"可以一键解决浏览器主页、"开始"菜单、桌面图标、文件夹、系统设置等被恶意篡改的诸多问题，使系统迅速恢复到"健康状态"。

"优化加速"可以智能分析操作系统，帮助优化开机启动项目。

"功能大全"中提供了 360 手机助手、360 手机卫士、360 保镖、流量防火墙、文件粉碎机、一键装机、360 木马防火墙、360 系统急救箱等实用小工具，有针对性地帮助用户解决计算机问题，加快计算机运行速度。

"软件管家"可以显示已安装的软件名称，并提供软件升级、软件卸载、软件管理等功能。

练习与思考

一、选择题

1. 网络的安全性包括____。
   A. 可用性　　　　　　B. 完整性　　　　　C. 保密性　　　　　D. 不可抵赖性

2. 目前网络中存在的安全隐患有____。
   A. 未授权访问　　　　B. 破坏数据完整性　　C. 病毒　　　　　　D. 信息泄露

3. 常用的网络内部安全技术有____。
   A. 漏洞扫描　　　　　B. 入侵检测　　　　　C. 安全审计　　　　D. 病毒防范

4. 在制定网络安全策略时，经常采用的是____思想方法。
   A. 凡是没有明确表示允许的就要被禁止　　B. 凡是没有明确表示禁止的就要被允许
   C. 凡是没有明确表示允许的就要被允许　　D. 凡是没有明确表示禁止的就要被禁止

5. 信息被____，是指信息从源节点传输到目的节点的中途被攻击者非法截获，攻击者在截获的信息中进行修改或插入欺骗性信息，然后将修改后的错误信息发送到目的节点。
   A. 伪造　　　　　　　B. 窃听　　　　　　　C. 篡改　　　　　　D. 截获

6. 计算机病毒会造成计算机____的损坏。
   A. 硬件、软件和数据　B. 硬件和软件　　　　C. 软件和数据　　　　D. 硬件和数据

7. 以下对计算机病毒的描述不正确的是____。
   A. 计算机病毒是人为编制的一段恶意程序
   B. 计算机病毒不会破坏计算机硬件系统
   C. 计算机病毒的传播途径主要是数据存储介质的交换及网络连接
   D. 计算机病毒具有潜伏性

8. 网络"黑客"是指____的人。
   A. 匿名上网
   C. 在网络中私闯他人计算机系统
   B. 总在晚上上网
   D. 不花钱上网

9. 计算机病毒是一种____。
   A. 传染性细菌
   C. 能自我复制的程序
   B. 计算机故障
   D. 计算机部件

10. 常见计算机病毒的特点有____。
    A. 良性、恶性、明显性和周期性
    C. 隐蔽性、潜伏性、传染性和破坏性
    B. 周期性、隐蔽性、复发性和良性
    D. 只读性、趣味性、隐蔽性和传染性

11. 在企业内部网与外部网之间，用来检查网络请求分组是否合法，保护网络资源不被非法使用的技术是____。

A. 防病毒技术   B. 防火墙技术

C. 差错控制技术   D. 流量控制技术

12. 网络安全机制主要解决的是____。

A. 网络文件共享   B. 因硬件损坏而造成的损失

C. 保护网络资源不被复制、修改和窃取   D. 提供更多的资源共享服务

13. 为了保证计算机网络信息交换过程的合法性和有效性，通常采用对用户身份的鉴别。下列不属于用户身份鉴别的方法是____。

A. 报文鉴别   B. 身份认证   C. 数字签名   D. 安全扫描

二、判断题

请判断下列描述是否正确（正确的在下划线上写 Y，错误的写 N）。

_____1. 网络管理员不应该限制用户对网络资源的访问方式，网络用户应可以随意地访问网络的所有资源。

_____2. 网络用户口令可以让其他人知道，因为这样做不会对网络安全造成危害。

_____3. 限定网络用户定期更改口令，会给用户带来很多麻烦。

_____4. Intranet 中的任何用户不通过网络管理员的批准，私自和外部网络建立双向数据交换的连接是不符合网络安全规定的。

_____5. 防火墙可以完全控制外部用户对 Intranet 的非法入侵与破坏。

_____6. 网络安全中采取了数据备份与恢复措施后，可以不考虑采用网络防病毒措施，因为两者的最终效果是相同的。

_____7. 应该允许用户将自己家庭微机的移动硬盘、U 盘等带到办公室，在办公室的网络工作站上使用。

_____8. 企业内部网用户使用网络资源时不需要交费，因此用不着计费管理功能。

三、问答题

1. 局域网可采用什么安全措施来防止用户侦听局域网中传输的所有信息包？

2. 防火墙的主要作用是什么？目前使用的防火墙有哪几种？

3. 说明防火墙中包过滤技术的操作流程。

4. 制定网络安全策略的两种思想方法哪一种是正确的？为什么？

5. 从网络安全角度来看，网络用户的责任是什么？网络管理员的责任是什么？

6. 在一个 Intranet 中，是否允许网络用户不经允许私自与外部网络建立连接，并且进行双向数据交换？为什么？如何预防这种情况的发生？

7. 在组建 Intranet 时，为什么要设置防火墙？防火墙的基本结构是怎样的？

8. 在网络系统设计中，需要从哪几个方面采取防病毒措施？

9. 如果你是一名网络管理员，并且管理着一个运行 NetWare 的局域网系统，那么你认为只依靠操作系统内置的网络管理功能可以吗？为什么？

第11章
实际技能训练

11

11.1 实训 1 网线的制作

一、实训目的

（1）认识和熟悉网线制作的专用工具。

（2）了解双绞线的类型和特点，熟悉 5 类双绞线。

（3）掌握网线的制作标准。

（4）掌握直通电缆和交叉电缆的含义及制作方法。

二、实训环境

硬件环境：带网卡（有 RJ-45 接口）的计算机、5 类非屏蔽双绞线、RJ-45 水晶头、压线钳、网线测试仪。

三、实训内容和步骤

以直通电缆的制作为例介绍网线的制作步骤。

1．剥线

准备一段符合布线长度要求的双绞线，用压线钳把 5 类双绞线的一端剪齐，然后把剪齐的一端插入压线钳用于剥线的缺口，直到顶住压线钳后面的挡位，稍微握紧压线钳慢慢旋转一圈，让刀口划开双绞线的保护胶皮，剥下胶皮（也可用专门的剥线工具来剥胶皮线），剥线的长度为 13mm～15 mm，如图 11-1 所示。

> **提示** 压线钳挡位离剥线刀口长度通常恰好与水晶头长度一样，这样可有效避免剥线过长或过短。剥线过长时，既不美观，又会导致网线芯线无法被水晶头卡住，容易松动；剥线过短时，因胶皮太厚会导致网线芯线不能完全插到水晶头底部，水晶头插针不能与网线芯线良好接触，致使网线制作不成功。

图 11-1　用压线钳剥线

2. 理线

先把 4 对芯线一字排开，然后把每对芯线分开，并按照橙白、橙、绿白、蓝、蓝白、绿、棕白、棕的颜色顺序排列。

> **提示**　每条芯线都要拉直，并且要相互分开并排，不能重叠，再用压线钳垂直于芯线排列方向将芯线剪齐。如果双绞线保护层的颜色不是很清晰，则更应注意不要把线序弄乱。

3. 插线

用手水平握住水晶头（有插针一侧向下），然后把已剪齐、并排的 8 条芯线对准水晶头开口插入。

> **提示**　一定要使各条芯线都插到水晶头的底部，不能弯曲。

4. 压线

确认所有芯线都插到水晶头底部后，即可将插入网线的水晶头直接放入压线钳夹槽。水晶头放好后，使劲压下压线钳手柄，使水晶头的插针都插入网线芯线之中，与之接触良好。用手轻轻拉一下网线与水晶头，检查是否压紧。可多压一次，注意所压位置一定要正确，如图 11-2 所示。

这是压线钳的水晶头专用夹槽

图 11-2　用压线钳压线

至此，网线的一端就制作好了。另一端的制作方法与之相同。

> **提示**　如果是制作交叉电缆，则另一端的线序要发生变化。若一端使用 EIA/TIA 568A 标准，则另一端需要使用 EIA/TIA 568B 标准。

5. 检测双绞线

把网线两端的 RJ-45 水晶头插入网线测试仪后，打开网线测试仪，可以看到网线测试仪上的两组指示灯按同样的顺序闪动。如果一端的灯亮起，而另一端没有任何灯亮起，则可能是导线中间断开了，或是两端至少有一个插针未接触相应芯线。

> **提示**　使用网线测试仪检测交叉电缆时，其中一端按 1、2、3、4、5、6、7、8 的顺序闪动绿灯，而另外一端会按 3、6、1、4、5、2、7、8 的顺序闪动绿灯，这表示网线制作成功，可以进行数据的发送和接收。如果出现红灯或黄灯，则说明存在接触不良等现象，此时可用压线钳压制两端水晶头一次，再次进行测试。如果故障依旧存在，则应检查芯线的排列顺序是否正确。如果芯线的排列顺序无误但仍显示红灯或黄灯，则需要重新制作网线。

四、实训思考

（1）交叉电缆怎么制作？
（2）直通电缆和交叉电缆各适用于连接什么对象？

11.2　实训 2　用 Visio 绘制网络拓扑结构图

一、实训目的

（1）了解简单网络拓扑结构图的设计和规划。
（2）掌握 Visio 的基本操作。
（3）掌握用 Visio 绘制网络拓扑结构图的方法。

二、实训环境

（1）硬件环境：每人一台计算机，能够接入 Internet 的局域网络。
（2）软件环境：Visio 2013。

三、实训内容和步骤

某个小型企业有行政部和市场部两个部门，每个部门有 3 台 PC 准备接入 Internet，企业还有一台服务器对外网用户提供 WWW 服务，请设计出该企业的网络拓扑结构，并使用 Visio 绘制出来。

（1）启动 Visio 2013，在进入的界面中选择"基本网络图-3D"选项，单击"创建"按钮，如图 11-3 所示。

（2）在左侧的"形状"窗格中将需要在网络拓扑结构图中使用的设备图形拖到绘图区中，如"网络和外设-3D"分类中的"服务器""交换机""路由器""通信链路"，"计算机和显示器-3D"

分类中的"PC"等，并适当调整其大小和位置，此时的网络设备图形布局如图 11-4 所示。

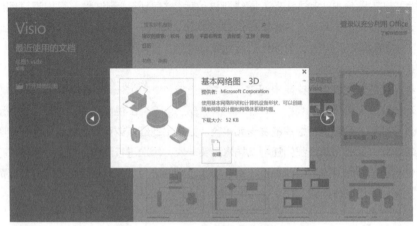

图 11-3　创建基本网络图

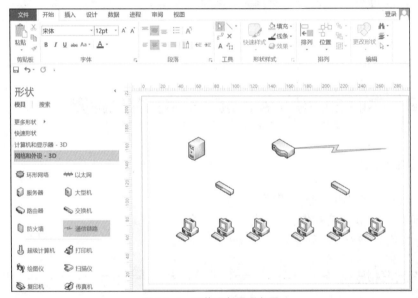

图 11-4　网络设备图形布局

（3）在"开始"选项卡"工具"组的"形状"下拉列表中选择"线条"选项，如图 11-5 所示，并使用线条连接对应的设备图形。

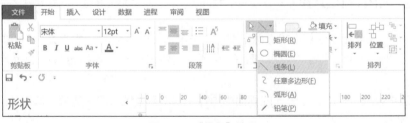

图 11-5　"线条"选项

（4）按住 Ctrl 键的同时依次选中"交换机"和"路由器"，单击"开始"选项卡"排列"组中的"置于顶层"按钮，使得设备图形位于最上方。

（5）在"开始"选项卡"工具"组的"形状"下拉列表中选择"文本"选项，在设备图形对应的位置添加文字说明，如图 11-6 所示。绘制完成后，单击"文件"选项卡中的"保存"按钮，将文件保存为".vsdx"格式即可。

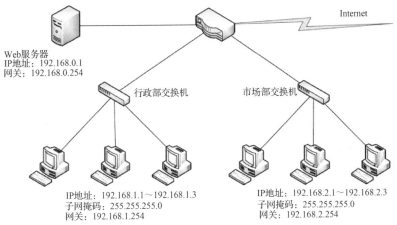

图 11-6　添加文字说明

四、实训思考

局域网中常用的拓扑结构有哪 3 种？你是否能够使用 Visio 将其绘制出来？

11.3　实训 3　对等局域网的组建与设置

一、实训目的

（1）了解对等局域网的含义，熟悉局域网组建所需要的服务和协议。

（2）掌握网卡驱动程序的安装方法。

（3）掌握对等网络中各参数的配置方法。

（4）掌握对等网络中共享资源的使用方法。

二、实训环境

（1）硬件环境：已经建立网络连接的两台计算机，两块网卡及其驱动程序。

（2）软件环境：Windows 11 操作系统。

三、实训内容和步骤

对等网络的硬件部分连接好后，还无法使网络中的计算机实现通信。这就是说，计算机除了硬件部分的连接外，还需要安装软件。这里主要介绍通信所需要的协议软件的配置。

1. 检查是否安装了网络组件

如果没有安装网络组件，则依次单击"控制面板"→"网络和共享中心"→"更改适配器设置"，在打开的窗口中右键单击"以太网"选项，选择"属性"选项，单击"安装"按钮，选取所需的功能组件即可。

> **提示** 在 Windows 2000 以上操作系统环境下，网络组件一般已默认安装。
> "客户端"组件：允许将该计算机连接到其他运行 TCP/IP 的计算机上。
> "协议"组件：网络通信协议。
> "服务"组件中的"Microsoft 网络上的文件与打印共享"：实现计算机之间的资源共享。

2. 为计算机设置标识

（1）在桌面上右键单击"此电脑"选项，选择"属性"选项，单击"更改设置"按钮，弹出"系统属性"对话框，如图 11-7 所示。

（2）单击"更改"按钮，弹出"计算机名/域更改"对话框，输入计算机名称并选择其隶属的"工作组"或"域"，如图 11-8 所示。

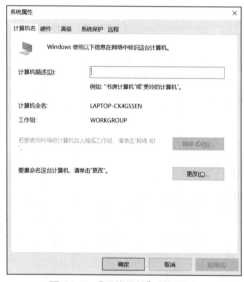

图 11-7 "系统属性"对话框

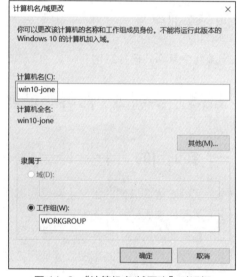

图 11-8 "计算机名/域更改"对话框

3. 配置 TCP/IP 参数

（1）依次单击"控制面板"→"网络和共享中心"→"更改适配器设置"。

（2）在打开的窗口中右键单击"以太网"选项，选择"属性"选项，弹出"以太网 属性"对话框，如图 11-9 所示。

（3）选中"Internet 协议版本 4（TCP/IPv4）"复选框，单击"属性"按钮，弹出"Internet 协议版本 4（TCP/IPv4）属性"对话框，如图 11-10 所示。

（4）分别输入对应的 IP 地址、子网掩码、默认网关、首选 DNS 服务器的 IP 地址等内容，单击"确定"按钮。

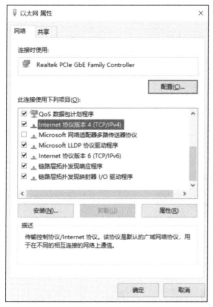

图 11-9 "以太网 属性"对话框

图 11-10 "Internet 协议版本 4（TCP/IPv4）属性"对话框

4．共享某主机提供的共享资源

在桌面上双击"网络"选项，可看到连接在对等网中的所有计算机主机名称。双击某主机名称，即可访问对方提供的共享资源。

四、实训思考

（1）能否不安装"服务"组件中的"Microsoft 网络上的文件与打印共享"？

（2）同一工作组中的计算机，在计算机名和工作组名的设置上分别有什么要求？

（3）对于网络中的共享资源，是否意味着可以不受限制地访问？请举例说明你的结论。

11.4 实训 4 有中心拓扑结构的无线局域网的组建

一、实训目的

（1）了解无线路由器的结构和作用。

（2）掌握无线路由器的配置。

（3）熟悉用无线路由器组建无线局域网的过程。

二、实训环境

（1）硬件环境：笔记本电脑若干台，无线路由器一台（华为 WS832），交换机一台，能接入 Internet 的有线网络。

（2）软件环境：无线路由器操作系统。

三、实训内容和步骤

现在会议室要临时举行一个会议，此会议室是旧式建筑，装修时也没有考虑到网络布线；该会议室有一台台式计算机，采用 ISDN 方式接入 Internet，与会者共 15 人，每人一台笔记本电脑，具体的网络结构如图 11-11 所示。

图 11-11　具体的网络结构

首先对网络环境进行分析，网络中的笔记本电脑需要通过现有环境中的有线网络才可上网，这需要采用 Infrastructure 模式，以无线路由器为中心组建网络。具体实施步骤如下。

1. 硬件安装

（1）在笔记本电脑上安装好无线网卡驱动，打开笔记本电脑的无线网络开关。

 提示　笔记本电脑自带无线网卡，无线网卡驱动已经正确安装（如果网卡驱动安装不正确，则需重新安装驱动）。

如果笔记本电脑没有自带无线网卡，则需要另外安装，可选用 TP-LINK TL-WN821N 网卡。

（2）安装无线路由器。

① 安放位置。按网络结构连接网络，将与无线路由器分离的天线固定到对应接口上，将无线路由器放置在适当的位置。通常是将无线路由器放置于无线网络环境的中心位置，且放在较高处，以达到比较好的信号收发效果。如果网络中有多个无线路由器，则应选择不同的频段，以确保各设备间不发生干扰。

② 连接。如图 11-11 所示，将与交换机连接的电缆连接到无线路由器的 WAN 端口。将无线路由器通过 LAN 端口连接到计算机上，这样就可以用计算机对无线路由器进行配置，以实现无线路由器和有线局域网的互连。

③ 将无线路由器连接到电源上。

2. 配置无线路由器

初始化无线路由器，并采用 Web 方式配置好无线路由器的基本参数。

（1）用一条直通电缆把无线路由器的局域网端口与台式计算机上的网卡端口连接起来。

（2）开启计算机电源和无线路由器电源。

（3）设置台式计算机的 IP 地址，其 IP 地址与无线路由器的 IP 地址处于同一个网段，设置完成后启动浏览器，对无线路由器进行配置。

（4）在浏览器地址栏中输入无线路由器的默认 IP 地址 192.168.1.1（不同品牌和型号的无线路由器的 IP 地址可能不一样，如果不清楚，请查看设备使用说明书）。

（5）进入默认界面后，要求输入默认用户名和密码（默认情况下，用户名和密码都是 admin，有时密码也为空），单击"确定"按钮，进入无线路由器的配置界面。

（6）进入配置界面后，可以采用两种方式进行配置，一是运行配置向导，按照向导逐步配置；二是采用菜单配置方式，打开界面中的菜单进行配置。在配置界面中可对密码、用户名、模式、信道、安全和 SSID 等进行配置。

以华为 WS832 为例，对其常用功能进行设置。

IP 地址：输入用户密码并通过认证后，单击"我要上网"按钮，在新界面中设置"上网方式"为"自动获取 IP(DHCP)"（若局域网中没有 DHCP 服务器，则可选择静态 IP 地址，手动输入 IP 地址），并保存设置。

无线连接：单击"我的 Wi-Fi"按钮，打开"2.4G Wi-Fi"和"5G Wi-Fi"开关，在"Wi-Fi 名称"文本框中输入名称，在"安全"下拉列表中选择适合的加密方式，对其他设置根据需求进行更改后，单击"保存"按钮，如图 11-12 所示。

图 11-12　设置无线连接

提示　一般无线路由器默认有 13 个信道，通常采用第 6 个信道。但要注意，同一无线网络中的无线路由器不能设置相同的信道。如果同一无线网络中有几个无线路由器，则一般采用 1、6、11 或者 2、7、12 或者 3、8、13 这样的组合，目的是避免各无线路由器发出的信号出现干扰和冲突。

四、实训思考

（1）在该网络配置中，采用什么办法可保证只允许与会的 15 台笔记本电脑访问网络？

（2）为什么在安装管理软件后要手动关机？

11.5 实训 5 交换机与路由器的初始化配置

一、实训目的

（1）了解路由器与交换机的功能。

（2）掌握路由器与交换机的区别。

（3）熟悉交换机与路由器的初始化配置。

二、实训环境

（1）硬件环境：华为 S5700 交换机一台，华为 AR2200 路由器一台，计算机一台，USB 转 RJ-45 Console 调试线一根。

（2）软件环境：计算机中安装有超级终端软件 SecureCRT。

交换机初始化结构如图 11-13 所示。

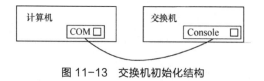

图 11-13 交换机初始化结构

三、实训内容和步骤

1. 交换机的配置

以华为 S5700 交换机为例，简要介绍交换机的配置方法。

（1）打开交换机。给华为 S5700 交换机通电以后，经过一段时间的开机自检，在无须外界干预的情况下，交换机即可正常工作。

> **提示** 交换机启动时，所有端口指示灯变绿，每个端口开始自检。如果端口自检失败，则对应指示灯呈黄色；如果端口自检成功，则自检过程完成，指示灯闪烁后熄灭。

（2）交换机的配置。交换机的配置方法有很多，首次登录设备时一般通过 Console 端口连接交换机，并使用超级终端进行配置。

① 用随机附送的 Console 线缆将计算机的串口和交换机的控制口相连，如图 11-14 所示。打开设备管理器，查看连接对应的 COM 口编号，如图 11-15 所示。

图 11-14　连接计算机和交换机

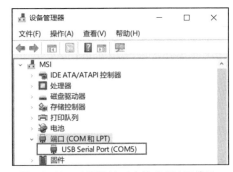

图 11-15　查看连接对应的 COM 口编号

② 运行第三方仿真终端软件 "SecureCRT"，进入 SecureCRT 界面，如图 11-16 所示。单击 "快速连接" 按钮或按 Alt+Q 组合键，弹出 "快速链接" 对话框，设置 "协议" 为 "Serial"，设置 "Port"（端口）为设备管理器中所查看到的 "COM5"，设置 "Baud rate"（波特率）为 "9600"，设置 "Data bits"（数据位）为 "8"，取消选中右侧 "Flow Control"（流控）选项组中的所有复选框，如图 11-17 所示，单击 "链接" 按钮即可。

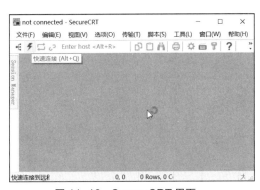

图 11-16　SecureCRT 界面

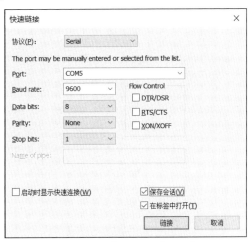

图 11-17　"快速链接" 对话框

③ 开始连接登录交换机后，按 Enter 键，提示用户输入用户名和密码。首次登录时默认的用户名为 admin，密码为 admin@huawei.com。登录后必须修改密码。密码修改完成后，交换机连接登录成功。

```
Login authentication

Username:admin
Password:
Warning: The default password poses security risks.
The password needs to be changed. Change now? [Y/N]: y
Please enter old password:
Please enter new password:
Please confirm new password:
The password has been changed successfully.
<HUAWEI>
```

2. 路由器的配置

以华为 AR2200 为例介绍路由器的配置方法。

路由器的配置方法与交换机相同，第一次配置时也需使用 Console 端口与路由器连接。华为 AR2200 通电以后，经过一段时间的开机自检，进入工作状态。用随机附送的 Console 线缆，将计算机的串口和路由器的控制口相连，运行第三方仿真终端软件 SecureCRT，进入配置界面。连接登录路由器后，按 Enter 键，提示用户输入用户名和密码。首次登录时默认的用户名为 admin，密码为 admin@huawei.com。登录后必须修改密码。密码修改完成后，路由器连接登录成功，此时路由器出现"Auto-Config"的警告信息，选择"y"即可停止"Auto-Config"。

```
Login authentication

Username:admin
Password:
Warning: The default password poses security risks.
The password needs to be changed. Change now? [Y/N]: y
Please enter old password:
Please enter new password:
Please confirm new password:
The password has been changed successfully.
Warning: The default password is not secure, and it is strongly recommended to change it.
<Huawei>
 Warning: Auto-Config is working. Before configuring the device, stop Auto-Config. If you
perform configurations when Auto-Config is running, the DHCP, routing, DNS, and VTY
configurations will be lost. Do you want to stop Auto-Config? [y/n]:y
 Info: Auto-Config has been stopped.
<Huawei>
```

四、实训思考

交换机和路由器的初始化过程可以使用 Telnet 方式吗？

11.6 实训 6　VLAN 之间的通信

一、实训目的

（1）了解 VLAN 的定义和功能。

（2）掌握 VLAN 的划分方法。

（3）熟悉 VLAN 的配置方法和具体配置。

二、实训环境

（1）硬件环境：交换机两台，PC 4 台，连接线若干。

（2）软件环境：如果没有相应的硬件工作环境，则可准备模拟软件 eNSP。

三、实训内容和步骤

某单位两个办公室要合作完成一个项目，该项目有两个任务，现将两个办公室分成两个小组，将任务分别分配给这两个小组。小组一：包括办公室一的 PC1 和办公室二的 PC3 等计算机。小组二：包括办公室一的 PC2 和办公室二的 PC4 等计算机。任务完成过程中，各小组成员间需要沟通和协商，但小组之间除了工作进度和任务执行情况需要汇报外，其余时间是不能相互通信的。

根据任务分析得出：局域网内需要划分 VLAN，并将不同的人员划分至不同小组，VLAN 之间默认是不能直接相互通信的，此时要想使小组成员间能相互通信，就需要使用三层交换机并在交换机相连的端口上配置 VLAN 的 Trunk 模式。

因此，将该网络划分为两个虚拟局域网，即 VLAN2 和 VLAN3。这两个 VLAN 的成员分别分布在两个办公室中。其拓扑结构如图 11-18 所示。

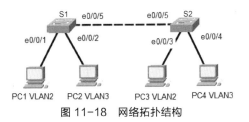

图 11-18　网络拓扑结构

划分 VLAN 的具体实施步骤如下。

（1）画出网络拓扑结构（见图 11-18）。

（2）按照网络拓扑结构连接好设备。

（3）规划 IP 地址与 VLAN。将网络划分为两个 VLAN，PC1 和 PC3 为一个 VLAN，PC2 和 PC4 为另一个 VLAN。

（4）配置 IP 地址和网关。

① 在 S1 交换机上设置 VLAN2（172.16.2.1/24）、VLAN3（172.16.3.1/24），形成两个 VLAN，S2 上可不用配置 IP 地址。

② 将 PC1（IP 地址为 172.16.2.2/24）、PC3（IP 地址 172.16.2.3/24）加入 VLAN2，PC1 与 PC3 网关均为 172.16.2.1；将 PC2（IP 地址为 172.16.3.2/24）、PC4（IP 地址为 172.16.3.3/24）加入 VLAN3，PC2、PC4 网关均为 172.16.3.1。

（5）在交换机上进行如下配置。

① 创建 VLAN。

S1 的配置如下。

```
[S1]vlan 2        //创建 VLAN2
[S1-vlan2]q
[S1]vlan 3        //创建 VLAN3
[S1-vlan3]q
```

S2 的配置如下。

```
[S2]vlan 2
[S2-vlan2]quit
[S2]vlan 3
```

```
[S2-vlan3]quit
```

 提示 本例是在核心交换机上建立 VLAN，实际上，在管理域中的任何一台 VTP 属性为 Server 的交换机上都可建立 VLAN，它会通过 VTP 通告整个管理域中的所有交换机。VTP 会通告 VLAN 的更改，但当将具体的交换机端口划入某个 VLAN 时，VTP 不会通告，必须在该端口所属的交换机上进行设置。

② 将交换机端口划入 VLAN。

S1 配置如下。

```
[S1]interface e0/0/1                          //配置端口 1
[S1-Ethernet0/0/1]port link-type access
[S1-Ethernet0/0/1]port default vlan 2         //归属 VLAN2
[S1]interface e0/0/2                          //配置端口 2
[S1-Ethernet0/0/2]port link-type access
[S1-Ethernet0/0/2]port default vlan 3         //归属 VLAN3
```

S2 配置如下。

```
[S2]interface e0/0/3                          //配置端口 3
[S2-Ethernet0/0/3]port link-type access
[S2-Ethernet0/0/3]port default vlan 2         //归属 VLAN2
[S2]interface e0/0/4                          //配置端口 4
[S2-Ethernet0/0/4]port link-type access
[S2-Ethernet0/0/4]port default vlan 3         //归属 VLAN3
```

③ 配置三层交换，给 VLAN 的所有节点分配静态 IP 地址。

在核心交换机上分别设置各 VLAN 的接口 IP 地址（S2 的 VLAN 可以不分配 IP 地址）。

```
[S1]interface vlan 2
[S1-Vlanif2]ip address 172.16.2.1 24          //VLAN2 接口 IP 地址
[S1]interface vlan 3
[S1-Vlanif3]ip address 172.16.3.1 24          //VLAN3 接口 IP 地址
```

④ 测试。

在 PC1 上 ping PC3，能连通，即同一 VLAN 内可以实现通信。

在 PC1 上 ping PC4，能连通，即 VLAN2 与 VLAN3 可以通信，不同 VLAN 间实现了通信。

还可以在 PC2 上对 PC3、PC4 进行连通性测试，比较测试结果是否相同。

四、实训思考

为什么进行 VLAN 设置时，不设置 VLAN1？

11.7 实训 7 Windows Server 2019 中的 VPN 配置

一、实训目的

（1）了解 VPN 的定义。

（2）掌握 Windows Server 2019 VPN 服务器端的安装配置。

（3）掌握 Windows 11 VPN 客户端的安装配置。

二、实训环境

（1）硬件环境：每人一台计算机，并能够接入 Internet 的局域网络。

（2）软件环境：Windows Server 2019。

三、实训内容和步骤

1. Windows Server 2019 VPN 服务器端的安装配置

（1）服务器的配置。

① 安装服务。选择"开始"→"服务器管理器"→"添加角色和功能"选项，选择"基于角色或基于功能的安装"选项，单击"下一步"按钮，选中"从服务器池中选择服务器"单选按钮，单击"下一步"按钮，选择"网络策略和访问服务"选项，单击"添加功能"按钮，选择"远程访问"选项，单击"下一步"按钮，单击"DirectAccess 和 VPN(RAS)"按钮并添加功能，依次单击"下一步"按钮，单击"安装"按钮，安装完成后单击"关闭"按钮。

安装"网络策略和访问服务"。单击"下一步"按钮，单击"安装"按钮，安装完成后单击"关闭"按钮。选择"开始"→"Windows 管理工具"→"计算机管理"→"服务和应用程序"选项，右键单击右侧的"路由和远程访问"选项，选择"配置并启用路由和远程访问"选项，如图 11-19 所示。

图 11-19　配置并启用路由和远程访问

② 弹出"路由和远程访问服务器安装向导"对话框，单击"下一步"按钮，进入服务器配置界面。如果服务器上只有一块网卡，则只能选中"自定义配置"单选按钮。但标准 VPN 配置需要

两块网卡，如果服务器上有两块网卡，则可有针对性地选中"远程访问(拨号或 VPN)"或"虚拟专用网络(VPN)访问和 NAT"单选按钮。这里选中"自定义配置"单选按钮，单击"下一步"按钮，如图 11-20 所示。完成配置后继续单击"下一步"按钮，即可启用 VPN 服务，如图 11-21 所示。

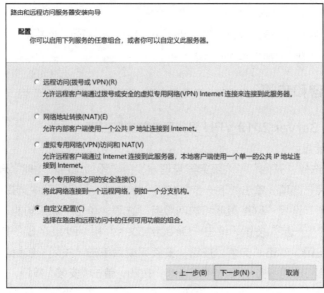

图 11-20　自定义配置

图 11-21　启用 VPN 服务

③ 以上两步只启用了 VPN 服务，还要经过必要的设置才能实际使用 VPN 服务。为设置 IP 地址，选择"开始"→"控制面板"→"查看网络状态和任务"→"更改适配器设置"选项，选中"Ethernet0"并右键单击，选择"属性"选项，在 Ethernet0 属性对话框中选中"Internet 协议版本 4（TCP/IPv4）"复选框，单击"属性"按钮，弹出"Internet 协议版本 4（TCP/IPv4）属性"对话框，将服务器的 IP 地址设置为 192.168.11.18，如图 11-22 所示。

图 11-22 "Internet 协议版本 4（TCP/IPv4）属性"对话框

（2）拨入账号管理。

① 选择"开始"→"Windows 管理工具"→"计算机管理"选项（如果是域控制器，则打开域控制器进行用户添加和设置），在"计算机管理"窗口中选择"本地用户和组"→"用户"选项并右键单击，选择"新用户"选项，新建用户"vpn"，并设置密码为 huawei@123，如图 11-23 所示。

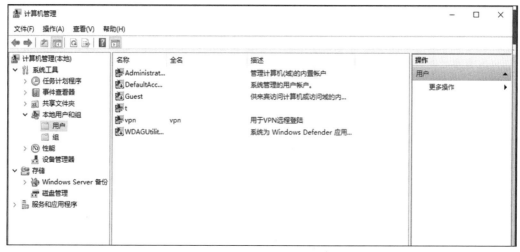

图 11-23 新建用户

② 在新建的用户"vpn"处右键单击，选择"属性"选项，弹出"vpn 属性"对话框，选择"拨入"选项卡，选中"允许访问"单选按钮并单击"确定"按钮，如图 11-24 所示。

图 11-24 "vpn 属性"对话框

2. Windows 11 VPN 客户端的配置

客户端配置相对简单，先保证客户端能够访问到服务器，再建立一个到 VPN 服务器端的专用连接即可。本书以 Windows 11 VNP 客户端为例来进行说明。

① 选择网络连接类型。选择"控制面板"→"网络和共享中心"选项，单击"设置新的连接或网络"按钮，选中"连接到工作区"单选按钮，继续单击"下一步"按钮，选择"使用我的 Internet 连接(VPN)"选项，如图 11-25 所示。

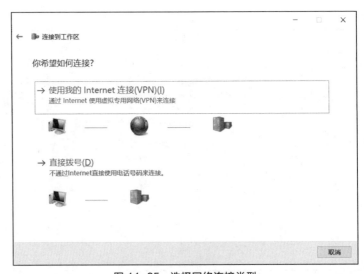

图 11-25 选择网络连接类型

② 在"连接到工作区"窗口中，输入 VPN 服务器端的固定内容（可以是固定 IP 地址，也可以是域名及目标名称），单击"创建"按钮即可建立 VPN 连接，如图 11-26 所示。

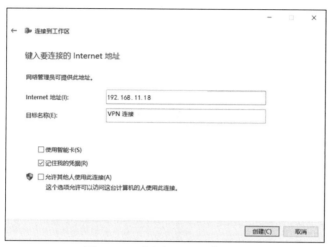

图 11-26　"连接到工作区"窗口

③ 打开"网络和共享中心"窗口，选择"更改适配器设置"选项，打开"网络连接"窗口，找到刚建立的"VPN 连接图标"并双击，在右侧弹出的"VPN 连接"面板中单击"连接"按钮，在弹出的登录对话框中输入访问 VPN 服务器端的用户名和密码后单击"确定"按钮，如图 11-27 所示。连接成功后会出现"已连接"字样。也可通过"网络和共享中心"→"查看网络状态和任务"→"更改适配器设置"查看连接状态，如图 11-28 所示。

图 11-27　输入用户名和密码

图 11-28　查看连接状态

3. 连接后的共享操作

通过"网上邻居"查找 VPN 服务器端共享目录，或在浏览器地址栏中输入 VPN 服务器端固定 IP 地址或动态域名，均可访问共享目录资源。这其实已经和在同一个局域网中进行操作没有区别了。

四、实训思考

拨入账号管理有几种方式？分别是通过什么方法来实现的？

11.8 实训 8 DNS 服务器的配置与管理

一、实训目的

（1）了解域名解析的方法。
（2）熟悉 DNS 的基本概念。
（3）掌握 DNS 服务器的安装与配置。

二、实训环境

（1）硬件环境：局域网，每人一台计算机，Windows Server 2019 Standard 安装盘。
（2）软件环境：Windows Server 2019 Standard 操作系统，Windows 自带的 DNS 组件。

三、实训内容和步骤

计算机在网络中通信时只能识别如"192.168.11.18"之类的数字地址，而人们把该数字地址称为 IP 地址。为什么当人们打开浏览器，在地址栏中输入如 http://www.test18.com（虚拟地址）的域名并按 Enter 键后，就能进入所需要的页面呢？这是因为有一种叫作"DNS 服务器"的计算机，自动把域名"翻译"成了相应的 IP 地址，并调出该 IP 地址所对应的网页，传回给了浏览器。

1. 配置 IP 地址

选择"开始"→"控制面板"→"查看网络状态和任务"→"更改适配器设置"选项，在打开的"网络连接"窗口中选择"Ethernet0"选项并右键单击，选择"属性"选项，在 Ethernet0 属性对话框中选中"Internet 协议版本 4（TCP/IPv4）"复选框，单击"属性"按钮，在打开的对话框中设置 IP 地址、子网掩码、默认网关和首选 DNS 服务器等参数，如图 11-29 所示。

> **提示** IP 地址表示为 192.168.11.*XX*，为了避免冲突，也为了便于识别，*XX* 可用学生本人学号的最后两位。

2. DNS 服务程序的安装

（1）选择"开始"→"服务器管理器"→"添加角色和功能"选项，此时弹出"添加角色和功能向导"对话框，单击"下一步"按钮，选中"基于角色或基于功能的安装"单选按钮，单击"下一步"按钮，选中"从服务器池中选择服务器"单选按钮，单击"下一步"按钮，选择服务器角色，这里选中"DNS 服务器"复选框，单击"添加功能"按钮，如图 11-30 所示。

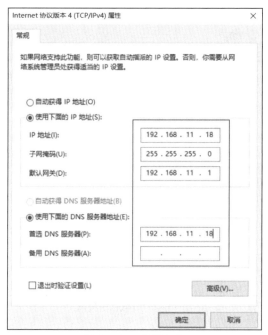

图 11-29 设置参数

图 11-30 添加角色和功能

（2）依次单击"下一步"按钮，直至进入安装界面，单击"安装"按钮，即可开始安装 DNS 服务所需的系统文件。

（3）安装完成后，单击"关闭"按钮即可，此时，在"管理工具"下增加了"DNS"选项。

3. DNS 服务器的设置

（1）选择"开始"→"服务器管理器"选项，选择"工具"→"DNS"选项，打开 DNS 管理器，如图 11-31 所示。

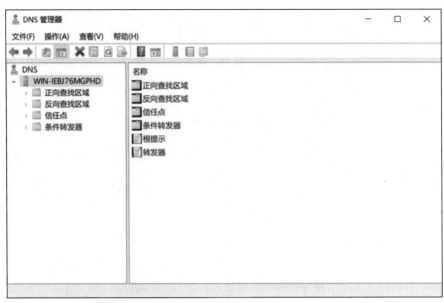

图 11-31　DNS 管理器

（2）建立域名为"www.test118.com"。

建立"com"区域：选择"DNS"→"WIN-IEBJ76MGPHD"（服务器名称）→"正向查找区域"选项并右键单击，选择"新建区域"选项，弹出"新建区域向导"对话框，根据提示单击"下一步"按钮，选中"主要区域"单选按钮，单击"下一步"按钮，在"区域名称"文本框中输入"com"，单击"下一步"按钮，直至完成。

建立"test18"域：选中"com"选项并右键单击，选择"新建域"选项，此时弹出"新建DNS 域"对话框，在"请键入新的 DNS 域名"文本框中输入"test18"，单击"确定"按钮，如图 11-32 所示。

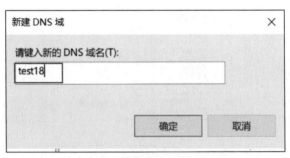

图 11-32　"新建 DNS 域"对话框

（3）建立域名"www.test18.com"映射 IP 地址"192.168.11.18"的主机记录。

建立"www"主机：选择"test18"选项并右键单击，选择"新建主机"选项，弹出"新建主机"对话框，在"名称（如果为空则使用其父域名称）"文本框中输入"www"，在"IP 地址"文本框中输入"192.168.11.18"，单击"添加主机"按钮即可，如图 11-33 所示。

（4）建立域名"ftp.test18.com"映射 IP 地址"192.168.11.19"的主机记录方法同上，建立好的 DNS 管理器如图 11-34 所示。

图 11-33　添加主机

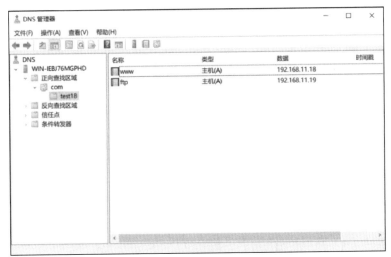

图 11-34　建立好的 DNS 管理器

> **提示**　建立更多的主机记录或其他各种记录的方法与此类似。建立时也可以采用将 "test18.com" 作为 "区域"，并在其下直接建立 "主机" 的做法。但当同类记录较多时，这种方法显得不那么方便。

4. 建立反向查找区域

反向查找区域不一定非要建立，但是加上它后，可以使用 nslookup 工具来诊断 DNS 服务器故障。

（1）在 "DNS 管理器" 窗口中右键单击 "反向查找区域" 选项，选择 "新建区域" 选项，弹出 "新建区域向导" 对话框，单击 "下一步" 按钮，选中 "主要区域" 单选按钮，单击 "下一步" 按钮，选中 "IPv4 反向查找区域" 单选按钮，单击 "下一步" 按钮。

235

（2）在"网络 ID"文本框中填入"192.168.11"，单击"下一步"按钮。

（3）进入区域文件界面，单击"下一步"按钮，直至完成。至此，"反向搜索区域"安装完成。这样就拥有了两个区域，即正向查找区域和反向查找区域。

（4）右键单击"反向查找区域"下的"11.168.192.in-addr.arpa"选项，选择"新建指针（PRT）"选项，设置主机 IP 地址为"192.168.11.18"，主机名为"www.test18.com"，单击"确定"按钮，即可建立一个 IP 地址到域名的 PTR 记录，如图 11-35 所示。

图 11-35　新建指针

5. DNS 设置后的验证

为了了解所进行的设置是否成功，通常采用 Windows 自带的"ping"命令来进行测试，如"ping www.test18.com"。成功的 DNS 测试如图 11-36 所示。

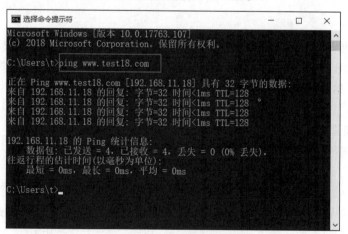

图 11-36　成功的 DNS 测试

四、实训思考

（1）如何在一个 IP 地址上建立多个域名服务？

（2）在任务栏中，选择"开始"→"运行"选项，在"运行"文本框中输入"cmd"并按
Enter 键，此时会打开命令提示符窗口，执行命令"nslookup/？"。了解 nslookup 命令的用法，
并利用它测试 DNS。

11.9　实训 9　使用 IIS 构建 WWW 服务器和 FTP 服务器

一、实训目的

（1）通过实训理解 IIS 的概念及其所具有的功能。

（2）掌握 IIS 组件的安装方法。

（3）掌握 WWW 服务器和 FTP 服务器的配置方法。

（4）熟悉 WWW 服务和 FTP 服务的应用。

二、实训环境

（1）硬件环境：有静态 IP 地址的局域网，每人一台计算机，Windows Server 2019 Standard
安装盘。

（2）软件环境：Windows Server 2019 Standard 操作系统，Windows 自带的网络功能组件。

三、实训内容和步骤

在做本次实训前应已做完 DNS 服务器的配置与管理实训，否则在下面的域名处就只能输入
IP 地址了。具体步骤如下。

1. 设置静态 IP 地址

参考实训 3 中静态 IP 地址的设置方法进行操作即可。

2. IIS 的安装

选择"开始"→"服务器管理器"→"添加角色和功能"选项，单击"下一步"按钮，选中
"基于角色或基于功能的安装"单选按钮，单击"下一步"按钮，选中"从服务器池中选择服务器"
单选按钮，单击"下一步"按钮，依次进行"开始"→"设置"→"控制面板"→"程序和功能"
→"启用或关闭 Windows 功能"→"添加角色和功能"→"下一步"→"下一步"操作，进入
"选择服务器角色"界面，选中"Web 服务器（IIS）"复选框，单击"添加功能"按钮，再单击
"下一步"按钮，进入"选择角色服务"界面，很多角色已经默认选中，这些是运行 IIS 必不可少
的功能组件，如果对 IIS 还有更高的需求，则可以针对性地从中进行选择，如"应用程序开发"
"IIS6 管理兼容性""FTP 发布服务"等，不需要的服务不要安装，这是安全的做法。单击"下一
步"按钮，直至单击"安装"按钮，开始 IIS 系统文件的安装，安装完成后会显示安装后的功能
服务组件，单击"关闭"按钮即可完成 IIS 的安装。

3．WWW 服务器的配置及使用

选择"开始"→"服务器管理器"选项，选择"工具"→"Internet Information Services（IIS）管理器"选项，打开 IIS 管理器，即可看到计算机 WIN-IEBJ76MGPHD 上安装的 Web 服务器及默认创建的 Web 站点，如图 11-37 所示。

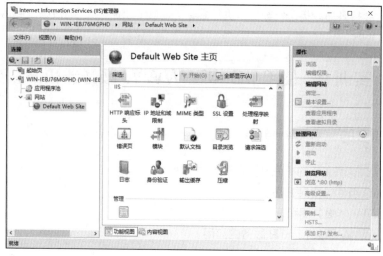

图 11-37　IIS 管理器

（1）添加网站。在添加网站之前要准备一个测试网页，便于进行设置及查看结果。可以利用网页制作工具 Dreamweaver 或 Frontpage 创建一个简单的文本网页，也可以使用系统自带的记事本工具创建网页。为了方便，这里选用记事本工具创建，新建一个文本文件，在其中输入"大家好，这是我的测试网站!"，在保存时选择保存类型为"任何文件"，将其保存为文件"index.html"。把该文件放到 C:\inetpub\wwwroot 目录下，这是系统默认的网站文件目录。当然，也可以根据需求将文件放到任一盘符的任一目录下，但目录名建议不要使用中文，以免带来麻烦。双击该文件进行查看，如图 11-38 所示。

图 11-38　查看 index.html 文件

在添加网站时，为了保证安全性及用户的可管理性，一般不使用系统默认的网站，这里删除默认网站。选择"网站"选项，右键单击"Default Web Site"选项，选择"删除"选项，将默认网站删除后重新添加网站。右键单击"网站"选项，选择"添加网站"选项，弹出"添加网站"对话框。

（2）设置网站属性。在"添加网站"对话框的"网站名称"文本框中输入"test18"，该名称可以根据需求更改；在"物理路径"文本框中输入 index.html 文件所在的路径，即"C:\inetpub\wwwroot"；"类型"设置为默认的"http"，"IP 地址"设置为本机 IP 地址"192.168.11.18"，"端口"为默认的"80"（有时也可以根据需求更改该端口号）；"主机名"设置为"www.test18.com"；单击"确定"按钮，如图 11-39 所示。

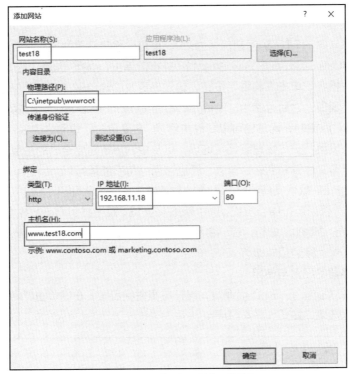

图 11-39 "添加网站"对话框

（3）测试新建网站。打开浏览器，在地址栏中输入"http://www.test18.com"并按 Enter 键，即可浏览网站，这时可以看到前面创建的 index.html 文件的内容，如图 11-40 所示。这里没有指定要查看哪个文件，而打开了 index.html 文件，这是因为 index.html 文件是 IIS 默认打开的文件，所以在各种网站系统中一般均有一个名为 index.html 的文件。

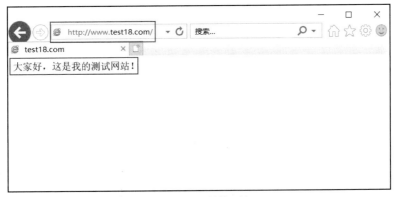

图 11-40 浏览网站

> **提示** 如要在浏览器中直接测试域名能否访问，则需要配置好 DNS 服务器，并在本地网卡
> 的 TCP/IPv4 中设置好 DNS 服务器的 IP 地址。

（4）启动/停止服务。右键单击"test18"选项，选择"管理网站"→"停止"或"启动"选项，可将正在运行的站点停止或重新启动。

（5）IIS 常用功能如下。

端口修改：默认的 HTTP 访问端口号为 80，但可以将其更改为自己需要的端口号，如修改该站点的端口为 8080。展开新建的网站 test18 并右键单击，选择"绑定"选项，在"网站绑定"窗口中选择对应主机名，单击"编辑"按钮，输入想更改的端口号 8080，单击"确定"按钮，关闭"网站绑定"窗口。之后可使用"http://www.test18.com:8080"浏览网站。

更改主目录：对添加的新网站也可以更改主目录。右键单击新建网站的名称 test18，选择"管理网站"→"高级设置"→"物理路径"选项，可从中选择所需要更改的主目录。更改目录后需要把原有网站的所有文件复制到该目录下，否则该网站将不能运行。

配置默认文档：IIS 默认支持的是 HTML，对于 Java、ASP.NET、PHP、ASP 等格式的文件要增添默认文档，否则运行中会出错。选中网站 test18，双击右侧"test18 主页"窗格中的"默认文档"选项，单击"添加"按钮，在"名称"文本框中输入文件名（如 index.asp），单击"确定"按钮，将该文件上移到顶端即可。

4．FTP 服务器的配置与使用

（1）新建 FTP 站点。打开 IIS 管理器，展开左侧树状目录，右键单击"test18"选项，选择"添加 FTP 站点"选项，如图 11-41 所示。

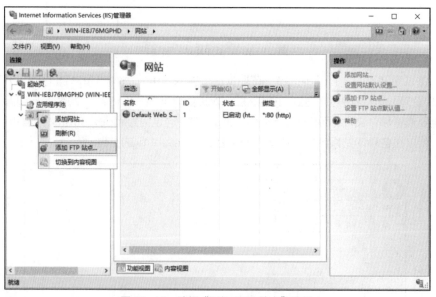

图 11-41 选择"添加 FTP 站点"选项

在弹出的"添加 FTP 站点"对话框中，输入 FTP 站点名称（如"test18"），选择 FTP 站点所在的物理路径（如"D:\FTP"），单击"下一步"按钮，如图 11-42 所示。

在"IP 地址"文本框中选择或输入本机 IP 地址,端口号默认是 21,也可以设置为其他端口号,选中"自动启动 FTP 站点"复选框,将"SSL"设置为"无 SSL",单击"下一步"按钮,如图 11-43 所示。

图 11-42　设置 FTP 站点名称和物理路径

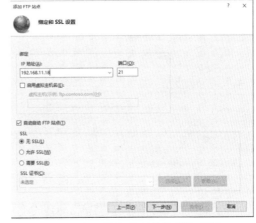

图 11-43　绑定 IP 地址和 SSL 设置

在进入的"身份验证和授权信息"界面中,选择身份验证方式(如"匿名""基本"),选择授权允许访问的用户类型(如"所有用户"),并选中权限(如"读取""写入"),单击"完成"按钮即可完成 FTP 服务器的配置,如图 11-44 所示。

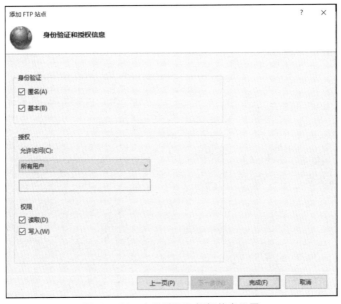

图 11-44　身份验证和授权信息设置

(2)安全账户。在 FTP 服务器上,通常有两种登录方式:匿名登录和用户登录。如果 FTP 服务器公开,则允许匿名登录,并且希望拥有合法用户名和密码的用户登录后可以修改文件,但并不希望匿名用户更改 FTP 服务器中的文件,此时需要在 FTP 服务器的"FTP 授权规则"中单击"添加拒绝规则"超链接,并设置拒绝匿名用户写入,如图 11-45 所示。

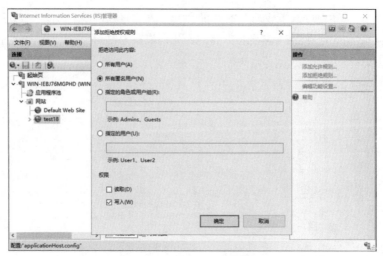

图 11-45　添加拒绝授权规则

（3）启动/停止服务。右键单击新建的 FTP 名称（如"test18"），在弹出的快捷菜单中可选择启动、停止或重新启动 FTP 服务。如果 FTP 服务器已经启动，则启动选项为灰色。服务器启动后，可在浏览器地址栏中输入"ftp://192.168.11.18"并按 Enter 键进行访问，也可以利用命令方式或 FTP 工具进行访问。

四、实训思考

（1）WWW 服务器的配置要点有哪些？
（2）端口有什么作用？